2021年度全国优秀水利水电工程勘测设计奖

水利水电工程
勘测设计新技术应用

中国水利水电勘测设计协会 编

中国水利水电出版社
www.waterpub.com.cn
·北京·

内 容 提 要

本书收录了2021年度全国优秀水利水电工程勘测设计奖获奖项目论文，综述全国水利水电工程勘测设计单位发展及新技术发展情况与展望。主要内容包括：水利水电工程设计奖、水利水电勘测奖、水利水电工程信息化成果奖及标准奖。

本书可供从事水利水电工程规划、勘测、设计、施工、运行、管理及其他工程技术的人员使用，也可供大专院校相关专业师生参考。

图书在版编目（CIP）数据

水利水电工程勘测设计新技术应用：2021年度全国优秀水利水电工程勘测设计奖获奖项目 / 中国水利水电勘测设计协会编. -- 北京：中国水利水电出版社，2022.12
ISBN 978-7-5226-1152-5

Ⅰ. ①水… Ⅱ. ①中… Ⅲ. ①水利水电工程－水利工程测量－文集 Ⅳ. ①TV221-53

中国版本图书馆CIP数据核字(2022)第243485号

书 名	水利水电工程勘测设计新技术应用 ——2021年度全国优秀水利水电工程勘测设计奖获奖项目 SHUILI SHUIDIAN GONGCHENG KANCE SHEJI XIN JISHU YINGYONG
作 者	中国水利水电勘测设计协会 编
出版发行	中国水利水电出版社 （北京市海淀区玉渊潭南路1号D座　100038） 网址：www.waterpub.com.cn E-mail：sales@mwr.gov.cn 电路：（010）68545888（营销中心）
经 售	北京科水图书销售有限公司 电话：（010）68545874、63202643 全国各地新华书店和相关出版物销售网点
排 版	中国水利水电出版社微机排版中心
印 刷	河北鑫彩博图印刷有限公司
规 格	210mm×285mm　16开本　20.5印张　620千字
版 次	2022年12月第1版　2022年12月第1次印刷
印 数	0001—1200册
定 价	**128.00元**

前　言

在中国水利水电勘测设计协会组织下，经全国优秀水利水电工程勘测设计奖评审委员会和中国水利水电勘测设计网公示，2021 年度全国优秀水利水电工程勘测设计奖共评选出 68 项获奖项目，其中金质奖 14 项，银质奖 20 项，铜质奖 34 项，获奖项目包括了水利水电工程勘测、水利水电工程设计、水利水电信息化成果、水利水电勘测设计标准等多个方面。

为了加强协会会员的技术交流，中国水利水电勘测设计协会特将本届获奖成果整编汇集成册，以利于宣传推广获奖项目先进技术、创新理念，推动水利水电行业的技术进步和创新，提高水利水电工程勘测设计水平，引导水利水电工程勘测设计单位和专业技术人员创作出更多技术先进、安全可靠、经济和社会效益好、生态环境友好的工程勘测设计成果，为水利水电工程建设作出新的更大贡献。

2022 年 6 月，中国水利水电勘测设计协会向获奖单位下发了《关于〈水利水电工程勘测设计新技术应用〉（2021 年度全国优秀水利水电工程勘测设计奖获奖项目技术文集）征稿通知》，并得到了有关单位的积极配合。获奖项目成果由各获奖单位组织整理撰写，内容包括了工程概括、项目特点及关键技术、主要先进性和创新点、主要内容和技术成果、工程运行情况及效益等，部分项目还附有代表性的插图或实际照片。

获奖成果整编过程中，得到了有关获奖单位和特邀审稿专家的大力支持，在此一并表示衷心感谢。

编者

2022 年 11 月

中国水利水电勘测设计协会文件

关于 2021 年度全国优秀水利水电工程
勘测设计奖获奖项目公告

各有关单位：

根据《全国优秀水利水电工程勘测设计奖评选办法》，经全国优秀水利水电工程勘测设计奖评选办公室资格审查、专家网评、专家评审组评审、评审委员会审定，中国水利水电勘测设计协会网公示，现将获得 2021 年度全国优秀水利水电工程勘测设计奖的 68 个获奖项目予以公布，其中金质奖 14 项，银质奖 20 项，铜质奖 34 项。

希望广大水利水电勘测设计单位和勘测设计人员继续推动水利水电行业技术进步和创新，提高水利水电工程勘测设计水平，创作出更多技术先进、安全可靠、经济和社会效益好、生态环境友好的勘测设计成果。

附件：2021 年度全国优秀水利水电工程勘测设计奖获奖项目公告名单

中国水利水电勘测设计协会

2022 年 4 月 21 日

附件：

2021年度全国优秀水利水电工程勘测设计奖获奖项目公告名单

序号	项目名称	申报单位	获 奖 人 员
金质奖（14）			
水利水电工程设计奖			
1	茅洲河流域宝安区水环境综合整治工程	中国电建集团华东勘测设计研究院有限公司	唐颖栋、郭　忠、楼少华、程开宇、项立新、魏　俊、高礼洪、高祝敏、李俊杰、岳青华、邱　辉、张发鸿、方　刚、周梅芳、邵宇航、苏　展、吕权伟、任珂君、王　飘、张墨林
2	三峡升船机工程设计	长江勘测规划设计研究有限责任公司	钮新强、覃利明、于庆奎、朱　虹、吴俊东、段　波、王　可、廖乐康、邓润兴、金　辽、方　杨、单　毅、王　蒂、余友安、朱海清、梁仁强、林新志、姚云俐、方晓敏、宁　源
3	南水北调东线一期工程穿黄河工程设计	中水北方勘测设计研究有限责任公司	吴正桥、余新启、池建军、隋世军、辛凤茂、张怀军、李明娟、洪　松、周志博、陈艳会、李庆铁、易　伟、刘　卫、陶连银、史世平、尹志洋、李会波、毕亨森、刘顺萍、林　顺
4	重庆云阳盖下坝水电站工程	中水东北勘测设计研究有限责任公司	马　军、崔忠慧、胡志刚、吕永明、范　永、张喜武、梁　勇、李树刚、金　辉、逄立辉、杨玉航、于生波、秦守田、韩之光、于柏强
5	松花江大顶子山航电枢纽工程（挡泄水及发电建筑物）	中水东北勘测设计研究有限责任公司	王　谊、齐立伟、丁晓阳、田晓军、李亚文、唐振华、李佩南、王　杨、赵现建、葛光录、周炳昊、刘占军、尹一光、王成雄、李众望、李克绵、金　波、郭　春、董大伟、王国志
6	内蒙古黄河干流水权盟市间转让河套灌区沈乌灌域试点工程	内蒙古自治区水利水电勘测设计院	樊忠成、李新民、王兰明、赵瑞廷、刘智君、邓阿清、哈　达、于　浩、信心博、李　耀、陈晓鹏、卢伯楠、陈　婧、袁景娟、郭占奎
7	海南水网建设规划	水利部水利水电规划设计总院	杨　晴、朱党生、赵　伟、张建永、王晓红、刘青青、张梦然、杨晓茹、王　强、王晓霞、翟　媛、李宁博、汤洪洁、文学鸿、康立芸
8	甘肃省水安全保障规划	水利部水利水电规划设计总院	李原园、郦建强、李云玲、马　明、熊　伟、赵钟楠、林德才、何　君、李长春、马　睿、唐颖丰、唐景云、张发斌、吴　京、张　越
水利水电工程勘测奖			
9	南水北调东线一期工程穿黄河工程勘察	中水北方勘测设计研究有限责任公司	高义军、司富安、张怀军、陈亚鹏、吕　振、余新启、池建军、李松磊、秦玉龙、胡相拔、毛深秋、刘　扬、王彦峡、王祖国、高志飞、张　劲、吴　彤、王　昊、赵文超、李承中
10	沁河河口村水库工程地质勘察	黄河勘测规划设计研究院有限公司	刘庆军、郭其峰、路新景、李清波、戴其祥、万伟锋、房后国、刘振红、王耀军、王勇鑫、吴国宏、周延国、鲁　辉、杨金林、王玉川
水利水电工程信息化成果奖			
11	BIM＋GIS技术在珠江三角洲水资源配置工程建设管理中的应用	广东粤海珠三角供水有限公司	刘志明、杜灿阳、伍　杰、卫　慧、张兆波、刘　辉、邓　鹏、侯征军、滕　彦、朱晓斌
12	东庄水利枢纽工程数字一体化勘察设计应用	黄河勘测规划设计研究院有限公司	张金良、肖宏武、李清波、曹新红、王惠芹、杨俊峰、董甲申、付登辉、杜朋召、杨军义
13	引江济淮工程（安徽段）建设管理期BIM技术应用	水利部水利水电规划设计总院	刘志明、伍　杰、刘　辉、薛宏林、李　鞿、蔺志刚、费　胜、郭莉莉、吕　强、刘玉敏
水利水电工程勘测设计标准奖			
14	生态文明建设水治理规划编制导则（试行）	水利部水利水电规划设计总院	李宗礼、陈　伟、李瑞清、赵先进、吕　洁、赵钟楠、高成城、陈媛媛、康立芸、谢　珊
银质奖（20）			
水利水电工程设计奖			
15	淮河入江水道整治工程（江苏段）	江苏省水利勘测设计研究院有限公司	朱庆华、周维军、陈　懿、张锁江、张　煜、陈　栋、赵一晗、朱大伟、许建国、张　玥、陈静茹、鞠大为、孙　瀚、张　超、王科亮、丛赛飞、高兴和、陈香香、黄志洪、叶新霞

序号	项目名称	申报单位	获奖人员
16	太湖流域水环境综合治理——新沟河延伸拓浚工程	江苏省太湖水利规划设计研究院有限公司	孙永明、展永兴、陶玮、高兴和、万乾山、于建忠、朱庆华、吴小靖、王飞、吕犇、程实、吴芳、焦建华、张艺、宋丽花
17	湖北省十堰市龙背湾水电站工程	湖北省水利水电规划勘测设计院	李瑞清、刘贤才、姚晓敏、李文峰、别大鹏、吴红光、马雪峰、万志刚、黄秀英、蒋明平、胡新益、丛景春、陈磊、涂江静、严谨
18	河北省南水北调配套工程保沧干渠工程	河北省水利规划设计研究院有限公司	马述江、耿运生、周玉涛、靳翠红、牛海勇、鲁虎成、张丽、张延忠、蒋国芸、贾艳霞
19	南水北调东线一期胶东干线济南至引黄济青段工程明渠段工程	山东省水利勘测设计院有限公司	李贵清、田间、张灵真、吴敬峰、张贵民、崔积家、李利红、王爽、张兴珏、兰昊、李伟、姜荟锦、赵琳、刘天政、张桂玉、张昕、张英开、卞晶、关科、侯仟
20	广州市南沙区灵山岛尖北段海岸及滨海景观带建设工程	中水珠江规划勘测设计有限公司	刘元勋、曹春顶、靳高阳、黄河、董明映、黄文龙、曾文泽、陈景祥、黎开志、胡刚、尹开霞、李陶、夏永丽、陈明学、童利芹、杨凤娟、彭志祥
21	洙赵新河徐河口以下段治理工程	水发规划设计有限公司	曹利军、乔立峰、王伟、樊雷、白玉、马晓超、张以文、沈宁、吕艳、宗亮、李莹、付艳艳、魏平、张游、王辉
22	河南省大别山革命老区引淮供水灌溉工程规划	中水淮河规划设计研究有限公司	陈彪、孙勇、王希之、沈宏、尹殿胜、黄云光、张桂菊、查松山、秦峰、王江、李辉、赵凯、胡瑞、陈婷、张鹏
23	宁夏固原地区(宁夏中南部)城乡饮水安全水源工程	宁夏水利水电勘测设计研究院有限公司	哈岸英、刘文、潘晓辉、曹建忠、马成军、蓝祖秀、朱东、太红鑫、赵庚贤、陶海滨
24	许昌市清泥河流域综合治理工程	河南省水利勘测设计研究有限公司	冯光伟、孟垚、李剑锋、李甜甜、杜辉、严成、范磊、贾文俊、宋文超、罗驰、李培、荀占涛、曹东东、李孟洋、刘春丽
25	三峡水库开县消落区生态环境综合治理水位调节坝工程	长江勘测规划设计研究有限责任公司	秦明海、高大水、谭界雄、操家顺、陈振华、位敏、陈朝旭、叶俊荣、余蔚卿、杨明化
水利水电工程勘测奖			
26	茅洲河流域(宝安片区)水环境综合整治项目工程勘测	中国电建集团华东勘测设计研究院有限公司	汪明元、郑有强、杜文博、曾旭明、罗梓尧、魏金忠、黄经安、倪卫达、李龙、朱盛延、杨辉、李广生、陈少峰、王笏勇、许启云、潘生贵、叶振杰、汤峰汉、罗栋来、卢健敏
27	河北省大型水库1:2000淤积地形及断面测量	河北省水利水电勘测设计研究院集团有限公司	王海城、杨亚伦、张瑞卿、吴竞、赵阳、刘冬、刘晖娟、孙创、杨斯、胡立波、崔绍煜、权宇、修冬红、武卫国、李宁、李明喜、徐婷婷、曹玥、王雯涛、甄珊珊
水利水电信息化成果奖			
28	滇中引水二期工程数字化协同设计应用	中国电建集团昆明勘测设计研究院有限公司	朱国金、胡睿、宁宇、杨小龙、刘涵、陈为雄、徐建、闫尚龙、王超、严磊
29	大藤峡水利枢纽工程大江截流数字孪生应用	江河水利水电咨询中心有限公司	刘辉、李韡、孙祥鹏、李树刚、刘涵、廖华春、门飞、代红波、李囡囡、王传菲
30	GIS+BIM技术在汉江新集水电站智慧工程建设管理中的应用	长江勘测规划设计研究有限责任公司	帅小根、卞小草、雷畅、赵鑫、董菲、韩佳良、黄博豪、陆超、邓院林、马瑞
31	水利水电工程三维地质勘察系统	中水北方勘测设计研究有限责任公司	吴正桥、陈亚鹏、赵文超、高玉生、刘满杰、高义军、王国岗、朱维娜、王春晓、吴彤
32	SOUAPITI水电站基于BIM的全生命期工程数字化应用	黄河勘测规划设计研究院有限公司	谢遵党、张如军、王美斋、刘加华、王陆、朱丹、徐威、李沛霖、李彦、张芷玥
水利水电工程勘测设计标准奖			
33	水下岩塞爆破设计导则	中水东北勘测设计研究有限责任公司	金正浩、苏加林、王福运、高垠、王鹤、姜殿成、张雨豪、朱奎卫、刘占军、黄远泽

续表

序号	项目名称	申报单位	获　奖　人　员
34	水电工程水土保持设计规范	中国电建集团西北勘测设计研究院有限公司	岳增璧、王兴太、李红星、张乃畅、李　婧、崔　磊、朱永刚、陈胜利、耿相国、熊　峰
铜质奖（34）			
水利水电工程设计奖			
35	淮河流域重点平原洼地治理工程里下河川东港工程	江苏省水利勘测设计研究院有限公司	陶　玮、周雪晴、贾　健、陆银军、董礼翠、周东泉、石建华、刘锦霞、朱大伟、许雪梅、丁国莹、赵一晗、许建国、陆　雯、孙　瀚
36	南水北调东线一期金宝航道工程	江苏省水利勘测设计研究院有限公司	王　钧、程建华、钱　程、张晓松、杨万红、洪　伟、高明鸣、杨晨霞、赵春潮、陈　杭、叶新霞、鞠大为、李小红、倪言波、仲兵兵
37	安徽省淮水北调工程	安徽省水利水电勘测设计研究总院有限公司	张　浩、张丹青、丁瑞勇、鲍舒眉、安裕民、赵玉强、王茂松、刘长义、黄志刚、金永强、张海阳、翁建海、范万里、胡星名、王　彤
38	福建省德化县彭村水库工程	福建省水利水电勘测设计研究院	沈秀萍、林诚魁、黄典宇、何文兴、王章森、林　斌、陈孟权、徐　洁、吴红峰、李春燕
39	南水北调中线一期工程总干渠北汝河渠道倒虹吸工程	河南省水利勘测设计研究有限公司	冯光伟、董振锋、李国亮、黄秋风、张晓亮、蔡利民、余新淇、王卓然、李　彬、张金辉、李胜兵、宁保辉、卢　琨、纪林强、梁　音、冯逸君、朱健聪、杨金凯、周利娟、李恩越
40	南水北调东线一期胶东干线济南至引黄济青段工程双王城水库工程	山东省水利勘测设计院	单既连、唐山君、吴春澍、王　青、吴秀英、田宝国、邓雅敏、常倩倩、牛会泽、杨香云、李清华、郭晓翠、邱　华、成　栋、邢晓明
41	淀东水利枢纽泵闸改扩建工程	上海市水利工程设计研究院有限公司	季永兴、沈　迪、程松明、潘世虎、任华春、田利勇、张　伟、时方稳、周金明、罗秀卿、黄　伟、邹建国、徐海林、申伟国、陈长太、闫训海、于文华、孙陆军、黄耀忠
42	马鞍山市慈湖河中段（东环路～林里路）综合治理工程项目	深圳市水务规划设计院股份有限公司	王　健、朱闻博、李　柱、廖嵩隆、胡仁贵、马常仁、王国栋、陈　朗、王福连、兰志豪、孙　泉、姚彦星、葛　燕、丁焕菊、赵建梅
43	湖南省益阳市皇家湖泵站新建工程	益阳市水利水电勘测设计研究院有限公司	伍飞高、贾鹏飞、庄　稼、谢　平、张　楠、胡虎鸣、李浩琮、潘新宇、陈跃清、陈　恒
44	鉴江高岭拦河闸重建工程	广东省水利电力勘测设计研究院有限公司	么振东、李　瑜、廖建强、蔡维川、陈叶文、彭志导、郑　文、刘林军、曾庚运、颜晓梅、高　文、张少玉、胡少武、叶伟航、陈钧成、庞春华、罗晓华、林楷祥、王建学、刘智超
45	拉萨河干流治理工程（东嘎大桥—堆龙河口段）	北京中水利德科技发展有限公司	郑太文、马金宝、石　雷、龚振明、史陇俊、彭青枝、邱　景、项明春、程嘉序、王朝阳
46	山西省长治市三河一渠综合治理工程	南京市水利规划设计院股份有限公司	付东王、罗海东、秦邦民、仇苏皖、余代广、程　博、刘邦俊、李　萍、管桂玲、池丽敏、王东赢、朱　杰、毕宇乾、严嘉华、谈永锋
47	广西南宁市城市防洪规划修编（2018—2035）报告	广西珠委南宁勘测设计院	闫位灿、隆德重、韦荫新、苏理河、郭绍光、周锡广、杨梅庆、黄　强、程建中、管军华、潘贤英、吴丹丹、王　奇、何　明、苏晓芸、曹　光、邓巧勤、黄彩林、郭新友、段　健
48	汉江中下游干流及东荆河河道采砂规划（2018—2023 年）	湖北省水利水电规划勘测设计院	李瑞清、刘贤才、翁朝晖、张晚祺、林　杰、孔维娜、何小花、由星莹、彭习渊、曹　通、廖　明、林江武、胡　军、胡娟娟、余之光
49	山东省水安全保障总体规划	山东省水利勘测设计院	谭乐彦、郑金刚、张永平、刘国帅、王莹莹、张　军、于　蓉、姜言亮、张雪晶、公绪英、孙　晨、王　帅、侯龙潭、孙文鹏、张庭凯
50	四川沙坪二级水电枢纽工程设计	中国电建集团华东勘测设计研究院有限公司	黄　维、金　峰、涂承义、田建海、吴宏荣、叶建群、赵士正、吕国轩、方晓红、郭德昌、梁金球、朱　博、王哲鑫、刘秋华、胡坚柯
51	蒙江上尖坡水电站	贵州省水利水电勘测设计研究院有限公司	周仕刚、管志保、李　巍、曹　骏、汪宾舟、周　维、杨　周、代承勇、文志颖、徐国杨
52	浪石滩水电站工程	湖南省水利水电勘测设计规划研究总院有限公司	何铁炎、张拥军、廖光明、黄华新、高学军、韩　帅、朱春阳、刘迎兵、罗青云、段佳捷

序号	项目名称	申报单位	获奖人员
水利水电工程勘测奖			
53	珠江河口四期水下地形测量项目	中水珠江规划勘测设计有限公司	赵薛强、陈明清、王小刚、党 宁、何宝根、陈 翔、沈清华、王 巍、朱长富、杨 猛、王建成、杨秋佳、凌 峻、杨 青、张 瑶
54	南水北调东线第一期工程八里湾泵站工程	中水淮河规划设计研究有限公司	杨业荣、马东亮、王庆苗、李剑修、管宪伟、徐连锋、肖 艳、欧 勇、王根华、王再明、黄 江、王晓亮、何夕龙、杨正春、陈国强、刘 辉、袁克飞、王月恒、马国强、殷卫国
55	河南省南湾水库除险加固工程地质勘察	河南省水利勘测有限公司	赵健仓、来 光、张志敏、张宏建、孙 刚、郝深志、陈 鹏、张建全、程凌云、杨 平、高书杰、常新忠、王树奎、王贵生、周子东、王立军、韩桃明、祁安岭、任 鹏、林 峻
56	山东省枣庄市胜利渠2018年度续建配套节水改造工程勘测	枣庄市水利勘测设计院	陈夫鑫、戴永刚、孙 勇、田 源、师华珅、李荣虎、邱文凯、邢 涛、万玲玲、闫丽娟、赵凯平、刘 坤、张 鹏、张力仁
水利水电信息化成果奖			
57	大型跨流域引调水工程时空信息服务平台	河南省水利勘测设计研究有限公司	高 英、翟宜峰、陈功军、孙维亚、王 伟、庞晓岚、孙卫宾、陈 苏、王 璇、郭 超
58	BIM技术在河流廊道生态治理工程中的应用	河南省水利勘测设计研究有限公司	付海水、李中晖、翟东辉、邢宝龙、杜 辉、庞巧东、艾奥君、王 乐、徐 涛、赵通阳
59	BIM技术在横琴新区海绵城市第一批示范项目中的应用	中国电建集团昆明勘测设计研究院有限公司	赵 昕、陈国华、郭日花、唐文彬、苏亚鹏、刘 爽、黄海斌、许后磊、杨 文、赵继丹
60	BIM+VR技术在生态河湖工程设计中的应用	黄河勘测规划设计研究院有限公司	关 靖、娄健康、张文博、孟 明、马 俊、苏 丹、沈静静、孟 潇、吴月勇、曲百川
61	南京江北新区长江岸线环境景观提升工程BIM技术应用	长江勘测规划设计研究有限责任公司	程 超、陈 兵、王 玮、周明辉、涂佳奕、刘保艳、李 芬、胡 康、侯 妍、黎子颜
62	"十四五"水安全保障规划项目信息管理与决策支持系统	水利部水利水电规划设计总院	黄火键、王九大、杨晓茹、康立芸、张 旭、姜大川、袁 勇、徐 震、梅一韬、罗 鹏
63	水利水电工程地质勘察全过程信息化工作系统	长江三峡勘测研究院有限公司（武汉）	陈又华、李会中、刘聪元、段建肖、陆胜军、康双双、陈长生、刘培培、庞云铭、施 炎
64	石马河流域综合治理一体化管控平台	中国电建集团中南勘测设计研究院有限公司	余 豪、王 伟、冯麒宇、殷甲伟、丁 洋、黄杰俊、王 锐、卢毓伟、刘代勇、叶永良
65	"互联网＋农村供水"信息化系统	长江信达软件技术（武汉）有限责任公司	王迪友、刘先进、张恒飞、成雪夫、张 波、田 昊、李小龙、梅林辉、刘 文、程雪辰
水利水电勘测设计标准奖			
66	水利水电工程钢闸门设计规范	中水东北勘测设计研究有限责任公司	李大伟、马 军、崔元山、胡艳玲、周 兵、范立军、徐 平、葛光录、臧海燕、刘红宇
67	水利水电工程设计信息模型交付标准	中国电建集团昆明勘测设计研究院有限公司	张宗亮、严 磊、刘 涵、李小帅、陈玲芳、李 韡、杜华冬、高 英、卫 慧、梁礼绘
68	河道人工湿地设计规范	河北省水利水电勘测设计研究院集团有限公司	傅长锋、陈 平、刘修水、刘天翼、李 爽

目 录

水利水电信息化成果奖

水利水电勘测设计标准奖

水利水电工程勘测奖

沁河河口村水库工程地质勘察

（黄河勘测规划设计研究院有限公司 河南郑州）

摘　要： 沁河河口村水库工程紧邻太行山前区域性断裂，地质条件极为复杂，存在坝基河床深厚覆盖层、水库岩溶渗漏及单薄山体稳定等多个影响工程建设的重大工程地质问题。通过多元勘察数据融合、分区控制和柔性桩复合地基变形控制技术，解决了 122.5m 高的混凝土面板堆石坝建在软弱且极不均匀深厚覆盖层上的难题；针对库坝区寒武系馒头组下部构造透水层广泛连通库内外造成防渗困难的难题，提出基于易岩溶化评价、岩溶发育程度分级和渗漏相对强度的水库渗控标准，提高了防渗措施效率；精细模拟了复杂构造条件下的山体稳定状态，支撑了枢纽建筑物集中于左岸单薄山体上的布置方案，减少工程投资。竣工以来的监测和运行资料表明，重大工程地质问题处理效果良好。

关键词： 河口村水库；面板堆石坝；深厚覆盖层；岩溶渗漏；单薄山体稳定

1　工程概况

1.1　工程简介

沁河河口村水库位于黄河一级支流沁河中游太行山峡谷段的南端，距峡谷出口—五龙口约 9.0 km，属河南省济源市，是国务院批复的《黄河近期重点治理开发规划》（国函〔2002〕61 号）和《全国大型水库建设规划（2008—2012 年）》中的重要防洪控制性工程。河口村水库控制流域面积 9223km²，占沁河流域面积的 68.2%，占黄河小浪底至花园口无工程控制区间面积的 34%；工程开发任务以防洪、供水为主，兼顾灌溉、发电、改善河道基流等综合利用。

河口村水库总库容 3.17 亿 m³，为 II 等大（2）型工程。枢纽工程由大坝、泄洪洞、溢洪道及引水发电系统组成。大坝为混凝土面板堆石坝，最大坝高 122.5m，坝顶长度 530.0m，总填筑量 650 万 m³；两泄洪洞布置在左岸，最大泄流能力为 3918m³/s，由进口引渠、进水塔、洞身和出口段组成；开敞式溢洪道布置在左坝肩龟头山，最大下泄流量为 6794m³/s，由引渠段、闸室段、泄槽段和出口挑流消能段组成，溢洪道长 174.0m；引水发电系统布置在大坝左岸，分大、小两个电站，总装机容量 11.6MW。河口村水库工程总投资 27.75 亿元，工程于 2011 年 4 月开工，2015 年 12 月主体工程完工，2017 年 10 月通过河南省水利厅组织的竣工验收，是国务院"172 项节水供水重大水利工程"中最早竣工验收的水利枢纽工程。

河口村水库建成后，将沁河下游防洪标准由不足 25 年一遇提高到 100 年一遇，保证下游南水北调中线穿沁工程 100 年一遇防洪安全；可为周边地区年提供城市生活和工业用水 12828 万 m³；保障下游灌溉面积 31.05 万亩，补源 20 万亩；通过水库调节保证了沁河下游五龙口断面 5m³/s 生态基流；工程为下游城市生态保护和高质量发展提供了可靠的水资源保障，社会生态环境效益显著。

1.2 工程地质概况

工程区处于华北断块南缘的二级构造豫皖断块与太行断块的交接部位，近场区及周边无已知活动断层分布。工程区地震动峰值加速度为 0.10g，相应地震基本烈度为Ⅶ度，反应谱特征周期为 0.40s。

库区为封闭的基岩峡谷，基本不存在浸没与塌岸问题。存在库区渗漏问题，渗漏量不大，且渗漏段离坝址较远。水库对侯月铁路的影响，主要集中在余铁沟至盘峪沟之间的鱼天隧洞及盘峪沟铁路桥。

在大坝坝基范围内分布有多个河床深槽，覆盖层最厚达 41.87m，其岩性主要为含漂石的砂卵石层，其中夹有 4 层连续性分布不强的黏性土夹层及若干砂层透镜体。坝址寒武系馒头组下部地层中岩溶现象较发育，由于构造透水层的存在，形成多处可能产生库水渗漏的地段。通过计算，无防渗工况下正常蓄水位时库坝区的渗漏总量为 $10926 \times 10^4 m^3/a$，需采取切实有效的防渗措施。

河口村水库地质勘察前后历经半个世纪，期间进行了大量勘察和专题研究工作，累计完成各类勘探钻孔总进尺 14426m、平洞 2173.2m。

2 工程特点及关键技术

2.1 勘察难点

河口村水库坐落于沁河最后一个出山口的弯道处，紧邻太行山前区域性大断裂，工程地质条件和水文地质条件极为复杂。库坝区广泛分布寒武系下部可溶岩，两岸岩溶透水层出露高程低于库水位，构成近坝库区与两岸坝肩的集中渗漏通道，此外，库周右岸山体内分布的侯月铁路鱼天隧道局部高程低于库水位近 20m，可能形成严重的水库岩溶渗漏问题；大坝坝基覆盖层最厚约 42m，物质组成极不均匀，含多层软弱的黏性土夹层和夹砂层，对坐落于该基础的 122.5m 的高面板堆石坝，其基础渗漏及不均匀变形问题突出；坝址区褶皱断裂发育，发育有 14 条宽大断层及多个褶皱带，坝肩寒武系馒头组下部分布有多层泥化夹层，两条泄洪洞及溢洪道先后穿越近百米宽的五庙坡断层带，且上部分布有古滑坡、古崩塌体等，带来了复杂的高边坡和山体稳定问题。这一系列重大工程地质问题的叠加，给坝址坝型比选、建筑物布置及工程勘察设计带来了极大挑战。

（1）112.5m 的高混凝土面板堆石坝直接坐落在复杂地质结构深厚覆盖层基础上，坝基中分布有多层黏性土夹层等软弱土层，准确查明深厚覆盖层物质组成、分布规律及其工程地质特性，合理评价和处理大坝趾板等变形敏感区不均匀沉降和变形协调问题，对大坝结构安全至关重要。

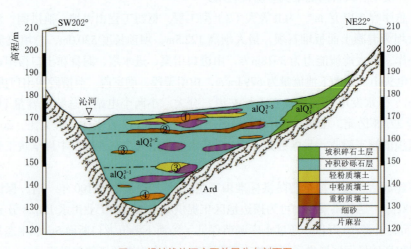

图 1 坝轴线处河床覆盖层分布剖面图

河口村水库坝基为含漂石砂卵石层，其间分布有 4 层连续性不强、厚度不一的黏性土夹层和 19 处砂层透镜体（图 1）。黏性土夹层单层厚 0.2 ～ 7m，累计厚度 5 ～ 20m，占覆盖层总厚度的 1/6 ～ 1/2；其中，还夹杂厚度 0.2 ～ 5m 砂层透镜体及孤石等。坝基覆盖层不仅物质组成和空间分布呈现出极大的不均匀性，其物理力学性质亦差异大，砂卵石层的压缩系数为 0.01 ～ 0.05MPa^{-1}，黏性土层为 0.1 ～ 0.4MPa^{-1}，大致相差一个数量级。在 122.5m 高的大坝作用下，坝基的不均匀变形问题严重，对趾板及其防渗体系安全造成重大影响。

（2）库坝区两岸普遍分布馒头组岩溶构造透水层，可能造成水库严重渗漏，同时会影响库周侯月铁路安全，制约工程建设。查明岩溶发育部位、量化岩溶发育程度及其透水性，是评价水库渗漏及其影响的关键；经济合理确定水库防渗范围和渗控标准，是工程发挥效益的重要保障。

河口村水库寒武系馒头组下部岩溶现象较为发育且联通库内外，建库后会沿该层形成多处绕坝渗漏和邻谷渗漏段。根据计算，在不采取防渗措施的情况下水库年渗漏量达 1.09 × 10^{8}m^3，为坝址处多年平均径流量的 23%，属于严重渗漏，对水库供水等功能影响较大，全面防渗难度大且代价过高；侯月铁路鱼天隧道在水库右岸山体内有穿越而过，其中有约 2km 长的隧道段高程低于水库蓄水位，最大高差达 20m，并有岩溶透水层与库水相连，水库蓄水抬高山体地下水水位，可能造成隧道局部涌水，对铁路运行安全造成重大影响。

（3）坝址区地质构造发育，水工建筑物集中布置在单薄的左岸褶皱断裂密集区内，特别是近百米宽的五庙坡断层破碎带紧邻左坝肩（图 2），与山体变形、地下洞室及高边坡稳定密切相关。查明复杂结构泥化夹层、断层破碎带分布规律及其抗剪强度，精准评价复杂地质构造条件下的山体稳定性是进行枢纽布置和水工设计的重要前提条件。

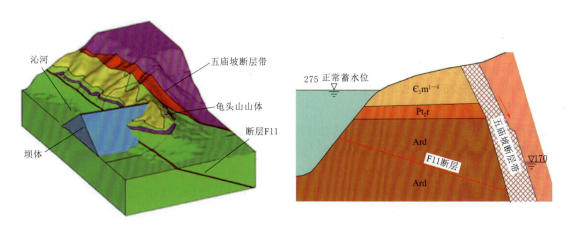

图 2　河口村水库左岸山体稳定分析示意图

坝基寒武系馒头组第 3 段中发育数层较连续的泥化夹层，成为控制两岸坝肩山体抗滑稳定的关键软弱面；枢纽工程的溢洪道、引水发电系统、泄洪洞等水工建筑物均集中布置在左岸单薄的龟头山一带，此处距区域性太行山前大断裂最近不足 500m，褶皱、断裂等地质构造发育密集，尚有古崩塌体、古滑坡体分布。破碎带宽达百米的五庙坡张性断层带顺河向切割左坝肩山体，蓄水后在库水压力下左岸山体将向断层带产生压缩变形，影响坝体稳定，而跨越该断层的两条泄洪（导流）洞和溢洪道围岩稳定也受影响严重。

2.2　勘察创新

针对河口村水库深厚覆盖层、水库岩溶渗漏和山体稳定等重大工程地质问题，经数十年专题研究和科技攻关，形成了诸多创新。

2.2.1 创新了高面板坝复杂地质结构深厚覆盖层的勘察评价技术

（1）首创了多元勘察数据融合的覆盖层勘察方法。基于钻孔、原位测试、试验和波速有机融合，实现覆盖层物性指标与变形指标的有效关联，有效解决了深厚覆盖层分层与关键变形参数获取的技术难题。

通过在坝基采用点、线、面结合的方式，提出一种大口径旁压、瑞雷波、载荷试验及跨孔 CT 系统组合的勘察布置方式。将典型点的波速、原位试验等各种勘察信息进行融合，通过其上对应的大量瑞雷波与旁压试验、载荷试验信息，结合岩性，进行回归分析，提出瑞雷波波速和旁压模量、变形模量等之间的数学关系（图 3），实现覆盖层物性指标与变形指标的有效关联，进而通过瑞雷波剖面扩展到整个坝基，以获取无原位试验点控制的覆盖层深部变形模量。

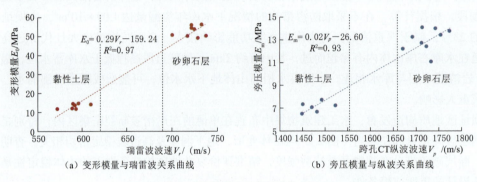

（a）变形模量与瑞雷波关系曲线　　　　（b）旁压模量与纵波关系曲线

图 3　变形参数与波速融合关系图

这种勘察方法优点：①解决常规勘探钻孔因岩芯采取率偏低而漏失软弱夹层的问题，对不易取样的巨厚砂卵石也可以通过物性、变形模量的差异来进行较为精确的分层；②解决复杂结构覆盖层深部因原位试验困难而缺乏变形指标的难题；③可以减少一定勘探试验工作量，提高勘察效率。

经坝基施工揭露验证，主要的软弱夹层分布位置与勘察结论一致，其物理力学性质经复核基本无变化，验证了方法的合理性。

（2）首次提出了高面板坝复杂地质结构深厚覆盖层建基指标体系，建立了 150m 级面板坝覆盖层建基面选择标准，为覆盖层基础利用和处理提供了依据。

系统研究了国内外已建和在建的 $100 \sim 150m$ 级面板坝工程资料和研究成果，选取代表物理属性、承载属性、变形属性的干密度、承载力、变形模量作为评价指标。提出了覆盖层上 $100 \sim 150m$ 级高面板坝的建基条件：对均一覆盖层，建基标准为干密度 $\geqslant 2.0g/cm^3$、承载力 $\geqslant 0.45MPa$、变形模量 $\geqslant 40MPa$；对于复杂结构的深厚覆盖层，需计算出地基的综合参数（干密度 ρ_0、承载力 N_0、变形模量 E_0）（图 4），而后再用均一覆盖层的建基标准进行衡量。

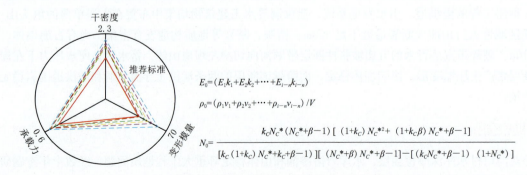

图 4　150m 级面板坝覆盖层建基指标优势图及覆盖层建基指标公式

（3）创新了高面板坝深厚覆盖层坝基变形控制技术。首次提出了覆盖层坝基三区处理原则，并在坝基处理中应用"柔性桩疏密布置"的复合地基加固方案，解决了坝基覆盖层不均匀变形与坝体协调的难题，确保趾板及上部面板结构安全。

根据高面板坝坝体应力和结构特点，首次提出将覆盖层坝基划分为 3 个功能区分区（图 5）：核心控制区（趾板向下游，水平宽度至 0.4H 处）应具备高变模、低压缩特性；变形过渡区（0.4H 至坝轴线区域）协调上下游变形；承纳吸能区（坝轴线以下至坝脚）可以足够地吸收总应变。

相应地提出了合理的坝基利用处理措施：①在变形过渡区，上层变形模量较小的第 1、2 层黏性土夹层要清除，换填高变模、低压缩的筑坝堆石料；②承纳区可仅作表层基础压实处理；③在变形控制区内，坝基采用柔性的高压旋喷桩由密到疏布置，桩间排距从 2.0m 过渡到 6.0m，桩身长度 20.0m，穿透 3 层黏土夹层，共布置 597 根高喷桩，形成复合地基，减少了坝基开挖、回填及降水等工程量。

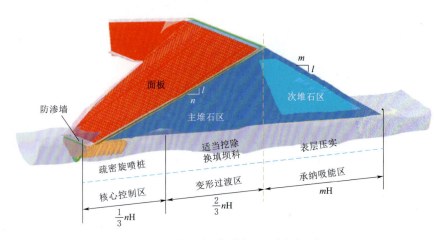

图 5　高面板坝覆盖层坝基处理三区分治示意图

坝基处理后将多元勘察数据融合的方法应用到的坝基检测，对比覆盖层处理前后的瑞雷波速、旁压模量及变形模量等关键指标的变化，解决了直观、全面的量化覆盖层坝基加固效果的难题。首次在水利水电基础处理中进行了超常规复合地基静载荷试验；根据设计工况，载荷试验要实现最大 3.3MPa 以上的加荷，最终加载的重量达到 14000kN，设计、实施难度极大，这种载荷试验规模在同期（2011 年）水利水电工程基础检测中未见应用，极大地提升了复合地基载荷试验技术、拓展了应用范围。

蓄水以来的监测资料表明：坝基沉降量在设计允许范围内；柔性桩复合地基区域内沉降量 220mm 左右，有效降低了坝基总沉降量并显著改善了不均匀特性，大坝结构运行状态正常。

2.2.2　构建了岩溶水库渗漏评价与渗控处理技术体系

（1）首创了岩体易岩溶化量化评价模型，对库坝区不同部位岩溶发生的潜力进行了定量化评价和分级，解决了评价岩溶可能发生部位的难题。

从"岩石可溶性、岩体透水性及地下水活动性"三个基本条件出发确定了 7 项基本影响因素，并采用多目标决策的线性加权方法来描述岩溶发育潜力，首次提出了百分制的易岩溶化程度等级判别公式及评价标准。根据得分，将研究区内易溶程度等级分为极难—极易 5 级，其中得分小于 25 时为极难，得分大于 80 时为极易。

该方法指导了河口村水库分区进行了易岩溶化等级评价（图 6），得出左岸龟头山褶皱断裂区及右岸古河道区为易岩溶区，右岸近岸和左岸五庙坡断层带以南的断裂密集带区为中等岩溶区，右岸远岸区为不易溶区，为研究库坝区岩溶发育部位提供了依据。该分区结果与勘探揭露和现场岩溶调查情况较为一致。

$$Z = 3Rd + 2Rz + 0.4Tc + 1.4Td + 0.2Tl + 2.7Sj + 0.3Sb$$

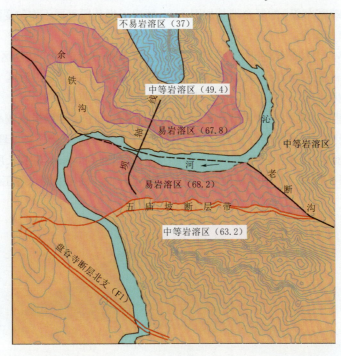

图6 易岩溶化判别公式及河口村水库坝址易岩溶化分区

（2）建立了定量指标和定性指标结合的岩溶发育程度分级标准衡量岩溶发育强烈程度，创新地将岩溶发育程度与透水性强弱结合起来，为水库的岩溶渗漏计算提供了依据。

综合考虑钻孔岩溶率、易岩溶化分级、岩体透水率、岩溶地下水等定量指标和渗漏介质等定性指标，建立了从Ⅰ（强烈发育）~Ⅴ级（微弱发育）的岩溶发育程度分级标志，宏观上反应所评价区岩溶发育的总体强度、渗透介质类型及渗透特性，解决了河口村水库库坝区岩溶发育强烈分级难题。其中，左坝肩龟头山岩溶发育程度相对最强达到Ⅱ级，右岸远岸最弱为Ⅴ级。在此过程中：

1）首次使用以罗丹明B和Cl离子为示踪剂的改进多元示踪连通试验，验证了渗漏介质以溶孔溶隙混合型为主的特点。

2）首次提出了中等—强透水岩体透水率q与渗透系数K的换算关系，即：$10Lu<q \leqslant 100Lu$ 时，$1Lu \approx 0.022 \sim 0.031m/d$；$q>100Lu$ 时，$1Lu \approx 0.032 \sim 0.1m/d$，提高了岩体渗透系数估算精度，应用在库坝区渗漏分析计算中。

3）首次提出并定义了渗漏相对强度指数，创新地将岩溶发育程度、渗漏相对强度指数同透水率值结合起来，构建了岩溶地区水库渗控关键指标体系，解决了"如何经济、绿色布置渗控工程"的难题。

在研究渗控方案时，要回答哪些地段更有防渗的必要，本次从渗漏量占比和渗漏宽度占比出发，首次提出了不同渗漏段渗漏相对强度指数的概念，表示某一地段渗漏量占总渗漏量的比例与其渗漏宽度占总渗漏宽度比例的比值，该指标表征了不同地段渗漏的相对集中程度。河口村水库岩溶渗漏范围宽广，其防渗范围确定不能依赖传统的工程经验和规范。勘察提出了岩溶发育程度、渗漏相对强度和透水率值结合的渗控指标体系，即①根据岩溶发育分级分区，按"Ⅲ级区防渗墙、Ⅳ级区防渗帷幕、Ⅴ级区不防渗"的重点防渗、区别对待的防渗原则；②据渗透相对强度S，提出了"$S<0.25$时不需防渗，$S \geqslant 0.5$时宜全防渗，$S \geqslant 2$时重点防渗"的原则；③结合岩体透水率，提出了"坝肩渗控深度按3Lu、远岸按5Lu控制，并进入非可溶岩中"的原则。

综合以上原则提出了河口村水库的渗控措施建议，并得到设计采纳和实施。经蓄水后观测，水库渗漏量不足多年平均径流量的1%，渗漏轻微，库水对侯月铁路运行安全影响不大，渗控工程运行正常。

（3）创新了复杂地质构造条件下山体稳定的勘察评价方法

1）通过勘探平硐追索和大型原位抗剪试验结合的方法，查明了主要泥化夹层、断层的分布规律，并获取关键的抗剪强度参数。

通过点面结合的方式，布置多组平洞、钻孔对控制坝基抗滑稳定和边坡稳定的泥化夹层、断层破碎带分布规律进行追踪，结合室内试验对泥化（软弱）夹层物质组成进行工程地质分类，在此基础上选取典型点进行平硐内大型原位抗剪试验，获取不同类别软弱夹层的原位抗剪强度。在山体稳定分析时，对试验参数进行了敏感性分析，提出了可靠的泥化夹层、断层带的抗剪指标。

2）自主研发了工程勘察数字采集信息系统（GEAS），将外业地质数据采集和后期三维地质建模有机结合，创新了CATIA复杂地质构造体三维地质建模方法；采用多种方式对两岸山体稳定性进行研究，为枢纽布置提供了可靠的依据。

在项目地质勘察过程中，采用工程勘察数字采集信息系统（GEAS），实现各种勘察数据采集数字化，并与后期三维地质建模无缝衔接，极大提高内业资料整理和建模效率；在CATIA三维地质建模中，利用GEAS采集的钻孔、测绘、洞探、坑槽探、物探等多种地质数据拟合，在地质体分布规律及地质经验综合判断等多因素干扰条件下模拟了复杂的地质构造边界，构建了直观可视化的地质实体模型并应用于后期各种分析计算中，大幅提高了地质分析的质量和效率，提升了复杂地质体三维建模技术水平。

经过三维和二维等多种计算手段进行稳定分析，相互验证，得到了在最不利组合工况下：右岸山体安全系数 K 值为 $2.03 \sim 2.09$，左岸龟头山单薄山体安全系数 K 值为 $1.81 \sim 2.45$，山体整体稳定性均满足规范要求；左岸龟头山上部古滑坡体局部则存在 $K < 1$ 的情况，结合左坝肩开挖提出了处理措施。同时，左岸山体还存在沿F11断层向五庙坡断层带的压缩变形问题，根据计算，山体最大位移量为4.26cm，坝体结构设计时需考虑该变形量的影响。相关研究成果已被设计采纳，支撑了建筑物集中布置在左岸龟头山单薄山体上的枢纽布置方案，缩减了水工隧洞和溢洪道的长度；经过蓄水后监测，两岸山体稳定，左岸各枢纽建筑物运行状态良好。

上述勘察创新成果经过了河口村水库施工检验，开挖揭露的地质条件与前期结论相符，无勘测设计原因引发的质量问题，确保了工程顺利实施与竣工验收；水库蓄水运行多年来，大坝等建筑物运行状态良好，金属结构和机电设备运行正常，库坝区渗漏轻微，各项监测数据无异常，勘察成果推动工程取得了巨大的经济、社会和生态环境效益。经科技查新"国内外未见与上述综合技术特点相同的关于沁河河口村水库工程地质勘察研究的公开文献报道"；经科技成果评价，成果达到了国际先进至国际领先水平。

3 成果及应用推广

3.1 取得成果

3.1.1 科技成果

（1）"河口村水库工程关键技术研究与应用"成果总体达到国际领先水平，评价咨询专家组一致认为："创新的柔性桩疏密布置方式，解决了坝体与复杂地基的变形问题；创建的溶隙型岩溶发育程度分级标准和类似岩溶区水库渗控关键指标体系，成功解决了困扰河口村水库成库论证和防渗的重大技术难题。"

（2）"沁河河口村水库工程勘察关键技术及应用"，评价咨询专家组一致认为："项目针对河口村水库工程勘察面临的重大问题和迫切需求，提出了多元勘察数据融合的深厚覆盖层勘察评价方法，创新了覆盖层上高面板坝坝基变形控制技术，构建了岩溶渗漏评价技术，在覆盖层多元勘察数据融合、坝基变形控制以及岩溶水库渗控等技术方面达到国际先进水平。"

3.1.2 专利

（1）发明专利：

1）基于手持式激光测距仪的地下洞室地质编录方法 / ZL2016 1 1184140.4。

2）基于电子厘米纸的地质编录方法 / ZL20161 1 183347.X。

3）精确生成弧段地质剖面的方法 / ZL2016 1 1184139.1。

4）干湿循环条件下黏性土的分散度记忆特性试验方法 / ZL2018 1 0133408.4。

（2）实用新型专利：

1）深覆盖层坝基防渗墙结构 / ZL2014 2 0370814.X。

2）混凝土面板堆石坝深厚覆盖层趾板基础结构 / ZL2014 2 0026829.4。

3.1.3 奖项

（1）河口村水库工程获中国建筑行业工程质量最高荣誉——"2018—2019 年度中国建设工程鲁班奖"。

（2）河口村水库工程获中国水利行业优质工程最高奖——"2017—2018 中国水利工程优质（大禹）奖"。

（3）"河南省沁河河口村水库工程设计"获"2019 年度全国优秀水利水电工程设计金奖"。

（4）"深覆盖层面板坝设计及坝基处理措施"获"第二届自然科学学术奖——河南省自然科学优秀学术著作奖壹等奖"。

（5）河口村水库主体工程 ZT1 标段获"2018 年度河南省建设工程'中州杯'（省优质工程奖）"。

（6）河口村水库主体工程 ZT4 标段获"2018 年度河南省建设工程'中州杯'（省优质工程奖）"。

（7）"河口村水库坝址区渗漏与龟头山边坡稳定性研究"获"2012 年度河南省科技进步三等奖"。

（8）"沁河河口村水库工程关键技术研究与应用"获"2019 年度黄河水利委员会科技进步一等奖"。

（9）"沁河河口村水库工程可行研究阶段工程地质勘察报告"获"2010 年度河南省优秀工程咨询一等奖"。

（10）"河南省河口村水库工程坝基深厚覆盖层工程地质特性研究"获"2014 年度河南省优秀工程咨询一等奖"。

（11）"沁河河口村水库工程可行性研究报告"获"2013 年度河南省优秀工程咨询一等奖"。

3.2 应用成效和推广

（1）提出了河口村水库大坝合理的坝基建基面，并将大坝趾板建在河床覆盖层上，减少坝基开挖工程量约 100 万 m³，减少坝体填筑量约 85 万 m³ 及相应的基坑降排水工作，节约大坝施工工期 7 个月，节省大量工程投资。

（2）在坝基处理中应用"柔性桩疏密布置"的复合地基加固方案，蓄水以来的坝基沉降监测资料表明坝基沉降量在设计允许范围内，柔性疏密桩复合地基区域内沉降量 220mm 左右，有效降低了坝基总沉降量并显著改善了不均匀特性。同时，大坝面板挠度监测及防渗墙后渗压监测也都表明大坝结构运行状态正常。

（3）应用岩溶水库渗漏评价与渗控处理技术优化了水库渗控工程设计，减少了渗控工程量，并可使水库每年减少渗漏量 9626 万 m³，经济效益显著；水库蓄水后的渗流监测数据表明，目前坝后量水堰最大渗漏量 12900m³/d，不足多年平均径流量的 1%，渗漏轻微；根据对侯月铁路鱼天隧道周边山体地下水的监测，库水对侯月铁路运行安全影响不大。

（4）通过山体稳定研究，支撑了建筑物布置集中布置在左岸龟头山单薄山体上的枢纽布置方案，缩减了水工隧洞和溢洪道的长度，通过对建筑物体型的优化节省了工程投资 2000 余万元。根据巡视检查和各项监测数据表明，左岸各枢纽建筑物运行状态良好，1 号泄洪洞多次泄水使用，金属结构和机电设备运行正常。

（5）该成果具有很强的适用性，已成功推广应用到青海省大（2）型的那棱格勒河水利枢纽中（总投资 23 亿元，坝基覆盖层最厚 140m），解决了该工程坝基深厚覆盖层勘察和坝基建基面评价难题；推广应用在大（1）型的泾河东庄水利枢纽（总投资 163 亿元）岩溶水库渗漏勘察与成库论证中，指导了东庄水利枢纽岩溶渗漏问题评价与处理。

4 工程运行及效益

4.1 工程运行情况

沁河河口村水库工程地质勘察，解决了制约工程建设的深厚覆盖层、水库岩溶渗漏及龟头山单薄山体稳定等重大工程地质难题，为工程的开工建设奠定了坚实基础。工程施工后揭露的实际情况表明，河口村水库主要建筑物的工程地质条件及天然建筑材料质量、储量均与前期勘察结论相符，无勘测设计原因引发的质量事故，确保了工程顺利实施。2017 年 10 月河口村水库顺利通过竣工验收，运行近 5 年来，根据巡视检查和各项监测数据表明，大坝等建筑物运行状态良好，金属结构和机电设备运行正常。

特别是 2021 年汛期，沁河上游连降暴雨和特大暴雨，河口村水库作为控制沁河洪水的关键工程，先后遭受了"7·11""7·22""8·24""8·31""9·3""9·18""9·25"等多次强降雨过程，以及罕见夏秋连汛，水库持续超正常蓄水位运用，期间经历了建库以来最高水位 279.89m、最大入库洪峰流量 4300m³/s、最大下泄流量 1800m³/s 等多项纪录，枢纽工程经受住了连续高水位、大泄量非常工况考验运行良好。

4.2 经济社会效益

4.2.1 经济效益

通过实施深厚覆盖层上的修建高面板关键技术研究，河口村水库减少了大坝开挖量和弃渣量，节约施工工期 6 个月，直接减少工程投资 4650 万元人民币。通过采用"北方岩溶水库渗漏评价与处理技术"，优化了河口村水库防渗帷幕布置，选择了两坝肩 1400 余米的渗漏集中部位进行帷幕防渗（控制了总渗漏量的 92%），取消了远岸区对其他 4400 余米的防渗措施，由此可减少防渗工程投资 1.01 亿元人民币以上。同时，通过水库防渗处理减少了渗漏量，河口村水库在 2017—2019 年共新增供水量 1.2 亿 m³，折合新增供水销售额 8640 万元，新增发电量 1250 万 kW·h。

正在施工中的陕西省泾河东庄水利枢纽工程，通过采用"北方岩溶水库渗漏评价与处理技术"优化了水库渗控措施，预估可节省项目渗控工程投资约 3.88 亿元。

4.2.2 社会效益

通过河口村水库工程的实施，将沁河下游防洪标准由不足 25 年一遇提高到 100 年一遇，保障了南水北调中线穿沁工程 100 年一遇防洪安全，减免沁河下游防洪保护区洪灾经济损。经测算，多年平均防洪效益为 13821 万元，社会效益显著。

2021 年 9 月下旬以来，黄河中下游发生新中国成立以来最严重的秋汛，强降雨多轮次叠加，干支流汛情交织。作为沁河防洪控制性工程的河口村水库不仅承担了保护沁河下游安澜的重任，还与三门峡、小浪底、故县、陆浑等水库五库联调，起到了削减黄河花园口洪峰流量、减轻下游防洪压力的重要作用，在黄河秋汛洪水防御中发挥了重要作用。

4.2.3 环境效益

通过河口村水库的调节，保障沁河下游五龙口断面 5m³/s 的生态基流，改善了沁河下游频繁断流的现状，为下游城市生态保护和高质量发展提供了保障，改善了当地生态环境，河口村水库工程被授予"2018 年度生产建设项目国家水土保持生态文明工程"和"国家水利风景区"称号，生态效益明显。

11

5 工程照片

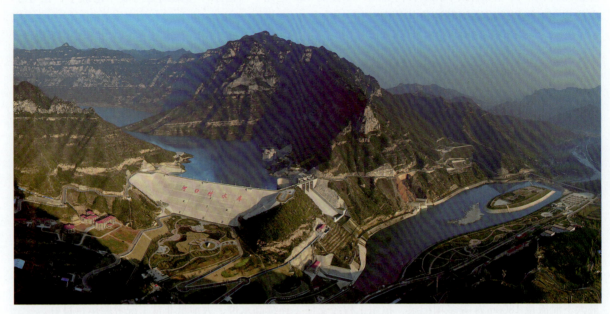

图 7　河口村水库全貌图

图 8　河口村水库大坝图

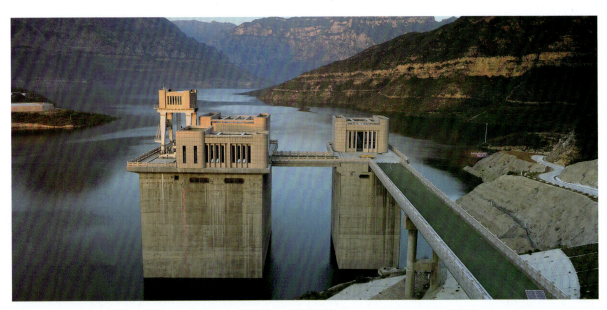

图 9 河口村水库联合进水塔架图

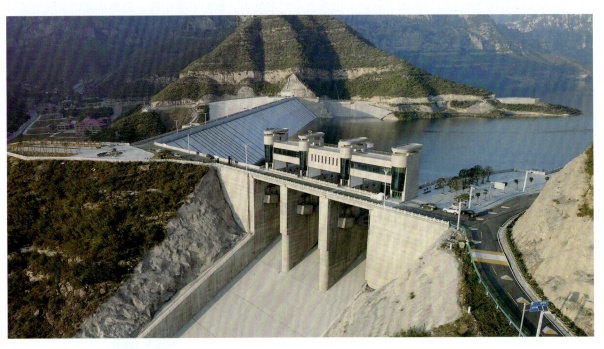

图 10 河口村水库溢洪道图

郭其峰 刘庆军 执笔

南水北调东线一期工程穿黄河工程勘察

（中水北方勘测设计研究有限责任公司　天津）

摘　要：南水北调东线一期工程穿黄河工程是南水北调东线的关键控制性工程，穿黄隧洞段被地表水体和第四系所覆盖，下伏基岩主要为寒武系灰岩，岩溶较发育。20世纪八九十年代的技术条件下要在河流冲洪积物中实施隧洞非常困难，探寻合适的"潜山"段基岩作为穿黄隧洞位置是本工程建成与否的关键；找到"潜山"基岩后，查明其复杂的工程地质条件，客观评价存在的工程地质问题，为穿黄工程设计、施工提供技术支撑。

关键词："潜山"基岩；穿黄勘探试验洞；三水相通；振动三轴液化判别

1　工程概况

南水北调东线一期工程穿黄河工程位于山东省泰安市境内，黄河下游中段，是南水北调东线的关键控制性工程，工程任务是调引长江水穿越黄河至鲁北地区，同时具备向河北、天津应急供水的能力。穿黄河工程主要由出湖闸、南干渠、埋管进口检修闸、滩地埋管、穿黄隧洞、穿引黄渠埋涵、出口闸及连接明渠等建筑物组成，总长约7.87km，其中穿黄隧洞长582m，埋深40m左右，工程总投资为6.13亿元，为Ⅰ等大（1）型工程。

穿黄河工程地处鲁中南山区西北边缘与华北平原交界地带。穿黄段河床及两岸覆盖不同成因类型的松散堆积层，岩性有壤土、砂壤土、黏土等，并夹有粉细砂层；下伏基岩为寒武系张夏组和嵩山组各类灰岩，岩溶较发育。

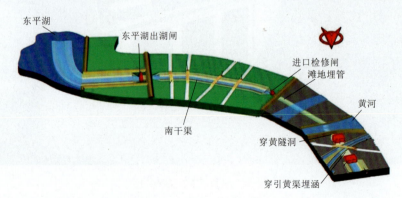

图1　穿黄河工程布置示意图

南水北调东线穿黄河工程自1978年开始选线，2002年规划批复，2006年工程立项，2007年初设批复；工程2007年开工建设，2013年完工，2019年通过验收。勘察工作前后历经40余年，勘察成果为工程设计、施工提供了可靠依据，其先进的勘察理念、勘察技术处于同期国际领先水平，为同类工程提供了很好的借鉴作用。

2 工程特点及关键技术

2.1 勘察重点与难点

穿黄河工程地处鲁中南山区西北边缘与华北平原交界地带，第四系分布广泛，下伏基岩主要为寒武系灰岩，岩溶较发育。工程勘察重点与难点主要有：

（1）穿黄段河床及两岸覆盖不同成因类型的松散堆积层，岩性有壤土、砂壤土、黏土等，并夹有粉细砂层；下伏基岩为寒武系张夏组和嵩山组各类灰岩。穿黄隧洞段为地表水体且被第四系所覆盖，能否找到合适的"潜山"段基岩作为穿黄隧洞位置是本工程成立与否的关键。

（2）穿黄隧洞埋深浅，岩溶发育，河水、第四系孔隙水及岩溶裂隙水"三水相通"，地质条件复杂，涌水涌砂问题突出。找到"潜山"段基岩后，查明其工程地质条件，客观评价对隧洞成洞有重大影响的断裂构造、岩溶、水文地质条件等直接关系到穿黄工程能否顺利实施。

（3）黄河漫滩埋管段处于7度地震区，地层主要为第四系饱和少黏性土，地基存在地震液化及不均匀沉降等问题，对建筑物基础形式的选择及地基处理方案有较大影响。

2.2 勘察技术先进性

围绕工程中的关键技术难题，运用"地质分析、物探先行、钻探验证、探试结合"的科学勘察理念，采用地质测绘、水上物探、水上钻探、水下勘探试验洞及综合试验等综合勘察手段，查明了工程区的地质条件，客观评价了隧洞围岩质量、围岩稳定、涌突水与外水压力等关系穿黄工程成立并顺利实施的关键工程地质问题，为工程总体布局及设计施工提供了重要支撑。施工期开挖揭露情况与前期勘察成果基本一致，事实证明，本工程勘察理念先进、勘察方案科学、勘察手段合理、评价结论可靠。

穿黄河工程勘察积极探索技术创新，提出并实施多个先进勘察手段及评价方法，主要包括下列内容。

2.2.1 用先进的勘察理念、科学的勘察方案，探寻到"潜山"分布位置，为穿黄方案的成立提供了重要支撑，为南水北调东线工程的顺利实施奠定了重要基础

实施穿越黄河地下工程在20世纪八九十年代属国内首创，其勘察、设计及施工难度巨大，基本无国内外可借鉴经验。黄河下游中段河床多为深厚河流冲洪积物，当时技术条件下在该类松散地层中实施隧洞非常困难。探寻可实施隧洞下穿黄河的"潜山"位置是整个工程勘察论证的一大技术难点，能否找到合适的穿黄位置是南水北调东线工程成败的关键所在。

运用"地质分析、物探先行、钻探验证、探试结合"的勘察理念，首先地质工程师通过大量区域地质资料分析，结合地质调查，初步圈定重点勘察区域；在圈定的重点区域内用物探手段查明"潜山"分布高程及形状轮廓；再利用钻探等手段验证确认，最终选定解山与位山间一掩埋的近南北向的马鞍形基岩山梁作为穿黄隧洞的位置，为南水北调东线工程的顺利实施奠定了重要基础。

2.2.2 提出并实施了穿黄勘探试验洞，为研究和客观评价成洞条件及主洞施工创造了条件

在河宽水深、水流湍急的黄河干流上进行勘察工作难度巨大，利用常规勘察手段很难获取有效的地质资料。首次创新性的提出在勘察期间开挖先导洞，既可作为勘探试验洞，又可作为穿黄主隧洞的小尺寸模型，最大限度地体现出勘察工作的有效性及经济性。

勘探试验洞岩溶较发育，地下水活跃，开挖过程中采用了先进的全断面超前钻孔预注浆阻水技术，有效地解决了地下水对开挖影响，历经三年完成了总长647.28m横穿黄河的勘探试验洞。利用勘探试验洞，进行地质精细编录、物探测试、原位试验、地应力测试、隧洞围岩收敛变形、松动圈测试、爆破振动监测等工作，取得了大量第一手资料，科学评价了隧洞围岩质量、围岩稳定、涌突水与外水压力等工程地

图2　黄河水上勘探

质问题，为穿黄隧洞工程的设计与施工提供了可靠依据。同时，勘探试验洞的成功实施为穿黄河主洞的
实施提供了可借鉴的经验。

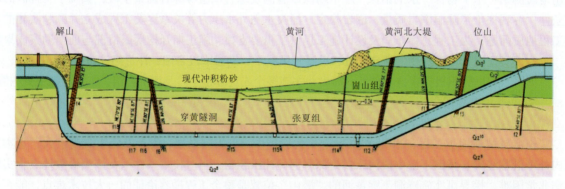

图3　穿黄隧洞地质剖面图

（a）

（b）

图4　穿黄勘探试验洞

2.2.3 采用综合勘察研究手段，查明了工程区岩溶发育规律，科学评价了对工程影响

穿黄河隧洞围岩主要为寒武系张夏组灰岩，岩溶较发育，地下水活跃，直接关系到工程能否顺利实施，研究其岩溶发育程度、空间分布、岩溶水文地质条件及对工程影响等意义重大。

运用"宏观到微观、由面到点、点面结合"的勘察思想，系统分析区域地质资料，通过大范围的地面调查、物探测试等工作建立区域岩溶发育总体特征，充分利用勘探试验洞及钻探岩心进行地质精细编录及统计分析，结合大型群孔抽水试验，查明了隧洞穿越段岩溶发育规律，得出了岩溶裂隙水、第四系孔隙水及河水"三水相通"的结论，科学评价了隧洞涌水特征（高外水压力、大涌水量等），为采用相应的工程措施提供了可靠的地质依据。

2.2.4 首次提出利用振动三轴试验作为第四系饱和少黏性土液化判别依据

穿黄工程渠道、埋管等建筑物均位于黄河滩地，主要为第四系全系统地层，岩性复杂多样，主要以壤土为主，其次为砂壤土、粉细砂层，且处于7度地震区，地基饱和少黏性土地震液化问题对建筑物基础形式的选择及地基处理方案有较大影响。

通过选取典型少黏性土层进行了大量振动三轴试验，研究其动力特性，确定了砂壤土与细砂土层的抗液化强度，软弱壤土层的固结不排水动强度，典型土层的动剪模量与阻尼比随剪应变的变化关系。提出采用H.B.Seed建议的剪应力比较法确定地震时土层受到的地震剪应力及抗液化剪应力，建立二者之间的关系，据此判定土层是否发生液化。进一步分析了砂土层与砂壤土层的地震液化势，更加准确还原地震液化模型，为设计施工提供了可靠的地质依据。

图 5　穿黄工程滩地埋管

2.3 勘察技术创新性

2.3.1 在勘察期间创新性的提出并实施了与施工结合的勘探试验洞（先导洞）

在河宽水深、水流湍急的黄河干流上进行勘察工作难度巨大，利用常规勘察手段很难获取有效的地质资料。创新性的提出在勘察期间实施先导洞，既可作为勘探试验洞，亦可作为主洞的小尺寸模型。充分利用勘探试验洞取得大量有效的地质资料，进行多项原位大型试验、物探测试等，极大地提升了工程地质评价的合理性及可靠性。同时，勘探试验洞开挖过程中采用了先进的全断面超前钻孔阻水灌浆技术，为穿黄河主洞的实施提供了可借鉴的经验。

在 20 世纪末期，国内外均未见在大型河流下部开挖勘探试验洞的勘察方法，此种方法至今仍可作为同类工程最有效的勘察手段。穿黄工程的勘察理念在同类工程勘察中起到了引领作用。

科技查新结果："国内外均未见与该项目上述综合技术特点相同的水下隧道勘察技术研究的文献报道"。

2.3.2 提出采用振动三轴试验手段对第四系地基土层的动力特性研究和液化势判别方法

利用振动三轴试验，在给定的振动次数下，根据达到饱和砂土液化破坏标准时所需振动应力的大小得到其抗液化强度；土样固结完成后，在不排水条件下，沿土样轴向施加等幅振动应力，直到其轴向的峰值振动应变大于 10% 为止。依据计算机记录的试样轴向动应力、动应变，按轴向峰值动应变达到 10% 的标准确定固结不排水动强度曲线。

按照 H.B.Seed 建议剪应力比较法，首先根据等效振动次数 N，确定振动三轴液化试验得到的与一定等效破坏振动次数 N 对应的抗液化剪应力比，再由相关公式确定地震时土层受到的地震剪应力（τ_c）、抗液化剪应力（τ_d），若 $\tau_d > \tau_c$，土层不发生液化；反之，则发生液化。

穿黄工程综合研究分析国内外资料，提出采用振动三轴试验作为第四系饱和少黏性土地震液化判别的依据，为设计提供了可靠的地质依据。

科技查新："国内外均未见与该项目上述综合技术特点相同的水下隧道勘察技术研究的文献报道"。

3 项目主要成果

穿黄河工程勘察工作前后历经 40 余年，完成各阶段勘察技术成果 10 余份，发表论文 20 余篇，获专利 3 项，获水利部科学技术进步奖 1 项。

完成勘察技术成果主要包括：《南水北调穿黄工程初设选线阶段工程地质勘察报告》《南水北调（东线）穿黄隧洞工程勘探试验洞初步设计报告》《南水北调东线一期穿黄河工程可行性研究阶段工程地质勘察报告》《南水北调东线一期穿黄河工程初步设计阶段工程地质勘察报告》《南水北调东线一期工程穿黄河工程施工地质报告》等；完成相关专题报告包括：《南水北调穿黄工程位山线路群孔抽水试验报告》《南水北调东线穿黄隧洞工程洞内渗水量分析研究报告》《穿黄工程试验洞围岩位移监测及岩体位移反分析研究报告》《南水北调穿黄工程场地土层的动力特性与液化势评价专题报告》等。

"用全断面针梁台车进行大坡度斜井施工的方法及针梁台车"获发明专利证书，"用于大坡度斜井施工的全断面针梁台车的导向及牵引系统"及"用于大坡度斜井施工的全断面针梁台车的稳固机构"获实用新型专利证书。

利用灌堵技术在水下岩溶地区开挖"南水北调穿黄勘探试验探洞"获水利部科学技术进步奖二等奖，并获国家科技成果证书。

4 工程运行情况

南水北调东线一期穿黄河工程自建成通水以来，经过多年运行，通水后工程各建筑物运行正常，充分发挥了工程的经济效益和社会环境效益。

4.1 经济效益

穿黄河工程 2013 年 11 月 15 日正式通水，期间顺利完成南水北调东线一期北延应急调水任务，2019 年向河北、天津调水 7822 万 m^3，2021 年向河北、天津调水 4347 万 m^3。北延应急供水工程启动向津冀供水，标志着南水北调东线工程功能进一步健全，将为京津冀协同发展、雄安新区建设提供重要支撑和保障作用。

截至目前，南水北调东线一期工程累计调引长江水 6.43 亿 m^3，保障了山东、天津、河北地区的工业、生活和生态用水。工程经济效益巨大。

4.2 社会环境效益

2019 年穿黄河工程入选山东省水情教育基地。工程的建成和运行，在水资源优化配置、生态用水保障和防汛抗旱方面发挥了重要的作用。同时为工程沿线营造了渠水清澈、绿树成荫的生态景观长廊，为改善当地生态环境发挥了积极作用。

南水北调东线工程对受水地区社会稳定、生产发展、人民生活水平的提高和改善环境质量等都有直接和长远效益。工程还可以提供部分生态供水，改善水环境及京杭运河的通航条件，环境效益和社会效益巨大。

5 工程照片

图 6　穿黄隧洞锚喷支护施工

图 7 穿黄隧洞贯通

图 8 滩地埋管工程施工

20

图 9　南干渠工程

图 10　埋涵出口闸

图 11　隧洞出口闸

胡相波　高义军　张怀军　执笔

城市大型水环境综合整治工程关键勘测技术及应用

[中国电建集团华东勘测设计研究院有限公司　浙江杭州；华东勘测设计院（福建）有限公司　福建福州]

摘　要：茅洲河流域（宝安片区）水环境综合整治工程是国内最大的流域水环境综合治理项目，属大型流域勘察。流域工程地质条件复杂，地层繁杂变化大且不均匀，场区周边环境复杂，建筑物密集，勘测挑战性高。本项目针对城市大型水环境综合整治工程问题，首开大规模城市密集地下管线摸排、探测，研究了适应于多条平行、纵横交叉、上下重叠、深埋、大口径、非金属、曲线延伸、电信电力、UPVC 地下各类管线的专项探测方法；创新了多工种，多方法，高强度、劳动和技术密集勘测管控模式，解决了市区多种类、短周期、高强度、勘探风险极大的作业问题；解决了河道底泥的取样、处置、加工再利用等技术难题和黑臭泥污染问题，为城市生态环保建设提供了强有力的技术支撑。

关键词：茅洲河；水环境整治；大型流域勘察；城市生态环保建设

1　工程概况

茅洲河流域（宝安片区）水环境综合整治工程是广东省 1 号重点工程，也是住建部、环保部、国家海洋局认定的黑臭水体治理示范工程。作为国内最大水环境治理 EPC 项目，工程投资巨大，项目种类繁多，具有点多、面广、线长等特点。作为唯一建成城市大型流域整治项目，打破常规，在全流域范围内首创勘测、设计采购施工一体化（EPC）的建设模式，提出了"流域统筹，系统治理"概念，按照"一个平台、一个目标、一个系统、一个项目、三个工程包"思路，系统推进全流域水环境综合治理。

茅洲河流域（宝安片区）项目包括 46 个子项，分为雨污管网、河道治理、内源治理、活水补水、生态修复、景观恢复六大类工程，总投资 152.1 亿元。华东勘测设计院作为全流域宝安片区的勘测设计单位，在项目推进过程中，编制图纸 10 万余张，完成 3800 个钻孔、45000m 进尺、一百多平方公里管线排查工作。制定地方标准 2 项，团体标准 5 项，地方指南指引 2 项。完成了全国最大规模市政管网检测勘测、修复、最大规模河湖底泥处置厂、第一个河湖底泥资源化处置循环利用项目等多个子项。

本工程是国内最大的流域水环境综合治理项目，通过工程的实施，2017 年 12 月茅洲河顺利通过住建部、环保部、国家海洋局组织的水质考核，并于 2018 年 6 月 5 日举行广东省"六五环境日"宣传活动，即日下午成功重现茅洲河流域宝安段"龙舟竞渡"，展现了流域的治理成效。

2　工程特点及关键技术

2.1　工程勘测重难点

工程位于深圳特区与东莞分界区域，茅洲河水环境 EPC 项目包括 46 个子项目，分为雨污管网、河道治理、内源治理、活水补水、生态修复、景观恢复六大类工程，总投资 152.1 亿元。综合整治项目面积约 112.65km²，涉及多领域，包含市政、景观、水利、堤防、生态等类型，建筑类别繁杂众多。在项目推进过程中，编制图纸 10 万余张，完成 3800 个钻孔、45000m 进尺、一百多平方公里管线排查工作，主要技术经济指标见表 1。依托本工程制定地方标准 2 项，团体标准 5 项，地方指南指引 2 项，完成了全国最大规模市政管网检测勘测、修复、最大规模河湖底泥处置厂、第一个河湖底泥资源化处置循环利用项目等多个子项。

工程社会影响力非常大，投资巨大，为城市地下管线密集区大型流域勘察技术的典范工程。工期非常紧张，且无调和余地，勘测工作量巨大、工作强度非常大。场区私营企业众多，城中村错落布置，项目审批程序复杂、涉及多深圳东莞两市区，多部门审批工作量大、周期长。场区自然环境复杂，地下管线密集，分布错综复杂，种类多，埋深材质各异，交叉分布广泛等，工程勘探风险极高、难度大。茅洲河流域（宝安片区）水环境综合整治属于大型流域勘察，工程地质条件复杂，地层繁杂，变化大且不均匀，场区周边环境复杂，建筑物密集，短期内，勘测挑战性高。工程涉及大小河流众多，污泥分布广而散，河道黑臭底泥、流泥取样困难、污染土勘察测试技术难度大。作为唯一建成城市大型流域整治项目，打破常规，在全流域范围内首创勘测、设计采购施工一体化（EPC）的建设模式，提出了"流域统筹，系统治理"概念，按照"一个平台、一个目标、一个系统、一个项目、三个工程包"思路，系统推进全流域水环境综合治理。

表 1　　　　　　　　　　　　　　主 要 技 术 经 济 指 标

项 目 类 型		数 量 及 单 位	说 明
河道整治	治理河段长度	108.7km	
	堤防级别	一级、二级	
	堤防长度	98km	
引水工程	设计流量	9.26m³/s	
	装机功率	8MW	
	输水线路长度	38km	
	洞径或管径	0.8～2m	
水闸泵站工程	最大过闸流量	15 m³/s	
	泵站设计流量	168 m³/s	
	装机功率	16MW	
土石方开挖		1256 万 m³	
土石方回填		972 万 m³	
水泥总用量		675 万 t	
钢材总用量		67 万 t	
总投资		152.1 亿元	

2.2　关键勘测方法和技术创新

项目部集合人力资源优势，投入大量人力物力，结合各专业人才方向，进行工作结构分解，制定安全可行的勘探方案，合理开展大范围、多类型的勘探、物探工作，为短期内快速完成项目制定了科学可行的指导方针。

（1）首开大规模城市密集地下管线摸排、探测。针对城市管线特点，制定了综合探测方法，研究了适应于多条平行、纵横交叉、上下重叠、深埋、大口径、非金属、曲线延伸、电信电力、UPVC地下各类管线的专项探测方法，系统快速地完成了一百多平方公里的管线排查工作。

（2）多工种，多方法，高强度、劳动和技术密集勘测管控模式创新。针对周期极短、市政作业要求高、城区管线分布复杂等特点，制定了可行的技术实施方案："排、探、查、挖、压、护、钻"七字方针，解决了市区多种类、短周期、高强度、勘探风险极大的作业问题。具体为：①排：认真研究管线资料具体位置，在钻孔布置时尽量避开地下管线管道。②探：对每个钻孔用综合管线探测仪进行实地探测，确保钻孔孔位避开管线，并将钻孔周围2m范围内的管线位置标示出来。③查：钻孔定位后，请各管线主管单位到现场场区查看钻孔与各种管线的位置关系，明确管线位置，确保钻孔避开管线。④挖：钻探施工前，首先进行挖探，挖探深度应挖至原状土或挖至3m左右。⑤压：浅部12m采用压入法钻进。在钻探过程中，要求操作人员在确认穿过管线埋设深度前，一定要保持高度警惕。⑥护：将钻孔周围距离小于2m的管线位置标示出来，给予保护。支立钻机井架时，丈量好支立空间，按规定的安全距离避让空中的动力电缆、通信电缆。⑦钻：试钻，根据不同地层采用不同钻头，如采用塑料钻头对表层8～10m钻进。

（3）研发了城市暗涵、暗渠和暗管隐患排查与修复成套技术设备。针对城市暗涵、暗渠、暗管隐患多，形态埋深各异，勘察难度极大的特点，首次提出一套适用于城市暗涵、暗渠和暗管隐患排查与修复的技术与设备，自主研发暗涵智能检测机器人、清淤机器人等自动化排查设备，结合三维激光扫描、船载式CCTV等先进手段，有效提高管网隐患排查精度，为水环境治理工程全过程信息化管控系统提供支撑。

（4）河道超软底泥、污染土取样技术创新。底泥采用自有发明专利的取样器，采取浮泥、流泥、黑臭泥土原状样，并结合科研外委项目，对底泥进行科学详细分析研究；解决了河道底泥的取样、处置、加工再利用等技术难题，降低了土样36%的扰动，并开展科学研究解决了河道底泥的取样、处置、加工再利用等技术难题，解决了困扰特区多年的茅洲河黑臭泥的污染问题，为城市生态环保建设提供了强有力的技术支撑。

3　应用成效和推广价值

勘测设计单位在茅洲河流域（宝安片区）水环境综合整治工程项目推进过程中，采取了系列勘测新技术、新方法。总结了"排、探、查、挖、压、护、钻"勘测管控模式，研发了适应于地下各类管线的专项探测方法，制定团体标准14项（表2），地方标准2项（表3），均已发布；授权发明专利2项，实用新型专利10项（表4）。项目完成了全国规模最大、市政管网难度最大的检测、勘测工作，项目成果对水环境综合整治工程有重要的指导意义和推广价值。

表2　　　　　　　　　　　　团体标准清单

序号	标 准 名 称	标 准 号	发 布 部 门
1	城市河湖水环境治理工程设计阶段划分及工作规定	T/WEGU 0001—2019	水环境治理产业技术创新战略联盟
2	城市河湖水环境治理综合规划设计编制规程	T/WEGU 0002—2019	水环境治理产业技术创新战略联盟
3	城市河湖水环境治理工程可行性研究报告编制规程	T/WEGU 0003—2019	水环境治理产业技术创新战略联盟
4	城市河湖水环境治理工程初步设计报告编制规程	T/WEGU 0004—2019	水环境治理产业技术创新战略联盟
5	河湖污泥处理厂产出物处置标准	T/WEGU 0005—2019	水环境治理产业技术创新战略联盟

序号	标 准 名 称	标 准 号	发 布 部 门
6	城镇水环境动态监测技术规程	T/WEGU 0006—2019	水环境治理产业技术创新战略联盟
7	重金属污染物场地稳定/固定化和化学淋洗修复技术导则	T/WEGU 0007—2019	水环境治理产业技术创新战略联盟
8	污染地下水渗透反应墙修复技术规范	T/WEGU 0008—2019	水环境治理产业技术创新战略联盟
9	城市河湖水环境治理工程织网成片专题报告编制指南	T/WEGU 0009—2019	水环境治理产业技术创新战略联盟
10	城市河湖水环境治理工程正本清源专题报告编制指南	T/WEGU 0010—2019	水环境治理产业技术创新战略联盟
11	城市河湖水环境治理工程理水疏岸专题报告编制指南	T/WEGU 0011—2020	水环境治理产业技术创新战略联盟
12	城市河湖水环境治理工程生态补水专题报告编制指南	T/WEGU 0012—2021	水环境治理产业技术创新战略联盟
13	城市暗涵、暗渠、暗河探查费计算标准	T/WEGU 0013—2020	水环境治理产业技术创新战略联盟
14	流域水环境污染源调查技术导则	T/WEGU 0014—2021	水环境治理产业技术创新战略联盟

表3　　　　　　　　　　　　　　　　地 方 标 准 清 单

序号	标 准 名 称	标 准 号	发 布 部 门
1	河湖污泥处理厂运行管理与监测技术规范	SZDB/Z 328—2018	深圳市市场和质量监督管理委员会
2	河湖污泥处理厂产出物处置技术规范	SZDB/Z 236—2017	深圳市市场监督管理局

表4　　　　　　　　　　　　　　　发明专利与实用新型专利列表

序号	名 称	授 权 号	专 利 类 型
1	一种动力触探仪	CN107542076B	发明专利
2	一种能取高含水淤泥土的取土器	CN103866749B	发明专利
3	一种保持竖向围压的土样样盒	CN210259497U	实用新型
4	一种敞口式取原状土样的取土器	CN203083843U	实用新型
5	一种半圆管哈夫式取土器	CN207991848U	实用新型
6	中空圆柱样取土器	CN203672653U	实用新型
7	一种长观孔孔口防护装置	CN206709866U	实用新型
8	一种适用于原状硬土的三分样分样器	CN210154893U	实用新型
9	一种适用于软土的三轴试验原状土制样器	CN210014959U	实用新型
10	一种防金属铠保护膜脱旁压器	CN209961587U	实用新型
11	一种地灾危险性预测装置及系统	CN211317452U	实用新型
12	一种室内模型试验的软土取样装置	CN211122048U	实用新型

4　社会、经济、环境效益

　　由原环保部、中央电视台联合录制《诊病黑臭水》《黑臭泥变身记》在CCTV-10《走进科学》栏目播出，科学系统地展示了茅洲河污染底泥治理成果，多次被央视点赞的茅洲河为典型，入选国家城市黑臭水体治理示范城市。在社会各界产生了强烈的反响，影响力巨大，为绿水青山的目标建设树立了行业典范，社会、经济、环境效益显著，推广应用价值重大。

5　工程照片

图1　底泥处理厂

图2　工程建成后实拍

杜文博　汪明元　罗梓尧　执笔

27

河北省大型水库 1 ： 2000 淤积地形及断面测量

（河北省水利水电勘测设计研究院集团有限公司　天津）

摘　要： 河北省现有大型水库 18 座，在经历 1996 年"96·8"、2012 年"7·21"和 2016 年"7·19"三次大洪水后，各水库均存在不同程度的淤积现象，库容曲线变化较大，给水库运行调度和防汛决策造成很大盲目性。为此，2016 年河北省委、省政府要求，利用 2 年左右时间，对河北省大型水库开展淤积测量工作，修测库容曲线，修正水库特征值。该项目采用多种先进测量设备和技术，测绘完成 1 ： 2000 库区地形图和淤积断面，制作了高分辨率 DEM 和 DOM。研发的基于 TIN 的水库库容计算与断面数据处理系统和基于坐标采集的断面测量数据处理系统得到全面应用，大幅度提高了作业效率和产品质量，研究成果在水库防汛和调度管理中发挥了重要作用，取得显著的社会经济效益，具有广阔的推广应用价值。

关键词： 水库淤积测量；无人机航测；多波束测深；库容曲线修测；水库特征值

1　项目概况

1.1　项目来源

河北省现有 18 座大型水库和 43 座中型水库，大多建于 20 世纪五六十年代，分布于河北省境内的太行山脉和燕山山脉。水库建成多年来，在防洪、抗旱、城市供水、农业灌溉、发电、养殖等多方面发挥了重要作用。

20 世纪 90 年代初，河北省水利厅部署了对岗南水库、西大洋水库等 13 座大型水库进行库区地形及淤积断面测量工作，修正了库容曲线。但是，由于当时测绘设备和技术手段落后，库容曲线精度低，再加上经历过 1996 年的"96 · 8"、2012 年的"7 · 21"和 2016 年的"7 · 19"三次大洪水，致使各水库不同程度的存在淤积现象，库容曲线产生了较大变化，给水库运行调度和防汛决策带来很大的盲目性，存在较大的安全隐患。

基于此，河北省委、省政府对河北省大中型水库的运营安全高度重视，做出了指示，2016 年"7 · 19"洪水后，河北省水利厅于当年 11 月下达了《关于做好大中型水库库容曲线修测和水库特征值修正工作的通知》（冀水建管〔2016〕131 号），要求利用 2 年左右时间，以现代高科技手段，测绘库区地形图，修测既有库容曲线，为优化调度运行方案提供基础依据，提高水库的科学化管理水平。2016—2018 年，河北省水利水电勘测设计研究院完成了岗南、西大洋、王快、朱庄、云州、桃林口、横山岭、口头、友谊、邱庄等 10 座大型水库的淤积测量工作，于 2018 年 8—12 月，顺利通过河北省水利厅组织的专家验收。

1.2　水库工程简述

1.2.1　岗南水库

岗南水库位于平山县岗南镇附近的滹沱河干流上，距石家庄市区 58km，是滹沱河中下游重要的大（1）

型水利枢纽工程，控制流域面积15900km²，总库容17.04亿m³，以防洪、供水、灌溉为主，结合发电，与下游28km处的黄壁庄水库联合控制流域面积23400km²，担负着石家庄市和下游铁路、公路、华北油田及冀中平原的防洪保护任务。水库大坝始建于1958年3月，至1969年，主、副坝高程加高到209m。2008年除险加固后，水库防洪标准从5000年一遇提高到10000年一遇，库容从15.71亿m³增加到17.04亿m³。

1.2.2　西大洋水库

西大洋水库是省第三大水库，位于大清河系唐县境内西大洋村下游1km处，控制流域面积4420km²，总库容12.58亿m³，是一座以防洪为主，兼顾城市供水、灌溉、发电等综合利用的大（1）型水库，是北京应急供水储备地，也是白洋淀补充水源地之一。水库始建于1958年1月，"63·8"洪水后，因水库防洪标准偏低，于1970—1972年进行了续建，1992—1994年，按2000年一遇洪水校核标准进行已建非常溢洪道和大坝加固为主的出险加固工程。2001年对大坝安全鉴定为三类坝后，于2004—2016年实施除险加固，防洪标准达到500年一遇设计，10000年一遇校核。

1.2.3　王快水库

王快水库是我省第四大水库，位于大清河南支二级支流沙河上游，控制流域面积3770km²，总库容13.89亿m³，是一座以防洪为主，结合灌溉、发电等综合利用的大（1）型水利枢纽。水库始建于1958年6月，2002—2005年进行除险加固，设计洪水标准500年一遇，校核洪水标准10000年一遇。水库经初建、续建、加固处理及除险加固达到现状规模。

1.2.4　桃林口水库

桃林口水库位于秦皇岛市青龙县滦河支流青龙河上，是"八五""九五"期间水利部、河北省重点建设项目。一期工程设计标准，正常运用洪水为100年一遇，非常运用洪水为1000年一遇，工程为Ⅱ等工程，大坝为2级建筑物，是一座集城市供水、防洪、农业灌溉、水力发电等综合利用的大（2）型水利枢纽工程。水库正常蓄水位为158.8m，死水位为104m，坝顶高程163.3m，最大坝高91.3m，坝顶长526.64m，兴利库容13.82亿m³，总库容17.8亿m³，水电站装机3×10MW，年均发电量9330万kW·h。

1.2.5　邱庄水库

邱庄水库位于唐山市丰润区城北20km的还乡河，总库容2.04亿m³，是一座具有防洪、供水等综合功能的大（2）型水利枢纽，是引滦入唐输水工程的调节枢纽之一。水库于1959年11月动工兴建，1960年8月完成大坝和放水洞两项主体工程。大坝为均质土坝，坝顶长926m，最大坝高24.8m，坝顶宽7m。坝左端为放水洞，最大泄水量252m³/s。

水库经过1961—1968年、1980—1982年、1983—1986三次加固扩建，达到现状规模。设计汛限水位66m，汛后最高蓄水位71.4m。水库设计标准为100年一遇洪水，校核标准为5000年一遇洪水。根据调洪演算成果，水库实际防洪标准达到10000年一遇。

1.2.6　朱庄水库

朱庄水库位于沙河干流上，距邢台市约35km，是一座以防洪、灌溉为主，发电为辅的综合利用的大（2）型水利枢纽，控制流域面积1220km²，总库容4.162亿m³。水库始建于1971年，1988年通过验收。水库枢纽工程由溢流坝、非溢流坝、泄洪底孔、放水洞、发电洞、高低电站及南、北干渠渠首建筑物等组成，大坝为混凝土浆砌石重力坝。1990年正常调度运行，2009年8月进行除险加固，2015年5月建设完成，设计标准为100年一遇洪水，校核标准2000年一遇洪水。大坝安全复核，防洪标准达到10000年一遇。

1.2.7　横山岭水库

横山岭水库位于大清河系磁河上游，控制流域面积440km²，总库容2.4亿m³，是一座以防洪灌溉为主，结合发电、养殖等综合利用的大（2）型水利枢纽。

水库始建于1958年，主要建筑物包括主坝、副坝、正常溢洪道、非常溢洪道、泄洪洞和发电支洞。

1970—1973 年对水库工程进行扩建，1980—1984 年水库实施续建。2000 年 4 月大坝安全鉴定后，2007年进行了除险加固。

1.2.8 口头水库

口头水库位于行唐县口头镇北 1km，大清河系沙河支流郜河上游，控制流域面积 142.5km²，总库容1.056 亿 m³，是一座以防洪、灌溉为主，综合利用的大（2）型水利枢纽。水库始建于 1958 年，1964 年主体工程竣工。1970—1973 年进行了扩建、续建，水库防洪标准达到 100 年一遇设计，500 年一遇校核。1988 年对水库进行了除险加固，水库校核标准达到 2000 年一遇。

1.2.9 云州水库

云州水库位于赤城县云州镇北 3km 处，控制流域面积 1170km²，总库容 1.02 亿 m³，潮白河主要支流白河上的一座以防洪为主，结合灌溉、发电的大（2）型水利枢纽。水库于 1958 年 9 月动工兴建，1972年初建完成，1993—1996 年进行除险加固。1998 年张北县、尚义县发生里氏 6.2 级地震后，水库枢纽建筑物受到不同程度的损坏，1998 年进行了震害修复，2008 年再次进行了除险加固，至 2014 年底达到现状规模，设计标准为 100 年一遇洪水，校核标准 2000 年一遇洪水。

1.2.10 友谊水库

友谊水库位于尚义县东洋河上游，控制流域面积 2250km²，总库容 1.16 亿 m³，是一座以防洪、灌溉为主，兼顾水产养殖等综合利用的大（2）型水利枢纽。水库始建于 1958 年 9 月，1963 年主体完工。2001 年进行了除险加固，至 2005 年达到现状规模。除险加固后，设计标准为 100 年一遇洪水，校核标准 2000 年一遇洪水。

1.3 测量技术规格

（1）岗南水库坐标系统采用 1954 年北京坐标系，西大洋等其他 9 座水库采用 CGCS2000 坐标系。按 3° 分带，根据各水库所在的地理位置，分别选用中央子午线（114°、117°、120°）。

（2）高程采用正常高系统，1985 国家高程基准起算。

（3）地形图基本等高距：岗南水库、桃林口水库、王快水库、邱庄水库、口头水库及横山岭水库采用 2m，水库库区和陆地平坦区域加绘 1m 间曲线。西大洋水库、朱庄水库、云州水库和友谊水库采用 1m。

（4）地形图按 50cm×50cm 分幅。

（5）淤积断面测量精度 1：2000，成图比例尺为纵向 1：100，横向 1：2000。

1.4 测量工作内容

该项目自 2016 年 3 月至 2018 年 12 月，完成岗南水库、西大洋水库等 10 座水库 1：2000 地形和淤积断面测量工作，主要工作内容包括：

（1）测绘各水库最高回水位以下 1：2000 地形图（DLG）。

（2）修测各水库的库容曲线。

（3）布设并施测 1：2000 精度的淤积监测断面。

（4）建立数字高程模型（DEM）和正射影像图（DOM）。

涉及平面控制、高程控制、断面测量、坐标转换、高程拟合、库容计算、水库淹没范围推演、库容—面积曲线制作、水库淤积状况分析等主要技术环节。完成 D、E 级 GNSS 控制网点 758 点；四等水准网317.6km；1：2000 库区地形图测绘 465.2km²；淤积断面测量 340 条，总长度 480.4km；每座水库均制作了高分辨率 DEM 和 DOM，按 0.1 水位间隔绘制精准库容曲线。工作量见表 1。

表 1 　　　　河北省 10 座大型水库 1 ： 2000 淤积地形及断面测量工作量汇总表

工作内容	单位	岗南	西大洋	王快	桃林口	朱庄	云州
D 级 GNSS 网	点	9	14	13	17	10	6
E 级 GNSS 网	点	74	73	147	109	44	21
四等水准	km	89.6	55.0	6.9	20	31.8	28.2
1:2000 地形测绘	km²	89.5	98.5	88.5	69	25.4	12.8
淤积断面测量	km	53.9	45.4	147	47	22.5	21.2
淤积断面数	条	41	35	73	54	21	16
数字高程模型（DEM）	套	1	1	1	1	1	1
正射影像图（DOM）	套	1	1	1	1	1	1
库容曲线（间隔 0.1m）	m	161 ～ 208	108 ～ 154	160 ～ 213	84 ～ 145	218 ～ 260	1020 ～ 1041
工作内容	单位	邱庄	口头	横山岭	友谊	总工作量	
D 级 GNSS 网	点	15	11	17	9	121	
E 级 GNSS 网	点	65	34	37	33	637	
四等水准	km	25.7	42.1	3.3	15.0	317.6	
1 ： 2000 地形测绘	km²	33.3	15.7	20.2	12.3	465.2	
淤积断面测量	km	50.4	40.2	42.3	10.5	480.4	
淤积断面数	条	46	18	21	15	340	
数字高程模型（DEM）	套	1	1	1	1	10	
正射影像图（DOM）	套	1	1	1	1	10	
库容曲线（间隔 0.1m）	m	52 ～ 77	179 ～ 206	214 ～ 245	1170 ～ 1198		

1.5 作业技术流程

库区地形测绘与淤积断面测量流程如图 1 所示。

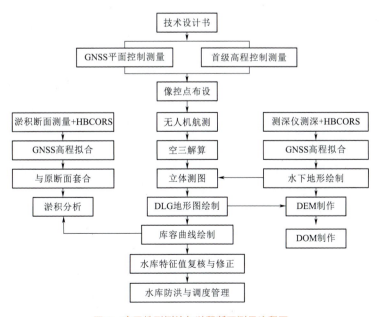

图 1 　库区地形测绘与淤积断面测量流程图

1.6 水库淤积分析

1.6.1 岗南水库

根据 1989 年实测库容曲线,死水位 178.49m 以下淤积量占总量的 72%,原设计汛限水位 188.49m 以下淤积量占总量的 94%,现状动态运用汛限水位 190.49m 以下淤积量占总量的 97%。

根据 2016 年实测库容曲线,死水位 178.49m 以下淤积量占总量的 64%,原设计汛限水位以下淤积量占总量的 88%,现状动态运用汛限水位以下实测淤积量占总量的 91%。由此可知,水库淤积基本上分布在正常蓄水位 198.49m 以下。

1.6.2 西大洋水库

西大洋水库共进行过 4 次库区地形测量,分别为 1952 年、1959 年、1988 年和 2017 年。因 1952 年精度较差,本次采用 1959 年、1988 年和 2017 年的实测库容曲线进行分析。

对比 1959 年与 1988 年库容曲线,在水位 135.85m 以下,淤积量随水位的增高有增大趋势,水位 135.85m 以上淤积量基本保持不变,说明淤积主要集中在水位 135.85m 以下,低于正常蓄水位 139.35m。以正常蓄水位以下的最大淤积量 0.47 亿 m³ 作为 1959—1988 年总淤积量,多年平均淤积量为 157 万 m³。其中死水位 118.85m 以下淤积量占总量的 72%。

1980 年以来,多年平均水位为 128.87m,月平均水位在死水位 118.85m 至汛限水位 133.35m 之间。对比 1988 年与 2017 年库容曲线,水位 126.85m 以下淤积量随水位的增加呈递增趋势。水位在 126.85~139.35m 之间的淤积量基本保持不变,淤积量仅增加 0.01 亿 m³,说明水库淤积主要集中在 126.85m 以下的库容。水位超过正常蓄水位 139.35m 后淤积量有所增加,不排除由于实际地形变化所致,与淤积无关。因此,以正常蓄水位以下 138.85m 对应的最大淤积量 0.18 亿 m³ 作为 1988—2017 年水库淤积总量,多年平均淤积量为 60.7 万 m³。其中死水位 118.85m 以下淤积量占总量的 54%。

对比 1959—2017 年库容曲线,淤积主要位于正常蓄水位以下,且随着水位的增加淤积量逐渐增大。以正常蓄水位以下的最大淤积量 0.63 亿 m³ 作为 1959—2017 年总淤积量,多年平均淤积量为 107 万 m³。

1.6.3 王快水库

王快水库修测过两次库容曲线,分别为 1958 年和 1988 年。对比 1958—1988 年库容曲线,淤积量随水位的增高逐渐增大,水位到 185.24m 时,淤积量达到最大值,185.24m 以上淤积量基本不再增加。1958—1988 年总淤积量为 0.64 亿 m³,多年平均 213 万 m³。其中死水位(176.24m)以下淤积量占总淤积量的 75%,说明淤积集中在死水位以下。

对比 1988 年与 2017 年库容曲线,淤积量随着水位的增高逐渐增大,水位达到正常蓄水位(198.64m)时,淤积量不再增加,经分析,正常蓄水位以上库容有所减少,主要受人类活动影响所致。1988—2017 年总淤积量为 0.52 亿 m³,多年平均 173 万 m³。其中,死水位以下淤积量占总量的 25%,死水位—汛限水位(191.24m)之间淤积量占总量的 48%,汛限水位至正常蓄水位之间的淤积量占总量的 27%,说明淤积集中在死水位与汛限水位之间。

对比 1958 年与 2017 年库容曲线,淤积量随着水位增高逐渐增大,正常蓄水位时,淤积量基本不再增加。1958—2017 年总淤积量为 1.08 亿 m³,多年平均 180 万 m³。其中,死水位以下淤积量占总量的 56%,死水位—汛限水位之间淤积量占总量的 37%,汛限水位至正常蓄水位之间的淤积量占总量的 7%。

1.6.4 桃林口水库

桃林口水库原始库容曲线根据航测 1:10000 地形图量算。2017 年实测库容曲线与原始数据对比,在 105m 水位以下淤积随高程增加而增大,105m 水位以上库容差较小,库容差仅占原始库容的 2%。分析原因是由于水库常年蓄水,导致部分库岸坍塌,泥沙淤积所致。由于本次测量精度为 1:2000,精度较高，可以认为水库泥沙淤积基本分布在死水位 104m 以下。

1.6.5 邱庄水库

本次与原始库容曲线，在 64m 水位以下库容差随高程增加总体呈增大的趋势，在 64m 水位以上相同水位对应的库容差减小，库容差占原始库容的 6％左右。分析原因可能是由于水库常年蓄水，导致部分库岸坍塌，泥沙淤积到库底。且两次采用的地形图基础资料精度不同，1958 年原始库容曲线是基于 1：25000 地形图量算，本次库区测量精度为 1：2000，库容曲线计算技术先进，可能会偏差较大。

本次与 1992 年实测库容曲线比较，在 69m 水位以下库容差随高程增加而增大，主要由于 20 世纪 90 年代以来，大多数年份最高水位高于现状运用汛限水位 64m。69m 水位以上相同水位对应的库容差减小，库容差占原始库容的 4％。分析原因同样可能是由于水库常年蓄水，导致部分库岸坍塌，泥沙淤积到库底。且 1992 年库容曲线是基于 1：10000 地形图量算，与本次库区测量精度不同，存在偏差较大。综上，认为邱庄水库泥沙淤积基本分布在汛限水位以下。

1.6.6 横山岭水库

横山岭水库分别于 1966 年、1975 年、1983 年和 1990 年进行过 4 次库区测量。1958—1975 年采用原设计库容曲线，1973—1992 年，采用 1975 年成果，1993 年后采用 1990 年实测成果。

1958—1990 年水库淤积总量为 1376 万 m^3，多年平均淤积量为 43.0 万 m^3；1958—2017 年淤积量为 1937 万 m^3，多年平均 32.8 万 m^3；1990—2017 年水库淤积量为 605 万 m^3，多年平均 22.4 万 m^3。由此可知，建库以来，水库泥沙淤积量呈逐年减少的趋势，符合近年来发生来水量明显减少的规律。

原始库容曲线与 2017 年实测成果比较，死水位（219.13m）以下淤积量占总量的 43％，死水位（219.13m）—汛限水位（231.13m）之间的淤积量占总量的 52％，汛限水位—正常蓄水位（234.28m）之间的淤积量占总量的 4％。2017 年实测死库容减少 835 万 m^3，兴利库容减少 1082 万 m^3，调洪库容减少 73 万 m^3。由此可知，水库泥沙淤积基本分布在正常蓄水位 234.28m 以下。

1.6.7 口头水库

1972 年库容曲线与 2017 年成果对比，2017 年死库容减少 0.0265 亿 m^3，死水位（190.28m）以下淤积量占总量的 40％，死水位—汛限水位（198.91m）之间的淤积量占总量的 25％，汛限水位—正常蓄水位（200.91m）之间的淤积量占总量的 12％。1990 年与 2017 年库容曲线对比，2017 年死库容减少 0.0213 亿 m^3，死水位以下淤积量占总量的 92％；最大淤积量在水位 192.91m 附近，低于汛限水位 198.91m。说明 1990—2017 年的淤积量主要在死水位以下。

1.6.8 云州水库

对比 1991 年的库容量，计算出各水位的淤积量，淤积总量 1330 万 m^3，即高程 1028.4m 处，平均淤积量 51 万 m^3/年。

1.6.9 友谊水库

友谊水库进行过三次库区测量，分别为 1958 年、1968 年和 1991 年。本次采用正常蓄水位对应的库容差作为总淤积量，即 1958—1991 年总淤积量 3318 万 m^3，多年平均 97.6 万 m^3；1968—1991 年淤积量 2800 万 m^3，多年平均 116.7 万 m^3；1958—2018 年总淤积量 4023 万 m^3，多年平均 66.0 万 m^3；1968—2018 年总淤积量 3505 万 m^3，多年平均 68.7 万 m^3。

由此可知，淤积主要集中在 20 世纪 70、80 年代，90 年代至今，淤积量较少，与洪水过程一致。考虑 20 世纪 90 年代至今多为枯水年，不具代表性，根据《河北省水资源评价》（2004 年）侵蚀模数法计算成果，水库多年平均淤积量在 99.5 万～199 万 m^3。从水库安全考虑，本次采用 1968—1991 年库容差求得的多年平均淤积量成果，即多年平均淤积量为 116.7 万 m^3。

2 项目特点及关键技术

2.1 项目特点

（1）采用无人机低空摄影测量与多波束和单波束水深测量技术结合，陆域地形信息丰富，水域全覆盖扫描，客观真实地反映了整个库区的细部地形、地貌特征。采用点云构造不规则三角网（TIN），绘制了精细的库容曲线，制作了每座水库全库区的三维 DEM 和 DOM 模型，为水库科学化管理提供了可靠的技术支持，为智慧水库建设奠定了基础。

（2）开发了基于 TIN 的水库库容计算与断面数据处理系统，实现任意水位库容量和淹没面积计算、批量淤积断面任意位置的生成，以及库容曲线的自动绘制等功能，为水库库容曲线修测和特征值修正工作建立了技术支持平台。该系统已在河北省 18 座大型水库和 43 座中型水库淤积测量及库容曲线修测项目中得到全面应用，取得了显著的经济效益和社会效益。

（3）开发了基于坐标采集的断面测量数据处理系统，利用 GNSS-RTK 技术实时采集断面点的三维坐标，实现断面数据的格式转换，纵横断面的匹配与桩号推算、横断面方向自动判断等智能化数据处理。该系统在河北省大中型水库淤积断面测量工作中全面使用，取得显著的经济效益。

（4）应用自主研发的水利水电工程测量内外业一体化系统，完成坐标转换、GNSS 高程拟合、水准控制网智能平差、地形图整体转换等工作。在淤积断面测量中，采用断面号自动识别的基准站无关技术，多波束测深仪与河北 CORS 结合作业，打破了常规断面测点需要顺序采集的限制，提高了断面测量的灵活度，大幅度提高了作业效率，实现断面测量从数据采集、预处理到成果成图一体化。

（5）自主发明的实用新型专利《一种 GPS 全站仪》和《一种高程测量装置》，在本项目高程测量和植被、建筑物密集的隐蔽区域地形测量中发挥了重要作用，提高了测量精度和作业工效。

2.2 关键技术

2.2.1 采用河北省精化大地水准面和高程拟合技术进行高程测量

实施的 10 座大型水库分布于我省太行山脉和燕山山脉，地形复杂，山高坡陡，测区内交通不便，难以施测几何水准，针对这一问题，项目组在覆盖全库区范围内均匀选定一定数量的控制点，利用河北 CORS 系统采集这些控制点的 CGCS2000 坐标和大地高，采用基于大地水准面精化模型将 GPS 大地高转换为 1985 国家高程，作为测区的首级高程控制。再利用自主研发《水利水电工程测量内外业一体化系统》中的 GNSS 高程拟合程序模块，以上述控制点为基准，通过最优拟合模型的自动选取，实现地形点和断面点大地高向 1985 高程基准的转换，从而解决了山区几何水准施测的难题，保证了高程精度，提高作业效率 5 倍以上。

2.2.2 采用无人机低空摄影测量与摄影测量工作站进行陆域地形测量

陆域 1：2000 地形测量采用无人机低空数字摄影测量与航天远景摄影测量工作站结合，测绘信息丰富，地物、地貌绘制真实，微地貌表达逼真，作业效率提高近 10 倍，减少外业工作量 70%，最大限度地降低了作业成本，经济效益显著。

2.2.3 采用多波束测深仪与 GNSS-RTK 定位进行水下地形测量

水域地形采用 GNSS-RTK 定位，水下地形根据水深条件采用多波束测深仪与单波束测深仪结合，对水库库底进行可视化全覆盖扫描，利用 5m 测点间距的高采样率，建立精细数字高程模型（DEM），准确掌握了水库库底淤积现状和规律，为设定淤积监测断面位置、水库清淤和运行调度提供了可靠的技术依据。

2.2.4 提出基于坐标采集的断面测量数据处理方法

本项目淤积断面测量陆域部分采用 GNSSRTK 数据采集，在基于快速获取断面点坐标的基础上，研究了坐标法断面测量数据处理方法，开发了《基于坐标采集的断面测量数据处理系统》，解决了断面点编辑与桩号赋值、横断面提取及各断面上离散点的排序、横断面线方向的自动判定、量距加点编辑、特征线提取与纵断面生成等关键技术，实现了海量断面数据的可视化处理，降低了对测量工作流程的要求，提高了断面测量智能化及作业效率。

2.2.5　提出基于不规则三角网（TIN）的库容-面积量计算及淤积断面处理方法

针对传统库容计算方法当库区地形复杂，库区支流众多的情况下，计算精度难以保证以及目前国外软件不能针对水库淤积测量特点，生成满足我国水利行业需要的库容曲线和淤积断面的切取的问题，通过本项目的水库库容曲线修测工作，研究并提出基于不规则三角网的库容-面积计算方法，主要关键技术包括 TIN 网的构造、任意位置淤积断面自动切取、库容曲线制作等。开发的《基于 TIN 的水库库容计算与断面数据处理系统》，提高了库容计算精度，更好地满足了水库调度管理工作需要。

2.2.6　采用自主研发的软件平台对测量数据进行综合处理

采用自主研发的水利水电工程测量软件集成平台，实现对坐标转换、高程控制、断面测量、高程拟合、库容曲线生成等多源数据的综合处理，建立了水库地形测绘与库容曲线修测一体化作业模式，达到了规范作业流程、提高作业效率，优质高效完成库容曲线修测及水库特征值修正的目的。

3　已获科技成果、专利、奖项情况

（1）《河北省岗南水库地形测绘及库容曲线修测》获 2018 年河北省优秀工程勘察设计行业一等奖。

（2）《河北省西大洋水库等四座大型水库淤积测量及库容曲线修测》被认定为 2019 年河北省工程勘察设计一等成果。

（3）《河北省大型水库库容曲线修测和水库特征值修正》项目，在"人水和谐·美丽京津冀"创新示范引领劳动竞赛中荣获三等奖。

（4）《河北省大型水库库容曲线修测和水库特征值修正》，获全国水利水电勘测设计银奖。

（5）开发的《基于 TIN 的水库库容计算与断面数据处理系统》，取得软件著作权，登记号：2019SR0517522。

（6）开发的《基于坐标采集的断面测量数据处理系统》，取得软件著作权，登记号：2020SR0309086。

（7）应用的自主发明《一种 GPS 全站仪》，获实用新型专利，专利号：ZL2012 2 0541418.X。

（8）应用的自主发明《一种高程测量装置》，获实用新型专利，专利号：ZL 2012 2 0540286.9。

4　项目运行情况

4.1　经济效益

利用修正后的库容曲线成果，在 2016—2018 年水库防洪调度和泥沙清淤工作中发挥了重要作用，通过合理调度，有效避免了汛期防洪调度中的灾害发生，实现水资源的科学合理运用，节约水库及大坝等枢纽建筑物的维修、日常维护等费用共 2422 万元。

针对该项目自主开发的《水利水电工程测量内外业一体化系统》《基于 TIN 的水库库容计算与断面数据处理系统》和《基于坐标采集的断面测量数据处理系统》，建立了水库淤积测量与库容曲线修测的集成平台，已成功应用到河北省 18 座大型水库和 43 座中型水库测量项目中，软件平台的应用，使先进测量设备的功能得到有效发挥，与传统作业模式相比，外业数据采集和内业数据处理效率提高 35% 以上，在全省水库测量工作中，节约生产直接成本 2000 余万元。

4.2 社会效益

河北省大型水库 1 : 2000 淤积地形及断面测量项目的实施，为水库特征值修正提供了基础数据，客观准确摸清了全省水库淤积的现状，找到了造成淤积的成因，掌握了淤积规律，为水库防洪体系的建立提供了重要的基础数据。利用新的库容曲线，提高了水库运行调度管理的科学化和精细化水平，最大程度发挥水库在供水、灌溉、发电和防洪等方面的作用，为水库下游城镇、耕地、铁路、公路及广大地区的防洪安全起到了重要保障作用，降低了安全隐患，具有显著的社会效益。

该项目采用的测绘仪器设备和技术手段先进，生产了 3D 产品，建立了水库的三维地理信息框架，为"智慧水库"建设奠定了基础，同时为国内外同类项目的开展提供了技术依据，具有重要的推广应用价值。

4.3 环境效益

利用该项目成果可以通过对水库的精准调度，优化水库上下游的生态资源，将水库周边打造成绿水青山的优美环境，达到水资源的综合合理利用，实现兴利除害的目标。

5 附图及工程照片

图 2　云州水库航拍图

36

图 3　朱庄水库航拍图

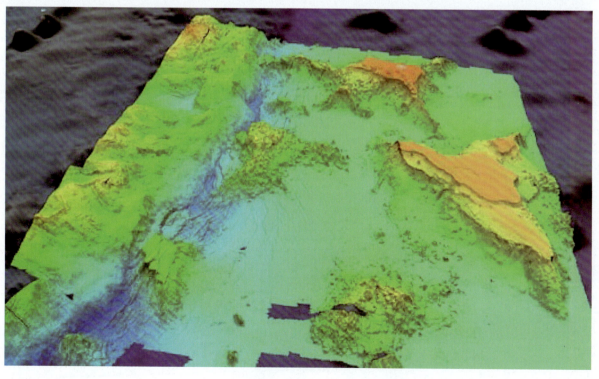

图 4　水下地形图

王海城　刘晖娟　王雯涛　执笔

水利水电工程设计奖

茅洲河流域宝安区水环境综合整治工程

（中国电建集团华东勘测设计研究院有限公司　浙江杭州）

摘　要：茅洲河流域受排水系统不完善、河道自净能力弱等一系列因素的影响，一度成为珠三角乃至全国污染最严重的河流之一。茅洲河流域宝安区水环境综合整治工程按照"流域统筹、系统治理"的治理理念，搭建了"织网成片、正本清源、理水梳岸、寻水溯源"的技术路线，在实践中探索解决城市水环境问题的路径，改变了传统的"碎片化"治水格局。项目涵盖管网工程，河道治理，活水补水，生态修复以及景观提升5大类内容。通过本项目的实施，茅洲河水质实现根本性好转，其中共和村国考断面于2019年年底达到地表水Ⅴ类水标准。本项目水质目标的实现，也为全国打造了可复制可推广的水环境治理样板，对环境技术发展和社会进步具有重大意义。

关键词：水环境治理；黑臭水体；系统治理；雨污分流；生态修复

1　工程项目介绍

1.1　项目概况

茅洲河是深圳市第一大河，发源于羊台山北麓，干流全长41.69km，自西向东流经深圳市光明区、宝安区、东莞市长安镇。茅洲河流域面积388km²，其中宝安片区流域面积112.65 km²，涵盖松岗、沙井、燕罗、新桥4个街道，共有干支流河涌19条，总长96.56km。宝安区境内干流全长19.71km，下游河口段11.98km为深圳市与东莞市界河。

茅洲河作为深圳的母亲河，却因"污黑发臭"，一度成为珠三角乃至全国污染最严重的河流之一。茅洲河流域人口密度大、工业企业多，建筑物分布密集，属于典型的高密度建成区；流域内点源和面源污染负荷高，污水管网建设不完善，污水收集率低；除此之外，茅洲河属于典型的雨源性河流，旱季生态基流匮乏，自净能力弱，并且下游受海水感潮影响，河道水动力差，不利于污染物扩散，因此导致茅洲河水体水质长期劣于Ⅴ类。茅洲河整治前见图1。

茅洲河流域宝安区水环境整治工程涵盖雨污分流管网建设、新旧管网接驳完善、河道清淤及底泥处置、河道综合整治、排涝工程、污水处理厂再生水补水工程、湿地及沿河景观提升等多类子项工程；茅洲河整治摒弃长期以来"零敲碎打"的水环境治理模式，首次提出"流域统筹、系统治理"理念，在实践中探索"系统解决城市水环境问题"的技术路线，改变传统"碎片化"的治水格局。工程总投资约152亿元。

项目于2016年2月正式启动，2017年12月通过了环保部、建设部、国家海洋局水质考核；2019年12月底，茅洲河流域黑臭水体得到全面消除，共和村断面达地表水Ⅴ类，水质实现根本性好转。茅洲河整治后见图2。

图 1　茅洲河整治前

图 2　茅洲河整治后

1.2　项目特点

1.2.1　创新治理模式

茅洲河流域治理按照"四个一"（一个平台、一个目标、一个系统、一个项目）和"五个全"（全流域统筹、全打包实施、全过程控制、全方位合作、全目标考核）的创新治理模式，系统推进流域水环境综合治理。流域治理模式见图3。

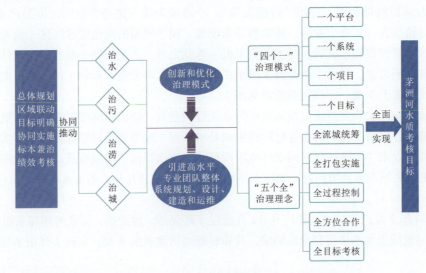

图 3　流域治理模式

在治理中以流域为单位,系统考虑上下游、左右岸、干支流、明暗涵等,采取雨污系统过程溯源技术(全口排查—追本溯源—源头纳污—全程分流),综合多个学科和技术,一河一策,制定出针对不同干支流特点的综合治理方案。2016年初,在国内首次提出的"源—网—厂—河"全要素分析及分类施策一体化推进的技术线路,实现从明渠达标到明暗渠全河段达标,从干流达标到干支流全流域达标,从晴天达标到晴雨天全天候达标的目标。"源—网—厂—河"设计总图见图4。

图4 "源—网—厂—河"设计总图

1.2.2 国内首批在区域内实现污水全收集、全处理、全利用的项目

通过新建市政污水管网、沿河截污管,排查、梳理、检测、修复存量管网,接驳入户改造源头收集管道等,实现污水"源头收集、过程转输、末端控制"的三级污染防控,大幅削减入河污染物,全面改善河道水质;通过利用污水处理厂尾水,为流域内各支流提供生态补水、市政杂用水、绿化灌溉水和景观用水;通过水动力—水环境耦合模型验证,采用全流域多点可调配补水技术,精细计算河道水资源量分配情况,助力解决雨源型河流在旱季和雨季全流域水质稳定达标的问题。

1.2.3 国内最早一批将海绵建设、管网接驳、内涝行洪、生态修复、底泥资源循环耦合一体化的项目

以雨水排放路径为基础,对片区内海绵城市、管网接驳、内涝防治、底泥资源化处置、旁路湿地、滨河景观提升等全要素制定系统化方案,统筹兼顾,协同治理,将关键技术集成,综合提升流域国土空间价值。

(1)管网接驳完善与内涝防治体系有机结合,从场地降雨特征、下垫面类型、排水管网系统、行洪通道、排涝泵站等多因素综合分析,系统考虑区域水安全问题。

(2)河流滩涂地生态湿地构建技术是充分利用河道滩涂空间,对其进行原位生态修复,新建沿岸湿地,采用潜流和表流结合的湿地处理工艺,在实现水质净化的同时,丰富城市空间风貌,构建景观旅游休闲、科普教育等功能于一体的生态示范中心。

(3)对流域河道污染底泥和通沟污泥进行集中处置及资源化利用。资源化产物可作为建材、市政原料,成功实现废弃资源产业化。其中,底泥资源化利用技术、城市弃土再生建材技术等已达到国际领先水平。

1.2.4 工程建设与科技研发同步推进的流域水环境治理项目

由于缺少可借鉴的成功案例,水污染治理标准、规范等不够完善,导致茅洲河流域整治项目缺少与之相匹配的制度、标准和规范支撑。项目在工程建设过程中,将面临的问题进行科学研究,并将研究成果快速应用到工程建设中,解决实际难题。项目还开展了水环境治理关键技术研究和水环境治理技术标准体系系统研究,所定系列标准开创了国内先河,处于国内外领先水平。

2 工程设计主要内容

2.1 技术路线

茅洲河流域治理按照"流域统筹、系统治理"的治理理念,搭建了"织网成片、正本清源、理水梳岸、寻水溯源"四步走的系统治理技术路线。设计路线图见图5。

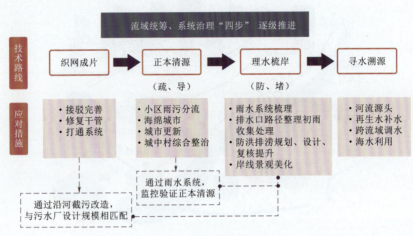

图 5 设计技术路线图

2.1.1 织网成片

茅洲河流域属典型的高密度建成区,工业企业众多、人口密集,实施完全雨污分流的难度极大。织网成片工程在构建排水机制时,坚持"大分流、小截流"的治理理念,确定合理的排水机制。此外,由于干管末端的污水处理厂建设未完成,且存在众多从河道、箱涵末端取水的情况,管网长期存在高水位运行;同时,茅洲河流域为典型的淤泥质地,导致管道存在大量脱节、破损、变形、渗漏、错接等各类功能性、结构性缺陷,工程有必要对现状排水干管进行全面检测和修复,打通系统,确保存量排水干管正常运行。为了搭建一个可靠、完善、流畅的污水管网系统,茅洲河流域需要新建雨污分流管网及沿河截污管,并做好新建管网与现在管网的接驳工作,将污水管织网成片,实现排水口旱天不出水,雨天少溢流的目标。

2.1.2 正本清源

正本清源指通过对错接乱排的源头排水用户进行整改,不断完善建筑排水小区雨、污水管网和市政管网,建立健全城市雨污两套管网系统,实现雨污分流。茅洲河流域宝安区共有企业1.2万余家,其中重点污染企业274家,工业用地占总用地面积的43%,工业用水量占总用水量的61%。工业区内聚了大量的电镀、印刷电路板制造、光电子器件制造、金属表面处理及热处理加工等重污染行业企业,工业污染成为茅洲河流域主要的污染源。为了解决工业污染水排放问题,要针对工业类排水小区内部进行雨污分流改造。按照"雨污分流、污废分流、废水明管化、雨水明渠化"的原则,将工业区内的雨水与污水分开收集,生活污水和工业废水进行分流,提升片区污水收集率,减少污水入河。

2.1.3 理水梳岸

理水梳岸是将水环境流域综合整治工作从点源污染物消除,延伸到河道两岸岸线整治、面源污染整治。织网成片、正本清源的实施,使污水从源头开始收集,并通过顺畅的通道进入处理终端。然而彻底梳理地下管网错接乱排,实现彻底雨污分流将是一个漫长而复杂的过程;并且大量沿河截污系统的存在,对污水处理厂的运行维护造成极大困难;高密度建成区的面源污染对水体黑臭贡献也很大。茅洲河流域整治工程从"源—网—厂—河"出发，通过排查系统梳理雨污水系统、河道、暗渠沿线点源污染、汊流、暗渠等潜在污染源，对重点污染区域的面源污染加以控制，缓解雨季河道污染。同时评估截流系统、分流系统、面源污染系统的衔接关系，提出系统衔接的工程措施，解决沿河截污系统雨季对处理终端造成的冲击负荷问题，使系统在雨季得以健康正常运行，也为"源—网—厂—河"一体化管理提供坚实的基础。理水梳岸技术路线见图6。

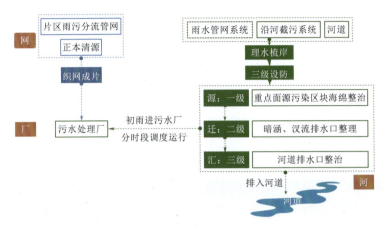

图6　理水梳岸技术路线

2.1.4　寻水溯源

茅洲河流域水资源匮乏，现状河道枯水期基本无本地径流进入，水生态自净能力不足。因此，为恢复区域水环境，还本地径流量于河道非常必要。通过雨洪资源、再生水、流域调水、亚海水等多渠道寻水，制定各级补调水措施，保证枯水期河道生态流量充足、汛期雨后水质快速恢复。工程可通过建设生态库，采用"库中库"的方式，对入库水进行分质调蓄，并通过新建隧洞，贯通生态库，下泄生态流量对茅洲河干流进行补水；将流域内的污水处理厂尾水提标至地表水Ⅳ类，为河道补水；借助西江引水工程，对东江、西江水资源进行合理调度，进一步提高茅洲河生态流量；利用近陆的亚海水为感潮河道配水，有效改善河道水环境。

2.2　设计主要内容

茅洲河流域宝安区水环境综合整治工程首次提出以河道水环境质量改善效果为目标，创造性地提出流域治理的治水理念，所有工程项目围绕水环境改善效果来建设，突破了传统工程建设项目的局限性，将设计理念、尺度提升到新高度。本项目共包含管网工程，河道治理工程、活水补水工程，生态修复工程，景观提升工程五大类工程。

2.2.1　雨污分流管网工程

片区雨污分流管网工程总计18项，其中接驳工程3项，松岗街道9项，沙井街道6项，共设计新建管网约875 km，涵盖片区污水支管网建设工程、雨水系统改造工程、分流制区域建筑立管改造工程及部分道路全路面恢复工程。原则上采用分流制排水体系，对个别现阶段改造困难、无法实施分流制的老城区，可根据实际情况，局部采用截流式合流制，以实现工程范围内旱季污水的90%以上的收集。

市政路雨污分流管网工程总体按照雨污分流的原则，最大限度进行排水系统雨污分流的改造。市政、小区、用户排水梳理改造3个层面共同推进，做到上下游并重、室内外兼顾，点，线，面结合；排水小区正本清源工程根据污染源调研、河流、暗渠等的摸排，对排水小区的人数、排水管网情况、污水量情况等数据进行分析，并根据不同类型建筑排水小区排水管网的特征，结合实际现场情况因地制宜制定设计内容；重点区域面源工程针对农贸市场、垃圾中转站等雨水径流污染严重区域，结合下垫面特点，设置初雨面源污染源头控制措施；已建干管检测及修复对现有系统干管进行清淤检测、非开挖修复、开挖翻建、缺失干管新建等污水管网接驳工作。

2.2.2 河道治理工程

茅洲河流域河道治理工程包括河道整治工程，清淤工程以及底泥处置工程三大类工程。河道整治工程包括对16条支流治理（长度88.7km）+1条茅洲河干流治理（即界河，长度11.6km）。本类工程将河道防洪与治污目标相结合，针对流域防洪问题，对茅洲河干流及18条支流堤防进行改造、加固，将茅洲河干流防洪标准提高到百年一遇，支流防洪标准达到20～50年一遇，部分有条件河段建设生态护岸，在流域范围内形成"上蓄、中疏、内排"的防洪体系。结合堤防工程同步新铺设沿河截污管网，将沿河排口直排污水、混流污水全部截流进入沿河截污系统，构建污水入河的最后一道防线。

清淤工程主要对茅洲河干流（宝安段）、沙井河及16条支流进行黑臭淤泥清除，清淤方式结合河道宽度、水深、土质、堆泥场位置等综合因素来确定。茅洲河及沙井河主要采用环保型绞吸式挖泥船进行环保清淤；茅洲河部分边角区域及沙井河狭窄河段采用水陆两用绞吸泵、水上挖机辅助清淤，清淤总规模超过420万 m^3。河道清淤现场见图7。

图7 河道清淤现场

底泥处置工程范围为17条干支流，共计新建3座底泥处置厂，底泥处理厂均采用泥砂分离池＋固液分离池工艺对淤泥进行处理。疏浚底泥经过底泥预处理、机械脱水后，产物为退水、垃圾、砂砾、泥饼4种。退水处理达标后还河；垃圾运至垃圾焚烧厂或填埋场进行处置；粗砂砾清洗后进行资源化利用；泥饼（含水率<40％）进入指定的消纳场所。底泥治理方案研究及茅洲河1号底泥厂见图8和图9。

2.2.3 活水补水工程

活水补水工程位于深圳市宝安区松岗片区和沙井片区，补水范围包括松岗片区和沙井片区共16条河，其中松岗片区服务范围涵盖松岗河、罗田水、龟岭东水、

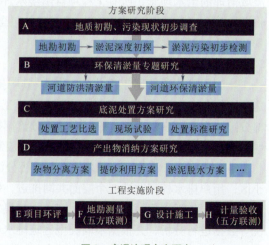

图8 底泥治理方案研究

46

老虎坑水、塘下涌、沙浦西排洪渠6条茅洲河支流；沙井片区整个系统服务范围涵盖排涝河、沙井河、共和涌、衙边涌、七支渠、潭头渠、潭头河、新桥河、上寮河、万丰河10条茅洲河支流。工程利用沙井水质净化厂和松岗水质净化厂出水尾水，新建再生水补水泵站两座，设计补水口30余个，设计补水管网总长度超过40km，总补水规模达到80万t/d。其中沙井水质净化厂补水规模50万t/d，设计管道总长20.2 km；松岗水质净化厂补水规模30万t/d，设计管道总长22.28 km。补水口实景图见图10。

图9 茅洲河1号底泥厂

图10 建成后补水口实景照片

通过活水补水工程，茅洲河口旱季平均流量提高了 5.7 倍，大幅改善了流域水环境容量，恢复了流域生态。再生水补给能有效解决茅洲河旱季生态基流量不足、雨季面源污染严重等问题。工程以流域为单位，给各河道进行生态补水，兼顾市政杂用水。此外，在工程设计过程中，构建了茅洲河流域水文 - 水动力 - 水质数值模型，研究了茅洲河流域河流水力调控与水质改善关系，解决了流域尺度再生水循环调度与合理配置的难题。

2.2.4 生态修复工程

茅洲河流域生态修复工程包括新建燕川湿地、潭头河湿地以及排涝河湿地。项目自主研发了以湿地公园为载体的河流"旁路"生态修复技术，设计了以水质净化为主，兼具生态修复、景观休闲、河道补水的复合功能型燕川湿地公园，以及以展示水生态、水文化为主的潭头河湿地和排涝河湿地。燕川湿地实景图见图 11。

项目用地全部利用河道蓝线内的河滩荒地，不占用建设用地指标，采取不影响行洪的局部可淹没设计，构建去潮间带的自然生境。此外，湿地水质净化采用"沉砂池 + 接触氧化池 + 高效沉淀池 + 垂直流潜流湿地 + 表流湿地"工艺，设计进水水质为一级 B 标准，出水水质达地表水准Ⅳ类标准，最大处理规模 1.8 万 m³/d。

图 11 燕川湿地鸟瞰图

2.2.5 景观提升工程

茅洲河流域干支流沿线综合形象提升工程位主要分布在松岗街道和沙井街道，包含茅洲河界河（海堤段）、罗田水、老虎坑、七支渠、潭头渠、新桥河、万丰水库、沙井河、松岗河、塘下涌、沙浦西、龟岭东水、衙边涌、楼岗河、石岩渠、潭头河。项目共建设红线面积约 117.76 万 m²，涉及河道长约 56.96 km。工程主要内容包括滨水绿地休憩空间营造、绿道配套工程、重要节点景观营造、调蓄湖景观打造、环境设施工程、河道配套设施工程、绿化工程、夜景照明、海绵城市建设。茅洲河界河综合整治工程效果图见图 12。

图 12　茅洲河界河综合整治工程效果图

　　项目通过清理、整顿、修复，在河岸纵向空间上营造栖鱼、招鸟、康乐等功能区块，尊重多元生命需求；在水－城横向空间上，以水下森林、滩涂湿地、生态护坡、雨水花园、景观碧道为特色构筑立体共生空间；各河道景观恢复传承一脉，相辅相成，系统构建沿河景观长廊。此外，本项目利用旧改工程建筑废料作为游步道垫层或加工为再生混凝土护栏，结合 3D 打印技术，采用茅洲河底泥加工制成铺装小品，展现资源循环利用的绿色发展理念。建成后的万丰湖鸟瞰图见图 13。

图 13　万丰湖鸟瞰图

2.3 设计创新点

2.3.1 "源—网—厂—河"全要素分析，分类施策一体化推进的技术理论

本项目按照流域统筹，系统治理的设计理念，统筹流域内上下游、左右岸排水设施的建设与运行。通过分析污染迁移的"源—网—厂—河"路径，以雨污分流为主线，强化源头治理。首先对流域内工业厂区、公建、居住小区、城中村等高密度建成区排水小区分类施策、正本清源。同时对流域内面源污染较严重区域，如农贸市场类、垃圾中转站类、汽修/洗车类、餐饮一条街类等重点面源进行初雨收集，实现污染物源头全收集。并通过对区域内污水管网全面排查、梳理、检测、修复，确保与新建管网系统有效衔接，打造健康的城市雨污分流系统，顺利将污水从源头收集输送至污水处理厂，形成厂、网一体化，实现污水全收集，全处理，后进行污水资源化再利用，给河流进行生态补水。

2.3.2 全流域多点可调配再生水利用关键技术

在污水全收集全处理的基础上，实现污水资源化再生全利用，给河道进行生态补水，覆盖全流域。针对流域内雨源性河流特征：旱季干涸和雨季溢流污染严重等问题，提出采用全流域多点可调配再生水利用关键技术，根据旱季和雨后不同工况，基于实测数据、气象水文和污染源调查资料构建水动力－水环境模型，计算各干支流河道汇水范围内的面源污染负荷，结合水质考核窗口期的要求，在不同降雨量级工况下给出对应各支汊流生态补水调配方案，使流域水系快速恢复健康。泵站设备和管径选型时充分考虑冗余量，为智能化再生水量调配或水质突发恶化情况下应急增量补水实现提供条件。

2.3.3 河流滩涂地多维生态湿地构建技术

综合开发利用流域内河滩荒地进行生态湿地构建，净化水质，恢复生态，美化环境，且不占用建设用地指标。项目利用河道干支流河道蓝线内的河滩荒地，在防洪论证的基础上基于地形原状开发建设，采取局部可淹没设计，既不影响行洪，又进行河流水质提升，也构建起潮间带的自然生境。本项目采用河流与河岸可呼吸连通、滩涂地湿地修复构建、城市海绵滞蓄净化、滨水空间公共服务等生态技术，主要表现有：滨水生态护岸、滨水漫滩湿地系统构建、滨岸国土空间修复、城市海绵滞蓄净化、滨水公共服务空间等打造，丰富河流横向生境类型，改善水质，美化了环境。

2.3.4 河道底泥资源化利用关键技术

河道底泥处理采取将污染底泥资源再生，实现可循环利用的低碳技术，核心工艺包括"泥砂分离系统＋固液分离系统＋改性拌和系统＋均化调理系统、脱水成固再生利用系统"。底泥经过处理后，减量化可达到54%，提取的砂料可作为建材原料，泥饼碳化成陶粒，制作成透水砖等建筑成品用材，透水砖用于景观铺装中，同时，陶粒也作为人工湿地的填料，在项目内实现底泥变废为宝，资源循环再利用，有效解决底泥污染环境和工程弃土难处置等城市工程建设难题，为国内河道底泥资源化利用提供了可借鉴的经验。

2.3.5 同步开展水环境治理核心技术的科技研发和标准体系建立

本项目属于国内开创性的城市水环境综合整治特大型工程，在工程建设过程中，同步开展了水环境治理关键技术研究和水环境治理技术标准体系系统研究，所定系列标准开创了国内先河，处于国内外领先水平。

3 工程项目影响

3.1 所获主要成果

本项目工程建设过程中依托国家重点研发计划、广东省重点研发计划等各级科研课题，开展研究包括城市河流（茅洲河）水环境治理关键技术研究、基于湿地和海绵体的城市河流生态修复技术及应用等；

参与制定地方及行业标准 7 项，团体标准 14 项；申请发明专利 36 项；发表核心期刊论文 30 余篇。此外，本项目首次在工程中建立城市水环境治理核心技术体系与技术标准体系，填补了国内部分空白；首次在流域内将管网接驳、内涝行洪、海绵建设、生态修复、底泥资源循环一体化，实现流域内污水的全收集、全处理、全利用。除此之外，本项目还获得了 2021 年度浙江省水利科技创新奖一等奖、2020 年度大湾区城市设计大奖计划 / 概念项目优异奖、2019 年度深圳市市长质量奖生态类银奖等十余个科技、工程领域奖项。

3.2 社会影响和经济效益

（1）多个"全国之首"，具有行业领军价值。建有全国最大规模河湖底泥处置厂项目；最大规模市政管网清淤检测修复项目；全国首个河湖底泥资源化处置循环利用项目；全国首个区域雨污管网打包实施项目（单项目铺设 1000 余公里）。

（2）多次获得各级荣誉，具有社会影响价值。2018 年，获得第十三届"中国十大民生决策"奖。2019 年，获得深圳市市长质量奖（唯一生态类奖项）；2020 年，入选生态环境部的"全国美丽河湖"、住建部宣传的"黑臭水体治理的十五大案例"；2021 年，入选首届广东省"十大美丽河湖"。

（3）多次得到主流媒体连续报道，具有社会推广价值。CCTV-1《美丽中国》第一集清水绿岸；CCTV-1《共和国 70 年发展成就巡礼》广东篇；CCTV-10《治水大行动》共六集；CCTV-13《走进科学》"诊病黑臭水""底泥变身记"专题；CCTV-13《今日中国》《焦点访谈》等都对茅洲河治理效果进行了大篇幅报道。另外，人民日报、新华日报等官方报纸多次对茅洲河治理过程与成效进行了全版面报道。

（4）盘活产业用地，实现河岸空间复合利用，具有经济提振价值。茅洲河流域综合治理释放出 15 km^2 土地，带动城市空间功能优化和经济结构重塑，经初步测算，仅释放土地价值便高达 1200 亿元。

本项目建设过程中汇集了中国电建集团在水环境领域的主要技术力量，以科学和务实的态度推进项目实施，不断进行技术攻关和科技创新，以解决现场实际困难，取得了丰硕的优秀成果，为后续城市河流水环境治理项目提供了可推广、可借鉴的经验，促进了我国水环境治理技术行业迈向新的高度。

唐颖栋　楼少华　邵宇航　执笔

三峡升船机工程设计

（长江勘测规划设计研究有限责任公司　湖北武汉）

摘　要：三峡升船机过船规模 3000t 级，提升高度 113m，是国内首座全平衡齿轮齿条爬升式垂直升船机，且以客船为主要设计船型。与国内外垂直升船机相比，三峡升船机不仅过船规模大，提升高度高，而且还具有上下游水位变幅大及下游水位变化速度快以及安全标准高等特点，是全世界规模和技术难度最大的升船机。为了适应复杂不利的上下游水力学条件，实现船厢水漏空、船厢室进水、对接沉船以及船舶进厢失速撞击船厢门等极限事故以及高烈度地震等自然灾害设防条件，克服由超高建筑物和齿轮齿条高精度啮合等不利条件带来的设计、制造和安装困难，满足高标准安全通航需求，三峡升船机设计采用了一系列的创新技术。

关键词：三峡升船机；齿轮齿条爬升；适应水位变化；极限事故与地震设防；安全稳定运行；工程设计创新

1　工程概况

三峡升船机是三峡工程的通航设施之一，是客货轮和特种船舶快速过坝的通道，与双线五级船闸联合运行，提高了三峡工程的航运通过能力和通航质量。1993 年 5 月获得国务院三峡工程建设委员会（简称三建委）审批通过的《三峡工程初步设计报告》中，三峡升船机型式为"钢丝绳卷扬全平衡垂直提升式"。1995 年 5 月，国家主管部门决定三峡升船机缓建。随后，中国长江三峡集团组织对升船机型式进行了比选研究。2003 年，三建委批准三峡升船机型式由钢丝绳卷扬提升式改为齿轮齿条爬升式。2007 年，长江勘测规划设计研究有限责任公司（以下简称长江设计公司）提交了《三峡升船机总体设计报告》并经三建委审查通过，随后三建委批准三峡升船机工程复工。

三峡升船机过船规模 3000t 级，最大提升高度 113m，上游通航水位变幅 30m，下游通航水位变幅 11.8m，下游最大水位变率 ±0.5m/h，具有提升重量大、提升高度高、上下游通航水位变幅大和下游水位变率快的特点，是目前世界上技术难度和规模最大的升船机。三峡升船机主要由上下游引航道、上下闸首建筑物与设备及船厢室段建筑物与设备等部分组成。其中上、下游引航道和上、下闸首建筑物与设备的布置和运行方式需适应上下游复杂的通航条件，为升船机承船厢的升降、对接运行及过机船舶的航行提供可靠的安全保证。齿轮齿条爬升式升船机型式的采用，提高了在船厢水漏空、船厢室进水、对接沉船、对接水满厢等事故工况下设备和过机船舶的安全性。同时，升船机上、下闸首抗震按壅水建筑物提高一级标准，即Ⅶ级地震烈度设计。船厢室段按非壅水建筑物 50 年超越概率 5% 的地震标准设计，保证了地震工况下建筑物、设备以及过机船舶的安全。

2016 年 9 月，三峡升船机工程通过了试通航前验收，随后进入了为期一年的试运行阶段。2018 年 3 月，通过了工程竣工技术预验收。工程建成投入运行一年多来，累计运载船舶过坝 4206 艘次。在三峡升船机前期科研、设计和建造期间，设计单位与工程建设单位、设备制造以及施工和安装单位通力协作，在诸多方面形成了一大批创新技术，取得了丰硕的科技成果，提升了中国升船机工程建设水平，为我国乃至世界升船机的设计和建设提供了可资借鉴的经验。

2 工程特点及关键技术

2.1 工程设计主要技术难点

（1）适应三峡枢纽大流量泄洪、大负荷调峰、大水位变幅运行条件的升船机的总体布置方案。包括上游隔流堤合理型式与尺度、可靠的闸首布置与设备选型等。

（2）确保在船厢失衡、船舶失速、地震等各种事故工况下船舶、人员及升船机设备安全。

（3）机械设备与塔柱结构变形协调性问题。由于齿轮齿条爬升式升船机的驱动系统、安全机构等主要机械设备与塔柱结构联系紧密，合理解决船厢机械设备与塔柱结构的变形协调问题，是三峡升船机设计中的主要技术难点之一。

（4）高扬程、重载齿条螺母柱可靠传力结构与精准定位技术。三峡升船机的齿条、螺母柱及其埋件结构具有设计载荷大、设备规模大、连接结构相对薄弱以及安装精度要求高等特点，其设计难度很大。

（5）适应大水位变幅和设备布置与载荷条件的上闸首结构和大负荷、高扬程条件下需要严格控制变形的高耸塔柱结构。常规闸首与塔柱结构不能满足运行条件与设计要求，需要突破常规研发新型结构。

（6）机械同轴条件下的多电机电气同步控制以及船厢高精度水平运行与精确对位控制技术。

2.2 工程设计主要技术创新

（1）研究提出了在三峡枢纽大流量泄洪、大负荷调峰、大水位变幅运行条件下，保障船舶安全进出升船机的总体方案，破解了上游引航道水位变幅大、涌浪高、斜流大、回流强、泥沙易淤积，下游引航道水位变率快的难题。

1）研发了"汛期隔流、枯期漫顶"的新型隔流堤。水工模型试验表明，三峡水库运行超过30年后，上游引航道的泥沙淤积将致使通航水流条件有所恶化。针对枯水期库水位较高、水面开阔、引航道流速较小，通航水流条件尚能满足要求，但汛期库水位较低时，引航道存在斜流大、回流强的问题。在升船机上游设置了堤顶高程150.0m的隔流堤（图1）。枯水期隔流堤淹没在水库中，汛期当库水位消落后，隔流堤露出水面起拦淤隔流作用。"汛期隔流，枯期漫顶"的新型隔流堤既减轻了上游引航道的泥沙淤泥，避免了汛期上游引航道口门区复杂水流条件对过机船舶安全航行的不利影响，又降低了隔流堤的工程投资。

隔流堤汛期隔流

隔流堤枯期漫顶流

图 1 上游隔流堤布置

2）研发了"卧倒过船、平板对接、叠梁调位"的新型组合门。升船机上游通航水位变幅高达30.0m，上闸首工作门需具有通航过船、与船厢对接和随上游水位变化可调门位的功能，同时作为大坝挡水前沿，运行安全可靠性要求高。为此，研发了带通航卧倒小门的提升式双扉平板门新门型（图2），与7节叠梁门组合，"卧倒门过船、平板门对接、叠梁门调位"，可以适应上游30m的水位变幅，在辅助门配合下，可以在无水条件下调整门位，攻克了高坝通航升船机特有的上闸首工作门在高水头、大变幅挡水条件下通航过船的难题。

3）研发了"带压调位、充气止水、分级锁定"的新型双扉平板门。下游通航水位变幅11.8m、变率±0.5m/h。由于水位变化太快，工作大门需经常随水位变化带压调整门位，因此闸门止水磨损严重。由液压启闭机操作的"带压调位、充气止水、分级锁定"的特大新型双扉平板门新门型（图3），具有正常挡水、通航过船和快速调整门位的功能，攻克了高坝通航升船机特有的下闸首工作门与下游水位变幅大、变率快的通航条件相适应的难题。

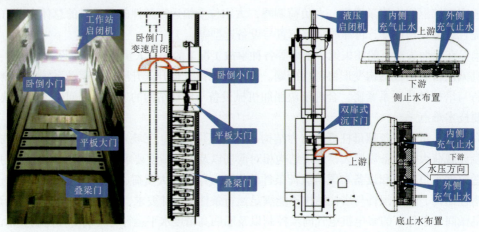

图2　上闸首新型组合门　　　　　图3　带充压止水功能新型组合门

（2）研发了适应变水位、多船型、地震条件下超大型齿轮齿条爬升式升船机承船厢多项安全技术，以及重载齿轮螺母柱高精准定位与可靠传力技术，攻克了超大型垂直升船机承船厢变水位沿程锁定、抗震减震、多船型进厢安全，重载齿条螺母柱安装难度大以及与混凝土结构可靠传力的难题。

1）"摩擦自锁、液压开合"沿程锁定技术。对接锁定装置是齿轮齿条爬升式升船机船厢与闸首对接期间的唯一竖向支承，其锁定载荷大、安全可靠性要求高。研发了理由安全机构螺母柱作承载构件、以螺纹副的摩擦自锁传递对接期间船厢的竖向不平衡载荷、以液压控制两段螺杆开合的对接锁定装置，实现了机构运行可靠、动作快速、超载退让、投资节省的目标，解决了高坝通航升船机承船厢在上下游对接范围内无级锁定的难题。

2）机械弹簧与液压弹簧组合的新型减震阻尼装置。为减少和控制地震工况下塔柱与承船厢之间的地震耦合力，研发了以"弹性弯曲梁+液压阻尼器"为吸能减震构件，集纵向导向、抗震减震、水平纵向锁定功能于一体的纵向导向装置（图4），和以"碟形弹簧+液气弹簧"作为弹性缓冲构件，集横向导向、抗震减震、对中运行功能于一体的横向导向装置（图5），解决了齿轮齿条爬升式升船机地震条件下的船厢安全问题。

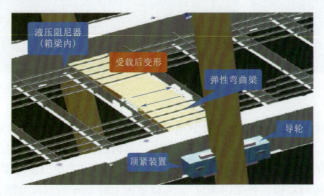　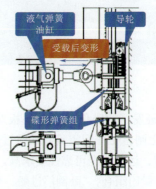

图4　复合型纵导向装置　　　　　图5　复合型横导向装置

3）"正向拦阻、侧向导引"的船厢防撞技术。研发了对失速船舶以钢丝绳阻拦、以液压油缸缓冲消能、以预断接头限载的船厢门防撞技术（图6）；研发了"低护舷+高护舷架"的侧向导引装置（图7），提出了适应不同船舷高度的"高低搭配"式系船柱新型配置。解决了不同尺度、不同船舷高度、不同船艄形状的船舶进出船厢的安全防护与停泊系缆难题。

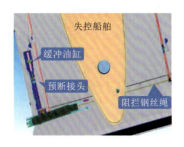

图6　正向拦阻装置

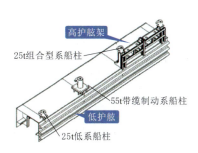

图7　侧向导引装置

4）齿条、螺母柱精准定位与可靠传力技术。针对螺母柱安装空间狭小、精度要求高的难题，采用了出厂预拼定位编号、现场免调技术，在保证安装质量的同时，加快了进度。采用"预应力钢筋束套管位移补偿定位技术""钢桁架整体定位技术""二期埋件精细调节技术"以及"齿条、螺母柱高程偏差反馈控制技术"为支撑的齿条、螺母柱系统精准定位技术，实现了齿条、螺母柱在113m高度范围内的高度偏差不大于2mm、垂直度偏差不大于5mm的安装精度要求（图8），攻克了高扬程、重载齿条、螺母柱安装精度要求超高的难题。

在齿条、螺母柱传力方面，采用栓钉、梯形凸齿、高强螺栓和预应力钢筋束联合承载的传力体系，解决了与混凝土结构可靠传力的难题（图9、图10）。

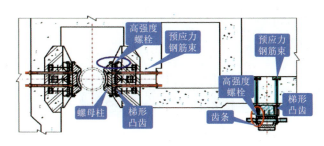

图8　齿条、螺母柱及其埋件布置

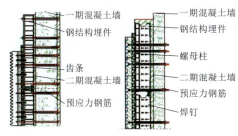

图9　齿条传力结构　　图10　螺母柱传力结构

（3）研发了大水位变幅、高扬程、重载条件下的超大型垂直升船机新型结构体系，解决了三峡升船机承载力要求高、变形控制要求严、安全疏散要求快的技术难题。

1）预应力整体坞式新型闸首结构。根据抗滑稳定和通航过船的要求，上闸首结构总高137m，顺水流向总长130m，垂直水流向总宽62m，以及航槽宽18m，底高程为140.0m。为降低结构施工期温度应力和避免出现裂缝，研发了"预应力整体坞式"升船机新型上闸首结构，设置了2条纵向施工缝和3条横向施工缝，将结构分成4段12块分层分块浇筑，在块体内部温度降至稳定温度后，利用低温季节进行施工缝的接缝灌浆和宽槽回填，将结构联成整体（图11）。

2）重载、高耸"筒-墙-梁"复合式塔柱结构。承重塔柱高度达146m，作用荷载2×155000kN，其结构变形需满足设备运行的要求，具有高度大、承载力大、变形小的特点。采用对称布置在船厢室两侧的新型"筒-墙-梁"式塔柱（图12），塔柱顶部由横梁、观光平台、控制室平台连接，以协调两侧塔柱的变形，形成了一个整体复合空间结构。整个结构体系刚度大、温度应力小、通风和采光条件好。有限元计算和监测资料表明，新型复合塔柱结构变形小，最大横向相对变位33mm、最大纵向相对变位15mm，不仅满足船厢机构对塔柱变形的要求，且工程量省。

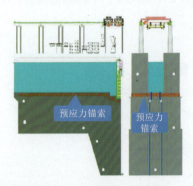

图11 升船机上闸首布置图

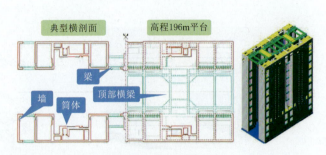

图12 升船机塔柱布置图

3）立体化安全疏散技术。升船机人员疏散的难点在于承船厢上人员的疏散。本工程设计首次提出"变升楼梯"接"楼层通道"立体疏散技术，在承船厢的4个驱动平台各设1台可高度可调的疏散楼梯装置，承船厢停在任意高程位置均可借助变升楼梯与塔柱最近的楼层疏散通道入口准确对接，形成4条安全疏散通道（图13）。当升船机发生火灾或其他紧急工况承船厢停机后，承船厢上的人员可从船厢两侧经变升楼梯装置进入楼层疏散通道逃生，攻克了通航建筑物安全疏散的难题。

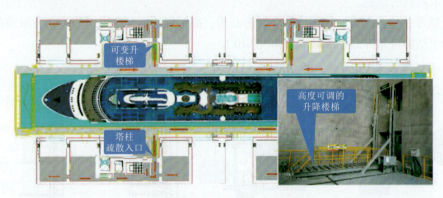

图13 承船厢向塔柱立体疏散示意

（4）研发了升船机机械同轴下自适应电气同步控制安全技术，以及船厢高精度水平运行与对位控制技术，攻克了船厢运行水平偏差累积、同步轴扭振、船厢四驱同步平稳运行和上下游动态水位快速精准对位等技术难题。

1）多电机机械同轴力矩自适应电气同步控制技术。机械同轴多电机控制技术的关键是解决多驱动点位置同步与机械轴扭矩控制的矛盾统一问题。为保证承船厢4个驱动点的转矩差和每个驱动点两台电动机的转矩差在规定的范围内，在冗余传动装置控制器中构建"位置跟随和力矩自适应模块"的位置、速度、力矩多闭环电气同步控制。通过补偿修正反馈控制，实现了各驱动点间不均衡转矩在额定值的3%，最大值不超过实时平均值的10%，各驱动点内两台电动机输出转矩差小于单台电动机额定转矩的3%，维系了每个驱动点转矩平衡，同时消除了同步轴异常扭振，攻克船厢运行过程中的各驱动点力矩不均衡及同步轴扭振的技术难题。

2）同步跟随与动态对位控制技术。为保证船厢四驱动点位置同步，主拖动系统采用基于多重冗余结构的"虚拟主驱动点同步跟随控制技术"和"给定位置曲线动态对位控制技术"同步跟随控制，使四个驱动点间的行程偏差始终控制在 ±2mm 内。同时根据上下游水位的变化，动态调整"虚拟主驱动点的位置给定曲线"，控制船厢与上下闸首精准对位、精度在 ±30mm 内。解决了承船厢4点同步平稳运行和上下游快速精准对位等技术难题。

2.3 主要技术性能指标及与国内外同类技术比较

三峡升船机是世界上规模最大的升船机，也是世界上首次在水利枢纽上修建的齿轮齿条爬升式垂直升船机。国内外规模较大的平衡重式垂直升船机主要技术性能指标与技术特点的比较如下。国内外大型升船技术参数对比见表1。

表1　　　　　　　　　　　　　　　国内外大型升船机技术参数对比

主要技术指标	三峡升船机	尼德芬诺升船机	吕内堡升船机	斯特勒比升船机	水口升船机
应用位置	中国长江三峡	德国哈芬-奥德水道	德国易北河支运河	比利时中央运河	中国闽江水口
升船机型式	全平衡齿轮齿条爬升式	全平衡齿梯齿条爬升式	全平衡齿轮齿条爬升式	平衡重钢丝绳卷扬式	全平衡钢丝绳卷扬式
保安型式	长螺母短螺杆保安式	长螺母短螺杆保安	长螺杆短螺母保安	安全制动器	安全制动器+沿程锁定
过船吨位 /t	3000	1000	1350	1350	2×500
船厢总重 /t	15500	4300	5700	7500～8800	5340
最大提升高度 /m	113	36	38	73	59.5
水位变幅 /m	上游30m，下游11.8m	基本上没有	上游0.3m，下游4.5m	上游0.8m，下游0.8m	上游10m，下游15.8m
水位变率 / (m/h)	下游 ±0.5				

（1）规模位居世界之首。

（2）通航条件复杂。与已建成的其他升船机相比，三峡升船机所适应的上、下游水位变幅最大，泥沙条件最为复杂。为减小大坝泄洪、电站调峰对上游引航道水流条件的不利影响，研发了具备汛期隔流功能，又节省工程投资的"汛期隔流，枯期漫顶"新型隔流堤，减少了上游引航道的泥沙淤积，解决了枢纽大流量泄洪时航道横向流速大、回流强引发的船舶航行安全问题；通过对闸首设备布置方案和运行方式的研究，提出了上游采用"卧倒门过船、平板门对接、叠梁门调位"的运行方式，下游采用"带压调位、充气止水、分级锁定"的双扉平板门，成功解决了上游水位变幅大、下游水位变率快的复杂运用条件下的安全运行问题。

（3）高挡水、大变幅上闸首。国外垂直升船机多建在运河上，挡水水头和上游水位变幅很小；国内已建的水口、隔河岩、亭子口等升船机中，水口升船机上游水位变幅10m左右，通航船舶吨位为2×500t；隔河岩第一级升船机上游水位变幅虽达到40m，但通航船舶仅为300t。以上升船机的通航规模、上游水位变幅和上闸首挡水水头均远小于三峡升船机。为此，三峡升船机研发了"预应力整体坞式"新型闸首，解决了高挡水、大水位变幅条件的大型升船机上闸首的结构承载力和裂缝控制等难题。

（4）高扬程、小变形承重结构。在同类型升船机中，尼德芬诺升船机最大提升高度仅36m，采用钢结构承载系统，结构受力相对简单；吕内堡升船机采用钢筋混凝土支承，最大提升高度也只有38m；上述两升船机均不考虑地震载荷。三峡升船机船厢带水总重量为15500t，最大提升高度113m，承重塔柱高度达到146m，为了满足三峡升船机所特有的重载、高扬程以及地震设防要求，开发了以"筒-墙-梁"

复合空间结构体系为特点的混凝土塔柱结构新型式。为了满足船厢正常运行载荷和事故载荷向塔柱结构的传递，首次提出了以梯形齿、砂浆、焊钉和预应力钢束作为主要传力构件的联合传力结构体系。为满足齿条、螺母柱等重大机械设备的高精度安装要求，借助现代仿真技术手段，开发了一整套满足三峡升船机特殊要求的设备安装新技术。所有这些技术成果都是开创性的。

（5）人性化分布式塔柱疏散系统。以往的升船机人员疏散仅针对船员设计，设施较为简单，无法做到船厢与塔柱疏散通道的无高差对接，因而不能满足大量乘客特别是老弱乘客的疏散要求。三峡升船机工程设计，对升船机内船舶上人员疏散采用了"变升楼梯"接"楼层通道"的人性化分布式立体疏散方式，确保了承船厢任意高度位置上的人员向塔柱安全区的快速疏散。

（6）结构和设备联合抗震设计新方法。国外的升船机因地震基本烈度较低，设计时不考虑地震工况；国内已建的钢丝绳卷扬式升船机，承重结构和船厢、平衡重系统的连接结构刚度较弱，抗震设计是分别考虑的。三峡升船机首次提出了承重结构和船厢、平衡重系统整体设防的设计新理念，提出了建立在升船机塔柱和船厢以及厢内水体流固耦合基础上的地震耦合力控制技术，即通过包含塔柱、船厢、平衡重系统的整体动力学模型，将船厢和塔柱之间的水平支承传力设备（船厢纵、横向导向机构）作为地震耦合力的控制设备，实现以耦合力最小、相对位移适中为目标的地震优化设计。

（7）提出基于现代交流变频技术的升船机主传动控制技术。欧洲兴建在运河上的德国尼德芬诺、吕内堡和比利时斯特勒比升船机，由于船厢在固定位置与上下闸首对接，对主传动系统的控制要求较为简单，有关技术难以借鉴。本项目以三峡升船机为依托，在"七五""八五""九五"科技攻关中针对直流调速系统和交流变频调速系统进行了一系列的技术攻关，取得了一批创新成果。其中直流电机调速出力均衡技术在闽江水口升船机和清江隔河岩的第一级升船机中应用。三峡升船机承船厢由四驱动点八台电动机同轴驱动，主拖动系统控制难度大，驱动齿轮啮合点同步精度要求高。针对三峡升船机的特点，研发了技术先进、调速性能优良的主拖动交流变频调速系统，在"机械同步"的基础上采用"电气行程同步"控制，同一驱动点的主电动机采用跟随虚拟主驱动点位置闭环控制，从动电动机采用力矩跟随控制的控制策略，系统设置满足稳定裕度和抗干扰性要求。针对船厢水体振荡、机械间隙和系统弹性可能引起同步轴的扭振问题，主拖动系统设置了机械系统扭矩抑制环节，可实现八台电机正常运行和任意两台电机故障退出运行的无扰转换。所有这些技术创新保证了升船机安全、平稳、可靠运行。

2.4　主要技术的先进性

（1）对项目设计研究成果的科技评审意见。经由国内多位业内专家组成的评价咨询组评审：本项目成果达到同期国际先进水平。

（2）三峡升船机与国内外同类升船机主要技术指标对比。国内外大型齿轮条爬升式升船机主要技术指标对照见表2。

表2　　　　　　　　　国内外大型齿轮齿条爬升式升船机主要技术指标对照表

国家/升船机	过船吨级/t	最大提升高度/m	船厢有效水域（长×宽×水深）/m	船厢总重量/t	驱动机构/安全机构型式	建成年份
中国/三峡	3000	113	120×18×3.5	15500	齿轮—齿条爬升/短螺杆—长螺母柱	2016年
中国/向家坝	2×500/1000	114.2	116×12×3.0	8150	齿轮—齿条爬升/短螺杆—长螺母柱	2017年
德国/尼德芬诺	1000	36	82×12×2.5	4300	链轮—链条爬升/短螺杆—长螺母柱	1934年
德国/吕内堡	1350	38	100×12×3.5	5700	齿轮—齿条爬升/长螺杆—短螺母柱	1975年

（3）三峡升船机工程设计主要创新技术与国内外同类技术对比。由湖北省科技信息研究院查新检索中心完成的对本项目创新技术的查新结论是："三峡升船机总体设计关键技术与实践"在所检国内外文献范围内，未见有相同的报道。本项目设计主要创新技术与国内外同类技术对比见表3。

表3 本项目设计主要创新技术与国内外同类技术对比表

创新技术	本项目成果	国内外同类成果
大流量泄洪、大负荷调峰、大水位变幅运行条件下，保障船舶安全进出升船机的总体方案	"汛期隔流，枯期漫顶"的新型隔流堤	世界首创
	适应上游大水位变幅的"卧倒门过船、平板门对接、叠梁门调位"的特大新型组合门	国外未见相同闸首门技术，国内其他升船机工程类似技术系本项目成果的推广应用
	适应下游快水位变率的"带压调位、充气止水、分级锁定"的特大型双扉平板门	
适应变水位、多船型、地震条件下超大型齿轮齿条爬升式升船机承船厢多项安全技术，以及重载齿条螺母柱高精准定位与可靠传力技术	大型承船厢"摩擦自锁，液压开合"变水位沿程锁定技术	国内外未见相同技术
	"纵向弹性梁、横向液压簧"新型复合阻尼减震装置	国内外未见相同技术
	"正向阻拦、侧向导引"多船型防护拦阻技术	国内外未见相同技术
	齿条螺母柱精准安装的"预拼定位、现场免调"技术	国外未见相同技术，向家坝升船机类似技术系本项目成果的推广应用
	梯形齿与预应力钢束、高强度螺栓联合承载的齿条螺母柱传力结构体系	
大水位变幅、高扬程、重载条件下的超大型垂直升船机新型结构体系	"预应力整体坞式"升船机新型闸首结构	国内外未见相同研究成果
	适应大负荷、小变形的高耸承重"筒—墙—梁"复合空间结构体系	国内外未见相同研究成果
	事故条件下任意高程位置"变升楼梯"接"楼层通道"的立体疏散技术	国内外未见相同技术
升船机机械同轴下多电机高精度安全控制技术	机械同轴下的多电动机四驱动力矩自适应控制技术	国内外未见相同技术
	基于虚拟主驱动点的多电机同步跟随控制技术	国内外未见相同技术

3 科技成果、专利、奖项等

（1）"三峡升船机工程总体设计关键技术与实践"旨在针对升船机工程建立一整套安全、经济的设计方法。科技创新点2和创新点3的研究成果已经部分纳入了国家、行业标准中[《升船机设计规范》（GB 51177—2016）和（SL 660—2013）]。

（2）依托项目研究成果，荣获国际菲迪克（FIDIC）工程项目奖和中国大坝工程学会科技进步奖特等奖。近年来已在国内外各类期刊上发表学术论文58篇，出版专著3本，获得发明专利8项，授权软件著作权7项，授权实用新型专利29项。

4 工程运行情况及社会、经济效益

三峡升船机是三峡工程的重要通航设施之一，设计双向通过能力约2000万t／a。建成后提高了三峡工程的航运通过能力，减轻了因船闸运能日趋饱和所承受的通航压力，为打造长江黄金水道和长江沿线区域经济的可持续发展发挥了重要作用。与路运相比，通航三峡升船机的水运每年可节省约40万t标准煤，有效减少了能源消耗、降低了环境污染，其建设符合自然和谐可持续发展的理念。

三峡升船机的建成为客轮和其他特种船舶提供了快速过坝通道，与双线五级船闸联合运行，提高了枢纽的航运通过能力和通航质量，促进了长江航运和三峡旅游事业的发展。其经济效益主要包括船舶水路运输节约能耗效益和缩短货物过坝时间效益等。升船机按照1年335天每天18次双向运行，通过装载 2000t 的船舶计算,全年双向通过货物的能力约为 2000 万 t,水路运输节约能耗航运经济效益估算约 1.2 亿元 /a。与船闸平均过闸时间 3.5h 相比,升船机过闸时间缩短至 45min,提高了过坝效率,可直接增加航运经济效益约 1890 万元 /a(将年航运经济效益按照过闸单位时间折算,缩短 2.75h 所带来的附加经济效益)。升船机建成后,适航客轮可在短时间内快速过坝,避免了长时间过闸引发的焦虑和其他不适感受,并规避了与其他货船共同过闸带来的潜在安全风险,促进了长江旅游事业的发展。

三峡升船机工程是人类建造的工业建筑与自然环境相互融合的又一典范之作,有力推动了世界升船机技术的发展和应用,为大型升船机建设积累了宝贵经验,对于提升中国乃至世界升船机建设水平和关键设备设计制造能力发挥了十分重要的促进作用。

5 工程照片

图 14 三峡升船机俯瞰

图 15　三峡升船机上游鸟瞰

图 16　三峡升船机下游引航道

王可　王蒂　金辽　执笔

南水北调东线一期工程穿黄河工程设计

（中水北方勘测设计研究有限责任公司　天津）

摘　要：东线一期工程穿黄河工程位于山东省境内、被称为"悬河"的黄河下游，按一期、二期结合100m³/s的规模进行建设，为Ⅰ等大（1）型工程。前期工作始于1978年3月，历经40余年论证、五年建设，在2013年11月15日正式通水运行至今，效益巨大。该工程完成了可研批复的"打通东线穿黄隧洞，使东线第一期工程调水至鲁北地区，并具备向天津、河北省东部应急供水的条件，实现南水北调工程总体规划的供水目标"任务。工程先后获得水利部科学技术进步二等奖、国家科学技术委员会国家科技成果、"海河杯"天津市优秀勘察设计一等奖、中国水利工程优质（大禹奖）奖、全国优秀水利水电工程勘察金奖、全国优秀水利水电工程设计金奖，并获得多项专利。

关键词：悬河；黄河滩地；岩溶；三水相通；隧洞；埋管

1　工程概况

1.1　水文、气象

南水北调东线一期工程穿黄河工程位于山东省东平、东阿两县境内，黄河下游中段。工程所在地春季干旱多风，夏季炎热多雨，秋季晴朗少雨，冬季寒冷少雪。降水量不丰沛，多年平均年降水量630mm。年平均气温为12.5～14.5℃。冬季最大冻土深可达46cm。

该段黄河被称为"悬河"，洪水主要发生在汛期7—10月，黄河位山段设防标准为11000m³/s。根据位山断面水位流量关系，考虑滩地现状挡水堤埝的作用，非汛期200年一遇以下洪水一般不会上黄河滩地，但汛期5年、10年、20年一遇洪水均会上滩。

1.2　工程任务、规模及等级

项目建设的主要任务是打通东线穿黄隧洞，使东线第一期工程调水至鲁北地区，并具备向天津、河北省东部应急供水的条件，实现南水北调工程总体规划的供水目标。工程按一期、二期结合过100m³/s的规模进行建设，为Ⅰ等大（1）型工程，出湖闸、南干渠、滩地埋管、穿黄隧洞、穿引黄渠埋涵、出口闸等主要建筑物级别为1级，次要建筑物级别为3级。

1.3　地质

工程区域地势呈现为东高西低，与本工程相关地层为古生界寒武系各类碳酸盐岩，新生界第四系不同成因类型的松散堆积物。

出湖闸地层为现代河流冲积层、冲积湖积层、下河流冲积层，岩性主要为壤土。南干渠所通过的地层自上而下分别为现代河流冲积层和冲积湖积层，岩性主要为壤土、黏土和砂壤土。埋管布置于黄河滩地上，其地层自下而上为：下河流冲积层、冲积湖积层、现代河流冲积层，岩性主要为黏土、壤土和砂壤土，地下水和黄河水相连。

穿黄隧洞洞身位于黄河主河槽下方，隧洞围岩主要为古生界寒武系张夏组和崮山组地层和第四系全新统土层。穿黄探洞开挖揭露断层13条，规模不大，宽度在0.5～3.0m之间，构造岩破碎程度轻微，受区域构造影响，产状多为北东走向。黄河在位山段为地上"悬河"，河水补给孔隙水和灰岩岩溶裂隙水，张夏组灰岩为本段工程主要含水层。据探洞开挖涌水综合分析，由于断层和裂隙垂向切割较深并伴有溶蚀现象，使得隧洞段黄河水、孔隙水和岩溶裂隙水"三水连通"，因此隧洞围岩渗（涌）水量较大。

穿引黄渠埋涵地层由老到新为古生界寒武系崮山组和新生界第四系松散土层。出口闸地层为第四系全新统不同成因松散层，从老到新有：下河流冲积层、冲积湖积层、现代河流冲积层，岩性主要为壤土。

穿黄河工程建筑物类型多，工程地质条件基本满足兴建工程的技术要求，重点需要注意几个问题：

（1）根据GB 18306—2001《中国地震动参数区划图》工程区地震动峰值加速度为0.10g，相当于地震基本烈度Ⅶ度。

（2）输水渠道、埋管、埋涵基础地层为第四系不同成因土层，基坑开挖较深，边坡较高，边坡整体稳定性较好，局部地段砂壤土、粉细砂层影响边坡稳定性，施工期视稳定状况采取防护措施。

（3）输水线路各闸基础为冲积湖积层壤土，土层承载力可满足基础要求，出湖闸基础以下分布粉细砂、砂壤土Ⅶ度地震烈度存在液化问题，需要采取地基处理措施。

（4）输水线路沿线地下水埋深较浅，建筑物基础大部分为水下开挖，土层的透水性相对微弱，除引黄渠段渗水量较大，估算其他建筑物基坑渗水量不大，施工开挖仍需考虑排水措施。

（5）穿黄隧洞进、出口段建筑物地基为寒武系崮山组基岩和第四系土层，应注意岩性承载力差异而引起的不均匀沉陷问题。

（6）黄河南岸滩地埋管桩号3+270～4+100（长830m），北岸穿引黄渠埋涵西段7+328～7+544（长216m）砂壤土Ⅶ度地震烈度情况下为液化土层，需要考虑基础处理。

（7）穿黄隧洞为东线输水关键工程，施工开挖渗（涌）水为隧洞主要工程地质问题，探洞开挖证实在超前钻灌帷幕阻水情况下隧洞施工可以实施，地下水潜蚀作用局部阻水帷幕效果可能降低发生涌水，建议隧洞进行超前探水施工，南岸隧洞进口竖井段需在防渗情况下施工。竖井、隧洞斜洞段崮山组灰岩地层及断层施工需考虑风化、裂隙切割及围岩破碎对隧洞稳定影响，需采取加强支护措施。

1.4　工程布置

穿黄河工程地处鲁中南山区与华北平原接壤带中部的剥蚀堆积孤山和残丘区。工程从深湖区引水，于东平湖西堤玉斑堤魏河村北建出湖闸，开挖南干渠至子路堤，由输水埋管穿过子路堤、黄河滩地及原位山枢纽引河至黄河南岸解山村，之后以河底隧洞方式穿过黄河主槽及黄河北大堤，在东阿县位山村以埋涵的形式向西北穿过位山引黄渠渠底，与黄河以北输水干渠相接。

工程由南岸输水渠段、穿黄枢纽段及北岸穿引黄渠埋涵段组成，线路总长7.87km。其中南岸输水渠段包括东平湖出湖闸、南干渠，全长2.54km；穿黄枢纽段包括子路堤埋管进口检修闸、滩地埋管、穿黄隧洞，全长4.61km；北岸穿引黄渠埋涵段包括隧洞出口连接段、穿引黄渠埋涵、出口闸及连接明渠，全长0.72km。

穿黄河工程以东平湖深湖区为疏浚起点，起点底高程34.8m，与出湖闸衔接底高程34.54m，纵坡1/35000,疏浚引水通道断面型式为梯形，底宽分别为35m、15m；疏浚通道后接出湖闸，进口底高程34.54m，消力坎顶高程为34.21m，箱涵纵坡为1/1000，出湖闸为两孔一联，共4孔，闸孔尺寸（宽×高）5.0m×3.5m；出湖闸后接南干渠，渠首底高程34.21m，渠末底高程34.13m，纵坡1/28900，南干渠为梯形断面，底宽18m；南干渠后接埋管进口检修闸，闸进口底高程34.13m，闸底板高程28.88m，闸孔尺寸（宽×高）7.5m×7.5m；检修闸后接滩地埋管，埋管进口底高程28.88m，出口底高程27.30m，纵坡1/2500，埋

63

管为内圆外城门洞型，内径 7.5m；埋管后接穿黄隧洞，隧洞进、出口底高程均为 27.30m，隧洞断面为圆形，内径 7.5m；隧洞后接连接段，连接段进口底高程 27.30m，出口与穿引黄渠埋涵衔接底高程为 29.0m；穿引黄渠埋涵出口底高程 28.79m，纵坡 1/2000，为有压箱涵，两孔一联，共两孔，断面尺寸（宽 × 高）5.0m × 5.0m；埋涵之后接出口闸，闸底板高程 28.79m，消力坎顶高程 30.93m，为两孔有压涵闸，闸孔尺寸（宽 × 高）5.0m × 5.0m；出口闸后接北岸输水明渠，渠首底高程 30.93m，渠末底高程 30.92m，纵坡 1/14000，明渠为梯形断面，底宽 16m。

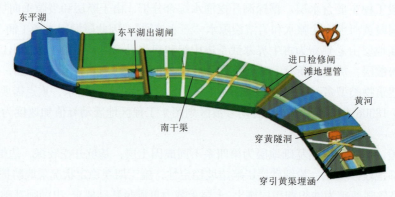

图 1　南水北调东线一期工程穿黄河工程平面示意图

1.5　前期勘察设计及建设运行时间

该工程前期论证工作始于 1978 年 3 月。1985 年 11 月—1988 年 6 月完成了穿黄工程勘探试验洞，成功验证隧洞方案的可行性。

2005 年 10 月 20 日，国家发展和改革委员会以"发改农经［2005］2108 号"文批复《南水北调东线一期工程项目建议书》。

2006 年 2 月 17 日，国家发展和改革委员会以"发改农经［2006］276 号"文批复《南水北调东线第一期穿黄河工程可行性研究报告（修订稿）》。

2007 年 3 月 2 日，国家发展和改革委员会以"发改投资［2007］459 号"文核定了初设概算。2007 年 4 月 6 日，水利部以"水总［2007］123 号"文批复了《南水北调东线一期工程穿黄河工程初步设计报告》。项目批复设计概算 61321 万元。

项目于 2007 年 12 月 28 日在现场举行开工仪式，2008 年正式开工建设，2013 年 11 月 15 日通水运行至今。2019 年 10 月 30 日通过水利部完工验收。

2　工程特点及关键技术

2.1　科学选线、充分论证，确保南水北调东线一期工程成功穿越黄河

实施穿越黄河地下工程在 20 世纪八九十年代属国内首创，其勘察、设计及施工难度巨大，基本无国内外可借鉴经验。黄河下游中段河床多为深厚河流冲洪积物，在当时技术条件下在该类松散地层中实施隧洞非常困难。选线设计中找寻可实施隧洞下穿黄河的位置是整个工程勘察设计论证的一大技术难点。能否找到合适的穿黄位置是南水北调东线工程成败的关键所在。

工程线路主要比较了位山、黄庄、柏木山等三个方案。位山线在解山—位山之间采用埋管或隧洞方式过黄河；黄庄线在黄河东岸黄庄村采用埋管或盾构方式穿过黄河；柏木山线将黄河局部改道至原位山枢纽引河，在原位山拦河闸附近采用埋管方式过黄河。

64

经过多线路比选以及过黄河平立交论证，通过前期大量调查和勘探等手段，最终选定方案为位山线，线路在解山与位山间一掩埋的近南北向的马鞍形基岩山梁穿过，经多年勘察、技术论证和研究选择在此处以隧洞方式下穿黄河。

该处黄河河床窄，基岩面较高，围岩成洞条件好；工程布置不改变黄河现状，不影响黄河行洪、排凌，运行管理方便，与黄河有关的总体规划布局矛盾少。

穿黄河工程总长7.87km，从东平湖老湖区引水，在东平湖西堤（玉斑堤）魏河村北建出湖闸，开挖南干渠至黄河南大堤（子路堤）前建埋管进口检修闸，以埋管方式穿过子路堤、黄河滩地至黄河南岸解山村，经隧洞穿过黄河主槽及黄河北大堤，在东阿县位山村以埋涵的形式向西北穿过位山引黄渠渠底，与黄河以北输水干渠相接。工程主要由闸前疏挖段、出湖闸、南干渠及南岸交通、埋管进口检修闸、滩地埋管、穿黄隧洞、出口闸及连接段、穿引黄渠埋涵及连接明渠等建筑物组成。其中滩地埋管3943m，纵坡1/2500，采用内圆外城门洞型，内径7.5m；埋管后接穿黄隧洞，隧洞断面为圆形，内径7.5m，全长585.38m。

2.2 解决了复杂岩溶水文地质条件下，以隧洞形式从黄河底部穿越的难题

黄河在本区域段被称为"悬河"，河宽约280m，穿越黄河洞段黄河水、孔隙水和岩溶裂隙水"三水连通"，黄河底部构造和岩溶地下水空间分布极不均一，涌水的可预见性差，在这样复杂的工程和水文地质条件下采用钻爆法开挖隧洞，当时国内尚无先例，隧洞如果发生突涌水后果不可想象。

设计对施工期约70m高外水防控措施进行了专题研究，创造性地提出全断面超前探水预注浆防控，通过"南水北调穿黄勘探试验探洞"验证后，成功应用与大直径隧洞的使用，确保了隧洞下穿黄河施工的安全性，成功解决了穿黄河隧洞突水地质问题。

2.3 解决了穿黄隧洞大直径、缓斜坡隧洞开挖及衬砌难题

穿黄隧洞包括南岸竖井50.83m、过河平洞307.17m、北岸斜井166.03m以及进出口埋管61.35m，总长585.38m。隧洞为圆形断面，内径7.50m，钢筋混凝土结构，除进出口地面段在岩石内明挖，其他均在寒武系灰岩中开挖。

穿黄探洞开挖揭示隧洞沿线断层多达13条、节理裂隙发育，均通向黄河底部，开挖爆破诱发的爆破振动可能对阻水圈造成损伤，出现节理裂隙的扩展、延伸，并形成相互之间贯通情况。地质及水文条件复杂，黄河水、孔隙水和岩溶裂隙水"三水连通"，河水补给水量充沛，隧洞围岩渗（涌）水量大且预见性差，探洞开挖期间发生过大量渗水、涌水水量达到130.2m³/h。针对这一特点，设计施工密切配合，提出穿黄隧洞施工涌水预测与控制技术、开挖及支护施工技术、衬砌混凝土施工技术。施工过程中通过超前预注浆阻水、先导井后二次扩挖施工竖井、短台阶CD法分步开挖平洞和竖井的施工方法，有效起到了阻水效果，减小爆破振动范围，有效避免了爆破施工对阻水帷幕和围岩的影响，开挖成型效果良好。

根据缓斜坡结合针梁台车施工特点，取消隧洞纵向分缝，考虑缓斜坡及20°转角、台车稳定，调整隧洞分节长度，调整混凝土配合比以适应全断面混凝土浇筑。

2.4 研究提出下穿黄河大堤的爆破控制技术指标，科学解决了黄河大堤底部近距离隧洞施工难题

穿黄隧洞从黄河主河槽下穿过，爆破施工距大堤很近，为确保黄河大堤安全，合理的爆破方案以及爆破指标尤为关键。设计过程中，结合数值分析和现场试验的方法，开展了穿黄隧洞开挖爆破对黄河大堤安全影响的专题研究，在施工期严密监测，提出利用探洞为上导洞、短进尺、分台阶光面爆破的爆破施工方案；结合数值分析及施工试验数据成果，采用最大单响药量22.7kg的爆破控制指标并爆破开挖时密切监测：①大堤堤体的质点振动和加速度；②大堤饱和土体部位的空隙水压力；③大堤水平位移。这

些措施确保了施工期黄河大堤的安全，合理解决了黄河大堤底部近距离隧洞施工难题。

2.5 长距离、大直径现浇有压混凝土管设计

滩地埋管全长 3943m，位于黄河滩地上，地下水位高，补给充分，地质条件复杂。经济合理的管数、管径选择是一大难点。为合理控制工程投资，埋管采用内圆外城门洞型现浇钢筋混凝土结构，内径 7.5m。工程实施时，如此长距离大直径的钢筋混凝土有压埋管在国内尚属首次，其基础处理、结构断面型式选择、分节长度选择、分缝位置选择、施工期裂缝控制等均具有技术先进性。

2.6 提出井点结合管井的深大基坑系统降水技术方案，解决黄河滩地高地下水位以及岩土体级配不良条件下的施工难题

针对黄河滩地深大基坑地下水位高、岩土体级配不良易流沙管涌的难题，科学提出井点结合管井的系统降水方案，分层布置井点，严控间距，适机环形封闭，并在基坑外侧布置深井井点，确保施工期基坑内边坡稳定和干地施工，确保滩地埋管施工质量，加快施工进度。

2.7 与当前国内外同类项目主要技术成果的对比情况

项目组经过大量的规划设计、地质勘探、方案比较以及科学试验等工作，逐渐完善了穿黄河工程的设计方案，从地质角度分析了穿黄河隧洞的工程地质条件、存在的工程地质问题，并提出了处理建议。科技查询情况及结论如下：

（1）中国科研人员在国际会议上发表的预注浆技术在南水北调东线穿黄隧洞中应用的文章，由于河道水作用、第四系松散沉积物中的孔隙潜水和石灰岩岩溶/裂隙水相互连通，在隧洞钻爆法开挖作业前，必须采用超前预注浆技术进行堵水。

（2）中国台湾的研究人员在国际期刊上发表的台湾大甲溪过江隧道的设计与施工的文章，设计了施工竖井、水封预注浆方案和特殊的支护系统，以防止在大甲溪下开挖隧道时可能出现的涌水，在施工阶段，选择适当的开挖断面、支护结构、辅助措施和封水注浆方法，以克服遇到的不良地质条件。

（3）泥浆沟与降水相结合的大型深基坑开挖，采用泥浆沟与降水相结合的方法，紧邻阿肯色河的某大型斜坡开挖成功控制了地下水的影响等方面内容。

科技查新结论：国内外均未见与该查新项目上述综合研究内容相同的穿越河流工程设计的文献报道。主要为以下 3 点：

1）复杂岩溶水文地质条件下穿黄河隧洞全断面超前探水预注浆堵水防控技术应用。隧洞所穿过的岩层主要为古生界寒武系崮山组灰岩夹页岩和张夏组灰岩，且岩溶裂隙水与覆盖层潜水、黄河水相通。在这样复杂的工程与水文地质条件下开挖隧洞，当时国内尚无先例。施工中的突涌水问题是关系到工程成败的关键。穿黄探洞的成功开挖，查明了位山线的地质构造、岩溶发育及水文地质情况，落实了在岩溶地区采用超前灌浆堵漏开挖水下隧洞成功的施工方法，为东线工程的方案论证与决策提供了科学依据，并为穿黄隧洞工程的建设提供了翔实的地质勘察资料，施工期采用超前钻孔预注浆堵漏技术成功穿越黄河，是水利工程建设的一次创造性的突破，在当时国内居领先地位，也达到了国际先进水平，得到了业内专家的认可。该技术 1990 年获得水利部科学技术进步二等奖，1992 年国家科学技术委员会颁发了国家科技成果证书。

2）提出穿越黄河大堤爆破控制技术，有效解决了爆破震动对黄河大堤的损伤问题，确保了黄河大堤安全。针对隧洞在黄河大堤底部近距离钻爆施工难题，提出导洞在前、短进尺、分台阶光面爆破以及 22.7 kg 的最大单响药量控制指标的系统防控方案，确保隧洞安全下穿黄河大堤。

3）提出井点结合管井的深大基坑系统降水技术方案，解决黄河滩地高地下水位以及岩土体级配不良条件下的施工难题。针对黄河滩地深大基坑地下水位高、岩土体级配不良易流沙管涌的难题，科学提

出井点结合管井的系统降水方案，分层布置井点，严控间距，适机环形封闭，并在基坑外侧布置深井井点，确保施工期基坑内边坡稳定和干地施工，确保滩地埋管施工质量，加快施工进度。

3 科技成果、专利、奖项

（1）1990年12月，"利用灌堵技术在水下岩溶地区开挖'南水北调穿黄勘探试验探洞'"获得水利部科技进步二等奖，证书编号：S902003—D1。

（2）1992年9月"利用灌堵技术在水下岩溶地区开挖'南水北调穿黄勘探试验探洞'"获得国家科技成果证书，证书编号：008633。

（3）2013年10月，"南水北调东线穿黄隧洞缓坡斜井针梁台车衬砌技术"获得2012年度 中国施工企业管理协会科学技术奖科技创新成果二等奖。

（4）2021年8月，"南水北调东线一期工程穿黄河工程"获得2021年"海河杯"天津市优秀勘察设计一等奖。

（5）2021年12月，"南水北调东线一期工程穿黄河工程"获得2019—2020年度中国水利工程优质奖（大禹奖）。

（6）2021年12月，"南水北调东线一期工程穿黄河工程设计"获得全国优秀水利水电勘测设计奖金质奖。

（7）"南水北调东线穿黄河隧洞工程开挖施工技术研究与应用"分别获中国水利水电建设股份有限公司科学技术进步奖一等奖、国家能源科技进步奖三等奖。

（8）"南水北调东线穿黄隧洞工程缓坡斜井针梁台车衬砌技术"获2012年度中国施工企业管理协会科学技术奖技术创新成果二等奖。

（9）发明专利1项：用全断面针梁台车进行大坡度斜井施工的方法及针梁台车（ZL201210058120.8）。

（10）实用专利2项：用于大坡度斜井施工的全断面针梁台车的导向牵引系统（ZL201220082822.5）、用于大坡度斜井施工的全断面针梁台车的稳固机构（ZL20120082823.X）。

4 工程运行情况

南水北调东线一期工程穿黄河工程自建成通水以来，经过多年运行，通水后工程各建筑物运行正常，充分发挥了工程的经济效益和社会环境效益。

（1）经济效益。东线一期穿黄河工程自2013年11月15日通水以来，经过多年运行，通水后工程各建筑物运行正常，2019年4—6月为东线一期北延应急输水7822m^3，截至2019年9月30日，累计输水4.5亿m^3。

（2）社会环境效益。穿黄河工程是南水北调东线第一期工程的重要组成部分，是南水北调东线的关键控制性项目，也是东线工程中技术难度高、施工条件复杂、施工工期较长的工程。工程的建成和运行，在水资源优化配置、生态用水保障和防汛抗旱方面发挥了重要的作用。同时为工程沿线营造了渠水清澈、绿树成荫的生态景观长廊，为改善当地生态环境发挥了积极作用。

2013年，南水北调东线山东境内工程顺利通过试通水和试运行，并于2013年11月15日正式投入运行。随着南水北调东线的正式投入运行，穿黄河工程对受水地区社会稳定、生产发展、人民生活水平的提高和改善环境质量等都有直接和长远效益。工程还可以提供部分生态供水，改善水环境及京杭运河的通航条件，环境效益和社会效益巨大。

总之，南水北调东线一期工程穿黄河工程设计工作，方案合理，技术方法先进，经济效益和社会环境效益显著。

5 附图及工程照片

图2 隧洞出口闸及院区

图3 出湖闸

图 4　南干渠

图 5　滩地埋管施工过程图片

余新启　执笔

重庆云阳盖下坝水电站工程

（中水东北勘测设计研究有限责任公司　吉林长春）

摘　要：盖下坝水电站采用扁平化椭圆型混凝土双曲薄拱坝，坝体厚高比世界领先，亚洲最小。设计过程中首创了多项技术，攻克了包括高山窄谷建坝带来的"边坡规模巨大、基础处理困难、浇筑工艺复杂及泄洪消能建筑物布置局限性强"等在内的10余项关键技术难题。针对高山窄谷拱坝设计，首次提出"拱肩槽掏槽开挖的边坡开挖技术；分段、分期灌浆法进行高陡边坡基础处理；双层差动坎，挑、跌流结合泄洪消能建筑物布置；上游面设置柔性防渗体；内部抗剪、拉锚系统进行崩塌型边坡处理"等先进、绿色、环保、经济的设计理念。

关键词：最薄高拱坝

1　工程概况

盖下坝水电站位于重庆市云阳县和奉节县境内的长江一级支流长滩河中上游河段，距下游长江入口处的故陵镇约45km。水库总库容 $3.54 \times 10^8 m^3$，调节库容 $2.03 \times 10^8 m^3$。电站装机容量132MW，多年平均发电量 $3.803 \times 10^8 kW \cdot h$。工程规模为大（2）型，工程等别为Ⅱ等。工程是以发电、防洪为主，兼顾养殖和旅游的综合性电站。

枢纽建筑物由混凝土双曲薄拱坝、左岸有压引水隧洞及地面厂房组成。拱坝最大坝高160.0 m，坝顶长153.2m，弧高比1.09，厚高比0.106，引水隧洞长7.1km。坝址地形呈狭窄的深V形河谷，两岸山坡70°～80°，相对高差300～500m，坝基以灰岩、白云岩为主，基岩裸露。

工程2009年4月开工建设，2012年8月下闸蓄水验收，2012年12月首台机发电，2013年5月全部3台机组投入运行，2021年3月工程通过竣工验收。投产至今已安全运行9年，各水工建筑物、发电设备运行良好。

工程枢纽布置及主要建筑物运行情况见图1～图5。

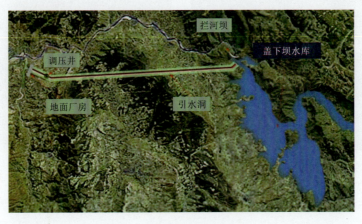

图1　盖下坝水电站枢纽布置

图2　水库蓄水后拱坝

图3　运行期的变电站

图 4　运行期的厂房、尾水渠及办公区

图 5　运行期的拱坝俯瞰图

2　工程特点及关键技术

　　盖下坝水电站采用扁平化椭圆型混凝土双曲薄拱坝,坝体厚高比世界领先,亚洲最小。设计过程中首创了多项技术,攻克了包括高山窄谷建坝带来的"边坡规模巨大、基础处理困难、浇筑工艺复杂及泄洪消能建筑物布置局限性强"等在内的 10 余项关键技术难题。

2.1　采用扁平化椭圆型混凝土双曲拱坝,坝体厚高比世界领先,亚洲最小

　　拱坝设计中根据坝址地形、地质特点,进行了大量的体形优化工作。采用的扁平化椭圆型混凝土双曲薄拱坝,使坝体应力分布更加合理,材料力学性能得到更充分发挥,拱端推力更利于坝肩稳定。坝体

厚高比达到 0.106，世界领先，亚洲最小。与常规方案相比，节省混凝土 $10 \times 10^4 m^3$、投资约 4000 万元。

本工程超薄拱坝设计体形先进，对高山窄谷修建混凝土拱坝极具参考价值。

世界上已建运行部分高拱坝厚高比统计见表 1。

表1　　　　　　　　　　　　世界上已建运行部分高拱坝厚高比统计表

序号	工程名称	国家	建成年份	坝高 /m	弧高比	厚高比
1	盖下坝	中国	2012	160	1.090	0.106
2	介兹	伊朗	1963	203	1.040	0.110
3	斯派契尔里	意大利	1957	155	1.200	0.110
4	圣杰斯汀纳	意大利	1950	153	0.810	0.110
5	圣罗萨	墨西哥	1963	144	1.200	0.120
6	川俣	日本	1966	137	1.140	0.145
7	留米意	意大利	1952	136	1.000	0.110
8	索特	法国	1934	130	0.605	0.160
9	诺阿纳	意大利	1960	126	1.020	0.150
10	哨响	美国	1910	100	0.610	0.330

2.2　坝肩开挖采用掏槽开挖技术，大幅减少开挖量，保障施工安全

坝址两岸山坡陡峻，相对高差 300～500m，常规坝肩开挖方案开挖边坡将高达 500m。发明的掏槽开挖技术，实现坝顶以上无需开挖，可减少边坡开挖高度达 350m，减少岩石开挖量 80%（$110 \times 10^4 m^3$），节省工程占地 160 亩。降低了施工风险，解决了渣场占地难题，减少对生态环境的破坏。本工程采用的掏槽开挖技术节省投资约 3500 万元，缩短工期 10 个月。

坝肩掏槽开挖技术达国际领先水平，获发明专利一项。该技术开创了高山窄谷高拱坝坝肩开挖的先河，对类似工程极具参考价值。坝址区坝肩开挖前后对比见图 6，左、右岸坝肩开挖见图 7。

图6　坝址区坝肩开挖前后对比

图7　左、右岸坝肩开挖图

2.3　首创高山窄谷拱坝坝基分段、分期灌浆法，极大地减少了施工干扰，缩短了工期

首创的高山窄谷拱坝坝基分段、分期灌浆法，有效地解决了常规固结灌浆在高山窄谷拱坝坝基陡边坡基础处理过程中带来的诸多问题，避免岸坡固结灌浆与坝体混凝土浇筑的干扰、大幅减少盖重混凝土钻孔工程量、避免坝体内冷却水管与埋设仪器的钻孔破坏、避免了常规固结灌浆与混凝土坝体浇筑的冲突。同时，大大提高坝体浇筑的上升速度。

坝基分段、分期灌浆法达到国际领先水平，获发明专利一项。该方法对高山窄谷拱坝坝基处理极具参考价值。

2.4　首创高山窄谷崩塌型边坡内部布设抗剪、拉锚系统的处理方法，极大地降低了施工难度，保障施工安全

坝址右岸存在顺坡的卸荷松弛、卸荷带，形成崩塌型边坡，存在失稳破坏的可能。在进行崩塌型边坡处理过程中充分利用岩体内部开凿的交通洞、地质探洞对边坡进行抗剪、拉锚加固处理，很好地解决了在边坡外部处理的难题，降低施工难度、规避施工风险、降低工程造价，同时解决了施工场地布置紧张和施工干扰的问题。

高山窄谷崩塌型边坡内部布设抗剪、拉锚系统的处理方法达到国际领先水平，获发明专利一项。对同类边坡处理极具参考价值。

2.5　首创双层差动坎，挑、跌流相结合的泄洪消能技术，解决窄河谷拱坝泄洪消能单位水体消能率高的难题

坝址下游河谷狭窄，水垫塘底宽仅可布置为30m、水垫深度不足30m。消能防冲标准下，单位水体消能率高达20.2kW/m³，处于世界领先水平。首创的双层差动坎，挑、跌流相结合的泄洪消能技术，成功解决了高山窄谷拱坝由于河谷狭窄，泄洪功率大、坝下游消能水体有限不利条件带来的泄洪消能建筑物布置难题。该泄洪消能技术通过改变溢流表孔末端的挑坎体形，使水舌纵向拉开，分层入水，减小水舌入水宽度、增加入水长度，降低消能塘底板冲击压力20%以上，消能效果大大优于常规单层差动坎泄洪消能。

双层差动坎，挑、跌流相结合的泄洪消能技术处于世界领先水平，对同类工程泄洪消能建筑物布置

极具参考价值。

国内外拱坝工程泄洪系统单位水体消能率统计见表2。

表2　　　　　　　　　　　国内外拱坝工程泄洪系统单位水体消能率统计表

工程名称	坝高 /m	下泄流量 / (m³/s)	泄洪功率 /MW	单位水体消能率 / (kW/m³)	水垫深度 /m	水垫塘净长度 /m
二滩	240.0	16300	26500	13.30	57.2	320.0
小湾	292.0	15600	34500	14.87	46.9 ~ 51.2	380.0
构皮滩	231.0	26950	39600	15.84	51.8 ~ 76.8	286.1
钦古（巴西）	144.7	17700		17.40	61.2	320.0
卡博拉巴桑（莫桑比亚）	171.0	13300		16.10（10.1）	38.1（76.9）	
溪洛渡	295.0	23650	48300	10.00		400.0
白山	149.0	9350	12000	15.90	39.5	228.0
盖下坝	160.0	2842	3235	20.20	29.1	92.5

2.6　拱坝上游面设置柔性防渗涂层，取消坝体排水系统，保障坝体的安全性

通过在坝体上游面大面积设置的柔性防渗体系，不仅提高了坝体整体防渗性能，减小水力劈裂的可能，同时取消了坝体排水孔及坝体部分排水廊道，简化了坝体布置。防渗涂层可限制坝体微细裂缝进一步开展，降低坝体迎水面基础约束区、水平施工缝等部位开裂带来的水力劈裂风险、提高大坝混凝土的防渗性能，从而提高坝体的安全性。采用该技术节省工期2个月。

本工程自2012年蓄水以来，拱坝已安全运行9年。柔性防渗涂层作用效果明显，坝后未出现明显渗水点，工程应用达到了预期目的。该技术为超薄拱坝坝体防渗设计提供了先进的技术和经验，对同类工程坝体防渗极具参考价值。

2.7　采用"动态设计"进行强岩溶区长引水隧洞衬砌设计，解决了强岩溶区引水隧洞围岩地质条件复杂及衬砌施工难度大等问题

引水隧洞总长7.1km，隧洞穿越灰岩、泥质白云岩、角砾状灰岩、泥质灰岩、页岩、砂质泥岩、泥质粉砂岩、石英砂岩和水云母黏土岩等岩层，沿线围岩岩性变化频繁、地下水富集、岩溶发育。根据隧洞埋深、内水压力、围岩岩性、围岩完整程度、围岩溶蚀分布情况、地下水位发育情况、隧洞一期支护措施及洞周地应力等条件，对引水隧洞衬砌型式及参数进行"动态设计"，节省工程投资约1000万元。

2.8　优化尾水渠布置，解决了尾水渠与主河道支流交叉布置困难的问题

本工程地面厂房布置在主河道（长滩河）支流曲溪河右岸滩地上，电站尾水经曲溪河进入主河道。为提高电站发电水头，将尾水渠与曲溪河优化成交叉布置（图8）后，可增加电站发电水头4m。为满足曲溪河行洪及工程安全需要，尾水渠采用暗涵型式从曲溪河底部穿过。优化后还贷期内增加发电量1.479亿kW·h，发电收入增加4250万元。

电站自2013年投产至今已安全运行8年，发电效益显著，尾水渠布置优化取得了良好的效果。该技术对电站尾水与主河道支流存在交叉情况的建筑物布置极具参考价值。

图 8　尾水渠与曲溪河交叉布置

2.9　采用定点门、塔机结合为主，布料机和负压溜槽为辅的混凝土运输方式，解决了高耸陡峻岸坡难以修建缆机平台和施工道路的难题

本工程坝址区两岸地形高耸陡峻，采用辐射式缆机浇筑大坝混凝土，缆机平台最大开挖边坡高度将达 80m，且两岸施工道路难以修建。

针对本工程坝址河谷狭窄、坝顶长度小的特点，采用以定点门机和塔机配合为主，布料机和负压溜槽为辅的混凝土运输方案，解决了高陡岸坡修建缆机平台开挖工程量大及施工困难等问题。采用该技术投资节省约 772 万元，对类似工程大坝混凝土浇筑极具参考价值。

2.10　采用多种空调制冷形式相结合的方式达到节能降耗的目的

本工程厂房的主机间高度为 22m 左右，属于高大空间建筑，厂房内由于热压作用，存在上、下冷热温度不均匀的情况。为达到节能降耗目标，厂房主机间采用大冷量单元式柜式空调与四周设置多联机空调相结合的方式制冷，在下游副厂房和安装间副厂房内设置多联机空调系统，降低周边的环境温度，减少围护结构与室外的热传导，使得主机间的围护结构与外界接触面减少，可以有效地降低冷负荷。本工程目前已运行 6 年，制冷效果良好，满足人员舒适性的要求，为同类高大空间工程制冷设计积累了丰富的设计经验。

2.11　采用正压送风与平时通风相结合的方式解决大高差大坝廊道通风难的问题

本工程大坝底部廊道与坝面的高差大概 150m 左右，根据工程特点将检查廊道楼梯间和前室的正压送风系统与廊道内平时通风系统结合的方式。当有人员进行巡检和检修的时候，只开启检查廊道与楼梯间之间的大门，关闭其他层廊道的大门，提前两个到三个小时开启楼梯间和前室的正压送风机，向廊道内送风，将廊道内不良空气挤出廊道，达到改善人员的工作环境，提高劳动安全的保障的目的。

3　已获工程项目的科技成果、专利、奖项

（1）高山窄谷拱坝拱肩槽挖方法获得发明专利（201310321982.X），对类似工程坝肩开挖布置极具参考价值。

（2）高山窄谷拱坝坝基分段分期灌浆法获得发明专利（201610612038.3），对同类基础处理极具参考价值。

（3）高山窄谷拱坝崩塌型边坡处理方法获得发明专利（201610612323.5），对同类边坡处理极具参考价值。

（4）工程可行性研究报告获二〇一四年度吉林省优秀工程咨询成果一等奖。

4 工程效益

本工程的投产缓解了重庆地区用电紧张的局面，为重庆市云阳县的经济发展做出了很大贡献，同时对云阳、奉节两县的喀斯特地貌，尤其是对云阳县清水土家族乡"天下第一缸'龙缸'"旅游区的建成提供了有利条件。

本工程在发电方面已发挥良好效益，电站自 2012 年 12 月首台机组发电至 2021 年 6 月，累计发电量为 24.6 亿 kW·h，创产值 6.9 亿元。

图 9　"天下第一缸'龙缸'"旅游区清水湖水上乐园

范永　马军　胡志刚　执笔

松花江大顶子山航电枢纽工程
（挡泄水及发电建筑物）

摘　要： 松花江大顶子山航电枢纽工程位于松花江干流哈尔滨下游46km处，工程任务是以航运和改善哈尔滨市水环境为主，兼顾发电，同时具有旅游、交通、供水、灌溉、水产养殖等综合利用功能，是我国平原封冻河流上建设的第一座低水头航电枢纽工程。工程规模为大（1）型，工程等别为Ⅰ等。工程于2004年9月开工，2019年11月通过竣工验收。设计过程中攻克了粉细砂筑坝、坝体防地震液化、流冰期排冰、严寒地区电站厂房活动屋面冬季开启、超低水头灯泡贯流式发电机组在大江干流上的首次应用等30余项技术难题，且多项技术达到国际先进水平，为严寒地区水库大坝、水电站的设计提供了宝贵的设计经验，具有广泛的推广价值。

关键词： 水力冲填粉细砂坝；舌瓣门排冰；超低水头灯泡发电机组；航电枢纽；严寒地区

1　工程概况

大顶子山航电枢纽工程位于松花江干流哈尔滨下游46km处，地理位置为东经127°06′～127°15′，北纬45°58′～45°03′，北岸属于呼兰县，南岸属于宾县。枢纽坝址以上集水面积43.21×10⁴km²。

大顶子山航电枢纽是一座以航运和改善哈尔滨市水环境为主，兼顾发电，同时具有旅游、交通、供水、灌溉、水产养殖等综合利用功能的低水头航电枢纽工程。大顶子山航电枢纽工程规模为大（1）型，工程等别为Ⅰ等。洪水标准为100年一遇洪水设计，300年一遇洪水校核，消能防冲设计洪水标准为100年一遇洪水设计。

工程区地层岩性主要为侏罗系上统宁远村组（J_3n）灰色-灰黄色流纹岩、流纹质熔结凝灰岩、流纹质火山角砾岩，白垩系下统姚家组（K_1y）泥岩、白垩系上统嫩江组（K_2n）黑灰-灰绿色泥岩夹灰色泥质粉砂岩及第四系冲洪积层。第四系上更新统哈尔滨组（Q_3hr）有两岸二级阶地的黄色低液限黏土及近坝库区左岸黄色、灰色级配不良细砂、粗砂等；第四系上更新统顾乡屯组（Q_3g）有一级阶地的低液限黏土及其下伏的级配不良砂、砾；第四系全新统高漫滩冲积层（Q_4^{1al}）、低漫滩、现代河床冲积层（Q_4^{2al}）有高低液限黏土、低液限粉土、级配不良细、中、粗砂。

工程区地震动峰值加速度为0.05g，工程区的反应谱特征周期为0.35s，地震基本烈度为Ⅵ度。

枢纽总体布置从右至左依次为：船闸、10孔泄洪闸、河床式水电站、28孔泄洪闸、混凝土过渡坝段、土坝及坝上公路（桥）等。坝线全长3249.78m，方位角为NW352°47′1″。水库设计洪水位（P=1%）117.38m，校核洪水位（P=0.33%）118.00m，正常蓄水位116.00m，死水位115.00m，总库容19.97×10⁸m³，调节库容3.43×10⁸m³。

船闸上下闸首、闸室按2级水工建筑物设计，导航墙、靠船墩、隔流堤按3级水工建筑物设计。泄洪闸、河床式水电站、混凝土过渡坝段、土坝按2级水工建筑物设计，过坝公路（桥）按二级公路标准设计。

船闸级别为Ⅲ级，按单线单级1000t级设计，闸室有效尺度为180 m×28 m×3.5m（有效长度 × 有效宽度 × 门槛水深）；右汊10孔泄洪闸，堰型为折线堰，每孔净宽20.00m，堰顶高程106.00m，采用底流消能；河床式电站厂房内装有6台贯流式灯泡机组，单机容量11MW，总装机容量66MW，多年平均发电量$3.32×10^8$kW·h；左汊及左岸滩地28孔泄洪闸，堰型为折线堰，每孔净宽20.00m，左汊16孔堰顶高程106.00m，左岸滩地12孔堰顶高程107.00m，采用戽式底流消能；挡水土坝全长1956.70m，坝顶高程121.50m，最大坝高14.20m，坝顶宽度12.00m，上、下游坝坡坡比分别为1：2.5、1：2.75，坝体采用粉细砂水力冲填筑形成，坝体和坝基采用高压旋喷灌浆防渗墙方式防渗。

2003年9月，松花江大顶子山航电枢纽工程可行性研究报告批复；2004年4月，工程初步设计报告批复，同年9月，枢纽工程开工建设；2007年4月，一期工程蓄水验收通过，同年5月，船闸试通航验收；2008年7月，二期基坑充水验收通过，同年12月，主体工程交工验收；2009年5月，通过枢纽竣工安全鉴定；2019年11月，完成竣工验收。

松花江大顶子山航电枢纽工程现状照片见图1～图3。

图1 松花江大顶子山航电枢纽工程全貌

图2 松花江大顶子山航电枢纽工程泄水闸

图3 松花江大顶子山航电枢纽工程船闸

2 工程特点及关键技术

2.1 首创带有高压旋喷混凝土墙防渗的水力冲填粉细砂坝的结构型式作为永久挡水建筑物

工程挡水土坝全长 1956.7m，坝体建基于厚 6～8m 的粉细砂覆盖层上，基岩为泥岩。坝基砂性土渗透稳定性较差，易发生流土破坏，存在渗透稳定问题，坝基中的级配不良细砂层的容许承载力较低，且存在振动液化问题。坝址附近 10km 范围内无砂砾料产出，采砂场距坝址约 170km，黏土料场为旱田，征用相当困难。

为节省投资、加快施工进度、减少耕地的占用，采用了水力冲填粉细砂填筑坝体，粉细砂取自河道。考虑到粉细砂坝体坝基的不均一性，易产生渗漏，采用高压旋喷混凝土墙作为防渗体。墙体厚 60cm，入岩深度不小于 0.5m，在坝体填筑完成后至坝顶向下一次性实施。

带有高压旋喷混凝土墙防渗的水力冲填粉细砂坝作为永久挡水建筑物被首次采用，为确保坝体的各项指标满足设计要求，在围堰上开展了现场试验。通过对围堰试验段冲填粉细砂的物理力学性质、冲填性态、坝体固结状态、冲填均匀性及垂直变形等观测、分析评价，优化了设计，完善了施工工艺，提出了施工质量控制标准。高压旋喷混凝土防渗墙在临时工程及小型工程上应用较多，大型工程基本无先例，为保证防渗效果，现场进行了振孔旋喷试验，解决了墙体连续性、断桩处理、墙体入岩等一系列技术难点。现已运行十多年，安全监测数据显示大坝运行状态良好。带有高压旋喷混凝土墙防渗的水力冲填粉细砂坝典型剖面见图 4，现场施工照片见图 5。

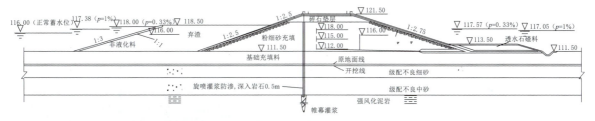

图 4　带有高压旋喷混凝土墙防渗的水力冲填粉细砂坝典型剖面图（单位：m）

图 5　带有高压旋喷混凝土墙防渗的水力冲填粉细砂坝现场施工照片

2.2 首创三维立体软式排水管网结构型式解决水力冲填粉细砂坝坝体地震液化问题

工程场地地震基本烈度为Ⅵ度，采用水力冲填粉细筑坝，坝体受地震荷载作用易产生液化，同时规范要求液化材料仅仅适宜用于坝体干燥区。为尽可能的排出坝体内的孔隙水，防止地震液化，经现场试验，在土坝防渗体下游侧采用三维立体软式排水管网。三维立体软式排水管网排水滤砂效果好，适应变形能力强、耐久性好，且施工期能加快坝体的固结速度。

土坝坝基主要由级配不良细砂构成，同时地下水较丰富，存在液化可能性，结合枢纽工程开挖的弃料堆放，在上、下游坝脚各设一压重体，既可以减少弃渣料的占地，又能解决坝脚及基础发生地震液化问题。

2.3 首次提出流冰期利用弧形工作闸门上部舌瓣门排冰的方式

松花江流域属中温带大陆季风气候区，受西伯利亚冷气流的入侵，冬季漫长干燥寒冷。松花江径流主要靠降水补给，属封冻期较长的径流过程。一般每年11月上旬封江，翌年4月上开江，河面冰层厚度一般可达0.81m，最厚可达1.60m。在春季解冻时，河面冰体发生不规则的断裂，分散开的块体陆续随江水流动，形成流冰，流冰期近一个月。冰排在水库中堆积，融化较慢，影响通航，流冰对挡水建筑物有严重撞击，影响结构的安全。为减少流冰对水工建筑物的撞击，防止冰排堆积在水库中影响航道畅通，延长通航期，满足航运要求，右岸靠近船闸侧及厂房侧、左岸靠近厂房侧各2孔，共6孔布置为带舌瓣门的弧形工作闸门，舌瓣门用于流冰期排冰，保障水库中冰排顺利排到下游。在严寒地区季节性封冻河流上，利用带舌瓣门的弧形工作闸门排冰，在国内属首创。弧形工作闸门及上部舌瓣门见图6。

左岸泄洪闸20×10.3－10m（带舌瓣）
弧形工作闸门

11×625m舌瓣门

图6 弧形工作闸门及上部舌瓣门

2.4 发明了保温行走装置，解决了严寒地区电站厂房轻型铝镁锰板推拉式活动屋面冬季开启的难题

电站厂房屋盖面层采用轻型铝镁锰板，屋顶设置屋盖移动导轨，屋盖上安装遥控综合控置，可对屋盖实行限位移动控制。为使主机间屋面开启时对其他机组运行及周边环境影响最小，每台机上可移动屋面分为两扇，每扇屋面宽度5.5m，可双向移动。

行走装置的行走机构采用"三合一"驱动装置（即电动机、减速器、制动器三合一）进行驱动，减速机通过空心轴孔与主动车轮轴连接，并用扭力支杆加以固定。行车横梁端梁采用箱型结构，稳定性好，保温性好，在严寒地区首次采用。

厂房采用活动屋盖，共用坝顶门机吊运贯流机组的重大件，减小厂房高度达7.0m，也是在严寒地区首次采用，而且在严寒气温条件下打开厂房屋盖进行起吊作业，对屋盖的行走装置、运行的机组以及附属设备也是极大考验。带保温行走装置的厂房轻型铝镁锰板推拉式活动屋面照片见图7。

图7　带保温行走装置的厂房轻型铝镁锰板推拉式活动屋面

2.5　首次在大型工程中采用充填粉细砂的编织袋作围堰戗堤进占料

工程坝址周边地形呈微丘状，附近石料及砂砾石料匮乏，50km范围内无石料场，现场唯一能够使用的天然建筑材料是粉细砂。工程坝轴线较长，围堰填筑量较大，如围堰填筑料外购，会大幅增加临时工程投资。

为节省工程投资，加快施工进度，充分利用当地材料，设计提出了采用粉细砂修筑围堰，因粉细砂抗冲能力差，戗堤采用了充填粉细砂的编织袋进行填筑。充填粉细砂的编织袋作围堰戗堤进占料是在大型工程中首次采用，成功解决了工程合理运距范围内无可利用石料的难题。

2.6　首次在大江干流上装设超低水头灯泡贯流式机组

工程采用河床式电站，设计水头超低，机组运行水头范围8.7～2.0m，额定水头5.23m。采用适合本电站水头、流量变化范围的三叶片转轮的灯泡贯流式水轮机组。通过优化水轮机的各项参数，增大了的机组的过流能力，减小了水轮机的直径，同时确保了机组在较宽水头范围内的经济稳定运行。本工程超低水头灯泡贯流式机组首次在大江干流上装设。大顶子山航电枢纽灯泡贯流式机组典型剖面见图8。

2.7　首次提出利用检修闸门门槽作为排风通道的通风方式

工程邻近哈尔滨市，电站为河床式，厂房顶部兼顾旅游、交通等要求，采用钢筋混凝土封闭式结构。针对本电站厂房的布置方式，主机间上游7个排烟排风机室布置在上游墙内，考虑美观，减少突出地面构筑物，通风出口布置在检修闸门门槽，并在每个风机室外采用百叶风口装饰。本通风方式即保证了封闭厂房的通风换气要求，又兼顾了美观及与周边环境的协调，在水电站工程中首次采用。

3　已获工程项目的科技成果、专利、奖项

大顶子山航电枢纽工程是我国平原封冻河流上建设的第一座低水头航电枢纽工程，是松花江干流上的第一座控制性工程。设计过程中开展了30余项专题研究，攻克了粉细砂筑坝、坝体防地震液化、流

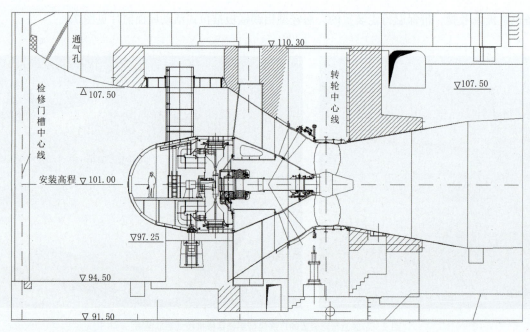

图 8   大顶子山航电枢纽灯泡贯流式机组典型剖面图（单位：m）

冰期排冰、严寒地区电站厂房活动屋面冬季开启、超低水头灯泡贯流式发电机组在大江干流上的首次应用等技术难题，且多项技术达到国际先进水平，获得了 2004 年度吉林省优秀工程咨询成果一等奖、2021 年度全国优秀水利水电工程勘测设计金奖，发表论文 20 余篇。

4   工程运行情况及社会、经济效益

4.1   工程运行情况

大顶子山航电枢纽自 2008 年 12 月运行至今，经历了 13 个洪水期，挡水、泄水及发电建筑物运行安全正常，枢纽各项技术指标均满足设计要求，并在发电、航运、交通、旅游方面发挥了良好效益。枢纽运行观测数据表明，土坝稳定性良好，坝体沉降及渗透各项指标均符合规程规范要求，38 孔泄水闸弧形工作闸门、液压启闭机设备运行平稳，安全可靠，能够满足汛期全部开启敞泄洪水的需要。电站已安全运行 5180 天，累计发电量超 46 亿 kW · h。

4.2   社会、经济效益

4.2.1   社会效益

大顶子山航电枢纽工程的运行，抬高了松花江干流的水位，增加了水面宽度，改善了松花江干流航道的通航条件，同时也改善了周边乃至哈尔滨市的生态环境，带动了周边旅游业的发展，提高了两岸灌区的灌溉和哈尔滨城市供水的保证率，促进了当地水产养殖业的发展。对推动清洁能源战略、振兴东北老工业基地、促进低碳经济的发展做出了重要贡献。

（1）促进清洁能源发展。水电是绿色能源，发展水电可改善地区电力系统结构，减少碳排放等。目前大顶子山航电枢纽工程累计发电量超 46 亿 kW · h，经测算节省标准煤约 172 万 t，减少二氧化碳排放量约 450 万 t。

（2）改善环保和生态环境。松花江大顶子山航电枢纽工程的建设符合绿色环保的发展理念，是落

84

实"绿水青山就是金山银山"的重要举措，对保护和改善松花江生态环境，起到了促进作用。水库蓄水后，库区水域面积增加，大大提高了枯水期的水位，沙滩不在裸露，湿地面积增加，水体自净能力增强，对改善沿江水环境、生态环境、区域气候环境、保护植被、涵养水土、防止水土流失有不可估量的作用，是实现松花江流域生态修复的有利途径。

（3）提高通航能力。松花江大顶子山航电枢纽工程的运行，抬高了松花江干流的水位，增加了水面宽度，渠化了航道，改善了松花江干流航道的通航条件，通航保证率提高了 20%～30%，到目前为止船闸通过船舶 36566 艘次、货运总量 680 万 t。

（4）保障城市供水安全。松花江干流水位抬高后，可从根本上改善区段内的水质和供水条件，增加枯水期和枯水年的城市供水量，节省取水费用，提高城市供水保证率，保证城市供水安全。目前哈尔滨市城区地下水位已连续 12 年大面积回升，局部地区累计回升幅度超过 6m。

（5）促进沿江旅游业发展。水库蓄水后形成了一个延伸至哈尔滨市区的大人工湖，借助两岸山、林、田等自然风光，形成湖光山色的迷人景观，促进了周边旅游业的发展。

4.2.2　经济效益

（1）设计优化效益。挡水土坝采用带有高压旋喷混凝土墙防渗的水力冲填粉细砂坝的结构型式，解决了征地难题，加快了施工进度，疏浚了河道，增加了库容，节省投资 3549.18 万元。

在导流工程中，采用充填粉细砂的编织袋作围堰戗堤进占料来截流，解决了工程合理运距范围内无可利用石料的难题，加快了施工进度，节省投资 1213 万元。

（2）发电效益。截至 2021 年 12 月 31 日，电站累计发电量超 46 亿 kW·h，创产值约 14.5 亿元。

李亚文　尹一光　赵现建　执笔

海南水网建设规划

（水利部水利水电规划设计总院　北京　）

摘　要：《海南水网建设规划》从知水、谋水、护水、管水以及规划环评、实施安排等方面开展了全方位、多维度、深层次的规划方案研究。按照国家治水兴水新思路和海南省委、省政府关于建设美好新海南的要求，积极践行绿水青山就是金山银山的新理念和国家生态文明试验区建设的新要求，结合全省"多规合一"总体部署，围绕水务供给侧结构性改革，从全局和战略的高度，统筹谋划海南今后一段时期水务改革发展的总体目标和战略布局；将全岛作为一个大城市进行统一谋划，按照"一盘棋统筹、一张网布局、一平台管理"，水资源、水灾害、水环境、水生态"四水共治"，谋划集"水利工程网、生态水系网、水务管理网、智能信息网"于一体的现代综合立体水网体系。

关键词：多规合一；水网；水生态空间管控；系统治理；以水定城

1　项目概况

1.1　规划编制及审批

　　海南省位于我国最南端，是我国唯一的热带省份和省级自由贸易试验区（港）、最大的经济特区和国际旅游岛，也是 21 世纪海上丝绸之路建设的重要战略支点。2015 年 6 月，按照中央深改组第十三次会议精神，海南率先在全国开展省域"多规合一"改革试点，启动编制《海南省总体规划》，该规划从保障海南战略地位出发，提出建设"路、光、电、水、气"基础设施五网，要求编制详细支撑规划。2018 年 4 月，中共中央、国务院印发《关于支持海南全面深化改革开放的指导意见》，赋予海南新的定位和使命，提出建设自由贸易试验区和探索建设中国特色自由贸易港，要求完善海岛型水利设施网络。

　　2015 年 9 月，时任海南省省长刘赐贵主持召开专题会议，研究海南水网建设工作。2016 年 4 月，经公开招标，海南省水务厅正式委托水利部水利水电规划设计总院牵头开展海南水网建设规划工作。规划编制期间，编制组先后 20 余次赴全岛 18 个市县实地查勘与调研座谈；多次邀请国内知名水利规划院士和专家对规划成果进行高层次技术咨询；海南省水务厅及编制单位多次向水利部部领导汇报相关规划工作；2018 年 4 月，中共中央 国务院印发《关于支持海南全面深化改革开放的指导意见》，编制组按照中央及海南省有关要求，进一步修改完善规划成果。2018 年 9 月，水利部会同海南省政府对规划成果进行了审查，以办规计函［2018］238 号出具审查意见。2019 年 7 月，海南省政府以琼府［2019］17 号印发《海南水网建设规划》（以下简称《规划》）。

　　2017 年 3 月，海南省水务厅委托黄河水资源保护科学研究院、江河水利水电咨询中心、河南江河环境科技有限公司开展海南水网建设规划环评工作，形成规划与环评互动工作机制。规划环评贯穿了规划方案论证的全过程，分析论证了水网建设方案、布局、规模、时序等规划要素的环境合理性，提出了规划方案优化调整建议和环境保护对策措施。规划环评项目组多次赴海南，与有关单位和市县沟通汇报，并于 2017 年 7 月、2018 年 1 月、2019 年 3 月三次召开规划环评报告咨询会，广泛征求海南相关部门和专家的意见。2019 年 5 月，海南省生态环境厅对规划环境影响报告书进行了审查，并以琼环函〔2019〕240 号印发审查意见。

1.2 海南水资源及其特点

海南主要河流发源于中部山区，由山区或丘陵区分流入海，构成辐射状水系，具有河短流急、暴涨暴落、难以调蓄、含沙量小、终年不冻结等特点。集雨面积大于 100km² 的河流有 39 条，大于 200km² 的河流有 22 条，其中南渡江、昌化江、万泉河为岛内 3 大河流，集雨面积均超过 3000km²。全岛水资源丰富，人均水资源量 3540 m³，高于全国平均水平。根据 1956—2015 年多年径流系列，全岛地表水资源量 316.25 亿 m³，地下水资源量 88.05 亿 m³，地表水与地下水不重复量 4.01 亿 m³，水资源总量 320.26 亿 m³。

海南岛水资源时程分布不均，具有明显的年内、年际丰枯差异特征；水资源空间分布不均，具有中东部多、西南部少的地域特征；河流水系源短流急，天然存蓄能力弱；大江大河水资源总量丰富，独流入海的小河枯水期断流问题突出。

1.3 规划主要内容

1.3.1 全面知水——摸清吃透水问题

《规划》采取多层次、多维度、多领域的评价方式，结合实地调研、座谈交流、数据分析、对比分析、专家咨询等多种手段，围绕防洪减灾、城乡供水、农田水利建设、水生态保护与修复、水务行业管理与能力建设等方面，全面、综合、系统地分析评价了当前海南水务改革发展现状、存在问题及取得的成就，并全面分析了海南水网建设的必要性和有利条件，充分考虑了海南水务发展的阶段特征和发展需求，为《规划》编制奠定了坚实基础。

1.3.2 顶层谋水——擘画海岛水网新蓝图

在目标制定方面，突出"安全"保障：以饮水安全达标、洪涝总体可控、用水高效可靠、河湖生态良好为水网建设的总目标；把建立水生态空间管控格局作为国土空间管控的支撑条件，把节约用水作为水资源配置的重要前提，把供水基础设施网络建设作为稳固抓手，把统筹江河廊道防洪薄弱环节与生态环境修复作为生态文明建设的有效路径，把水务管理与行业能力建设作为行业发展的重要组成部分，构建"南北两极高标准、东西两翼有备用，旅游旺季零风险、季节干旱有应对，生态流量有保障、河库水质能达标"的安全水网。

在总体布局方面，突出"战略"思维：立足海南岛独特的地形地貌和水系特点，围绕《海南省总体规划（空间类 2015—2030）》提出的国土空间格局和功能定位，遵循空间均衡、科学规律总体要求，提出"一心两圈四片区"的空间需求特征和"用水安全可靠、洪涝总体可控、河湖健康美丽、管理现代高效"的水网功能需求，按照"片内连通、区间互济""以大带小、以干强支，以多补少、长藤结瓜"的空间布局，以辐射状海岛天然水系为经线，以热带现代农业灌区骨干渠系为纬线，以骨干水源工程为节点，将全省作为一个整体，打破城乡界限，进行水资源供用耗排水务一体化的基础设施网络规划，提出构建"一心两圈四片区，三江六库九渠系，联网联控调丰枯，安全水网保供给"的海岛型综合立体骨干水网布局。

在水资源利用方面，突出"节水"优先：落实最严格水资源管理制度、按照水资源消耗总量和强度双控要求制定经济社会发展水量分配方案，突出加强用水需求侧管理和农业用水定额管理，形成有利于水资源节约利用与保护的水网格局。在工程布局上，采取"供用耗排总量控制、大中小微联合调度、地下水源留作储备、非常规水强化利用"等措施，构建"一心两圈四片区，三江六库九渠系"的蓄泄自如、丰枯互济的水利工程网。

在防洪减灾方面，突出"防管控"结合：为保障有效抵御风暴潮，提高城市和"百镇千村"防洪

87

排涝标准，推进洪涝水系统治理，采取"堤、蓄、引、排"等综合防御措施，提升南渡江、昌化江、万泉河以及 500km² 以上独流入海江河的防洪能力；划定河道治导线与水生态空间范围，增强行蓄洪空间管理；制定洪水风险管控措施，构建堤库结合、蓄泄兼筹、洪涝兼治、防管控相结合的防洪减灾体系。

在水生态水环境保护修复方面，突出"功能"可持续：依托"水资源丰富，生态系统良好"的天然禀赋条件，落实水资源开发利用上限、水环境质量底线，划定水生态保护红线，明确水生态空间功能类型和主导功能，将 38 条重要生态水系廊道划分为 61 个保护与修复河段，分类提出生态治理与保护修复措施；制定河流生态流量，布局重要湿地和鱼类栖息地保护措施，提出生态水系廊道连通性恢复要求，构建江河湖库相济、空间格局优化的生态水系水网。

在水务管理方面，突出"立体"综合：根据海南省经济社会发展结构转型和动能转换的要求，编制海南水务综合管理规划作为水务管理的顶层设计，探索建立"政府主导、市场运作、权责明确、监管有力、协调有序、运行高效"的水务一体化管理模式，实现由分散到整合、由粗放到精细、由经验到科学、由管理型向管理服务型的转变，提升水务服务经济社会发展的能力和水平，全面建成水务综合管理体系。编制海南智慧水务专项规划，依托现有互联网＋基础，探索建立以大数据、大地图、云计算为基础支撑的为决策支持应用平台，实现"实时感知水信息、智能管控水资源、多网互联新水务、全民共享水平台"的智能信息水网。

1.3.3 实施安排——策划建设路线图

《规划》根据海南省生态环境保护和经济建设目标要求，针对经济、环境、资源特点，按照"确有需要、生态安全、可以持续"的原则，从防洪（潮）治涝安全保障、城乡供排水、水资源水生态保护、热带现代农业水利保障等四个方面提出水网建设的主要任务。《规划》针对海南突出水问题，根据自由贸易港建设对水安全保障提出的要求和水网总体布局，按照"问题导向、突出重点，因地制宜、分区施策，统筹兼顾、系统治理，量力而行、分步实施"的原则，经过系统谋划、科学设计、统筹安排，提出不同规划水平年的重大项目和面上项目实施安排意见。《规划》紧密结合水网规划建设目标和需求，具有较强的指导性和可操作性。

1.3.4 规划环评——优化环境不利点

通过明确环境保护目标，识别环境制约因素，分析《规划》与国家生态文明建设、"十六字"治水思路等国家战略的协调性，对工程布局进行环境影响预测与评价，提出了规划合理性分析和优化调整建议，以及环境影响减缓对策和措施，并得出综合评价结论：规划方案符合全面深化改革开放试验区、国家生态文明试验区、国际旅游岛建设、自由贸易试验区（港）等国家战略要求，坚持生态保护优先原则，突出水生态空间管控，统筹协调了河湖生态保护与开发治理的关系，对生态环境的影响总体可控，从环境角度分析，规划布局和规模总体可行。

2 工程特点及关键技术

2.1 创新点

海南水网建设规划成果丰硕，包括 8 项规划专题、1 项规划环评报告及其 6 个子专题、18 个市县单行本，并同步开展了纳入《规划》的琼西北供水、迈湾水利枢纽、昌化江水资源配置等 8 个单项工程可行性研究，编制 1 项技术导则，发表科技论文 10 余篇。规划成果得到水利部、流域机构、海南省的充分肯定，对海南水务发展具有战略指导意义，并为福建、广西、广东等省（自治区）开展水利综合规划提供了重要参考和借鉴。《规划》总体思路超前，技术方法先进，从理论到实践有多处创新，成果丰富，填补多项有关规划工作空白点，是新阶段同类规划的典范。

2.1.1 创新点一，理论体系创新：基于国土空间"多规合一"要求，首次系统提出了水生态空间管控的理论体系，有效支撑了海南水网规划融入全省"多规合一"总体规划，提供了水利空间专项规划海南样板

《规划》具有开拓性和创新性，填补了当前全国"多规合一"国土空间规划的水利专项规划空白。中共中央、国务院《关于建立国土空间规划体系并监督实施的若干意见》，明确要求到 2020 年基本建立国土空间规划体系，逐步建立"多规合一"的规划编制审批、技术标准体系等。海南是率先在全国开展省域"多规合一"改革试点的省份。水生态空间规划是国土空间规划的重要组成部分，当前我国基于"多规合一"国土空间规划的相关方法和关键技术尚处于起步阶段，尚无可参考和借鉴案例。《规划》按照"多规合一"国土空间规划要求，创造性地在全国首次研究提出了一套基于"多规合一"的涉水生态空间划定与管控的理念和关键技术体系，为推进海南国土空间格局优化提供了水网支撑。相关研究成果纳入水利部印发的《省级空间规划水利相关工作技术要求》《水利基础设施空间布局规划编制技术大纲》中，在全国层面得到推广应用，效果显著。

2.1.2 创新点二，战略思维创新：探索提出了水利基础设施网络科学布局思路，功能统筹、四网合一，以多补少、以干强支等思路，为新阶段国家水网及行业水网规划提供了先行典范

《规划》贯彻新发展理念，践行"十六字"治水思路，立足海南省情水情，在强调节约保护优先前提下，首次提出了空间结构上具有网络物理形态，功能上水资源、水生态、水环境、水灾害统筹治理的集"水利工程网、生态水系网、水务管理网、智能信息网"于一体的现代综合立体水网体系构建思路与关键技术。在空间结构上，以天然河湖水系为基础、以控制性枢纽工程为节点、以输排水工程为纽带、以智慧化调控为手段，形成具有有效调配水资源空间覆盖面的工程体系；在功能完整性和可持续性上，以经济社会供给更加可靠为核心，统筹协调与自然生态保护的关系，从水资源、水生态、水环境、水灾害、水管理等方面综合考虑，实现水资源调配与管理智能高效，同时满足并丰富其他涉水功能。《规划》提出的全域水网总体布局思路具有科学性和系统性，并将"系统完备、安全可靠，集约高效、绿色智能，循环畅通、调控有序"的水网功能要求运用于水网建设布局中，充分体现了用水安全可靠、洪涝总体可控、河湖健康美丽、管理现代高效的水网建设总体目标。本《规划》布局思路和战略思维已得到广泛应用。

2.1.3 创新点三，生态理念创新：探索提出了生态水利工程布局与建设的理论体系和实践方法，为水利基础设施高质量发展提供了发展方向与重要借鉴

打破传统水利规划和工程布局以开发任务为导向的思路，探索提出生态环境系统保护方法和修复功能需求，将生态保护与开发利用进行统筹协调，提出了生态水利工程布局与建设概念内涵和实践方法，构建海南高质量水网体系。充分考虑海南水资源水生态约束，以维护河湖生态系统结构和功能稳定为前提，按照人与自然和谐共生、资源开发适度理念，布局具有防洪、供水、生态修复等综合服务功能的水网。按照生态水利工程建设的思路，在防洪（潮）治涝、城乡供排水、热带高效农业水利保障等规划工程中，提出自然岸线维护、生态堤防建设、地下综合管廊布设、灌区高效节水改造等对策措施和要求，提出了"三大江河"水生态文明建设与综合治理总体方案、博鳌乐城国际医疗旅游先行区水安全保障方案，策划了海口一江两岸暨龙塘水利文化博览园建设方案，为水利工程由传统水利工程建设转向生态水利工程建设提供了重要应用实践。

2.1.4 创新点四，应用实践创新：探索实施了"以水定城"规划布局模式，率先将海南水网建设规划的战略思维与生态理念应用于江东新区水安全保障方案

2018 年 6 月 3 日，海南省委省政府设立海口江东新区，是海南自贸港建设的重点先行区域。海南水网规划编制期间开展了《江东新区水安全保障总体方案》编制工作，并于 2019 年 3 月通过专家评审。以海南水网规划为基础，按照习总书记提出的"以水定城""山水林田湖草是一个生命共同体"的思想系统谋划江东新区水安全保障方案。该保障方案以涉水生态空间管控为前提，优先划定涉水生态空间，留出水域面积，再谋划城市空间发展布局，提出"水安为先、因水而美、由美而富、由富而文明"的思路贯穿于保障方案，为江东新区水安全保障提供了与传统规划完全不同的"江东方案"：在规划整体把握方面，突出"营城"必先"理水"、以水定城的理念；在解决水灾害问题方面，突出安全、韧性的特点；在解决供水安全方面，突出多源、互联的特点；在水生态水环境安全方面，突出水系贯通、水体清洁的生态CBD特点。海南水网建设规划不仅为江东新区提供了水安全保障方案，还立足国际旅游岛建设需求，为江东提供了将生态优势转变为经济优势、文明优势的特色水文化、水旅游方案，将海南水网的理论体系、生态水利、科学技术、战略思维落到实处。目前，江东新区起步区水系（道孟河、芙蓉河）综合治理工程、防潮堤与海岸带生态修复工程（起步区段）已完工。

2.2 技术难点

根据海南水务改革发展面临的新形势、新要求、新任务，开展规划编制工作，规划理念与战略方向顺应时代大势更新迭代，规划编制工作量大、技术要求高、协调难度大，需解决的水问题复杂，主要技术难点包括以下几方面。

2.2.1 难点一：规划的基础条件薄弱，开展水网规划难度大

（1）普遍认为海南水资源丰富，无需工程调配和战略储备，实际上全省38条独流入海河流源短流急，天然存蓄和调控水资源能力差，水资源时空分布不均匀，无法支撑经济社会高质量发展需求。

（2）海南各市县自然条件和社会经济条件差异大，且经济发展不平衡导致区域生态保护和开发利用的需求不尽相同，开展全岛水网建设规划，分区施策难度大。

（3）受水利基础资料空白点多、水利基础资料缺失、水资源监测能力不足，各项水利基础设施建设落后等问题所限，基础资料难以满足水网建设规划工作需要，如何收集规划所需数据，如何确定合理的流域、地市规划指标体系，如何科学合理谋划全岛水网建设总体战略部署，是规划需要首先解决的关键难题，也是保障规划编制工作顺利完成的基础。

为解决此难题，规划及环评编制组在海南开展了30余次实地调研、查勘、座谈，与全岛18个市县一一对接座谈，与林草、环保、住建等相关部门多次沟通，深入了解海南省情、水情及需求特征，同时开展了8项专题研究，编制了18个市县水网建设规划单行本，为顺利编制完成全岛水网建设规划打下坚实基础。

2.2.2 难点二：生态立省与自贸港建设的双重战略定位，统筹协调生态环境保护与经济社会发展关系的难度大

（1）生态环境优良是海南最大优势和生命线，丰富的旅游业资源比其他行业更依赖生态环境，国家生态文明试验区建设对海南提出了生态环境质量和资源利用效率居于世界领先水平等目标要求。

（2）生态环境保护高要求为水利工程选址、线路布局等带来巨大挑战。《规划》提出的牛路岭灌区、保陵水资源配置等工程输水隧洞分别穿越尖岭及上溪、吊罗山等自然保护区；万泉河干流中下游防洪除涝综合整治工程布局涉及尖鳍鲤、花鳗鲡水产种质资源保护区等。为此，通过规划方案与规划环评互动借鉴，对水资源配置等工程布局进行优化调整，取消白沙岭、火岭等对生态环境影响较大的中小型水库，重点输水工程以隧洞方式穿越自然保护区。

（3）中部生态绿心是海南三大江河等主要河流的源头区，《规划》着重强化江河源头区重点保护，加大水源涵养、生境保护与修复，水土流失综合治理等生态环境保护措施，构建中部水塔安全屏障。规划编制始终坚持生态优先绿色发展理念，充分考虑生态立省要求，强化生态环境刚性约束，首次在省域水利规划编制中同步开展规划环境影响评价工作，落实规划环评"三线一单"和生态用水配置等要求，充分听取各方意见，不断优化调整规划方案。

2.2.3 难点三：为有效融入国土空间规划，科学合理划定水生态空间形成国土空间一张图的难度大

（1）海南是全国第一个开展"多规合一"的试点省份，国土空间规划工作处于起步阶段，尚无经验可参考和借鉴，规划编制过程需不断探索和研究水生态空间基本概念、评价指标、理论方法和管控制度。

（2）水生态空间划定和协调涉及与"三区三线"的充分衔接协调，涉及多个管理部门，各部门间职能交叉，协调难度大，规划编制组多次与海南省发改委、生态环境、自然资源、交通运输、住建、农业农村等部门进行了多次沟通协调和征求意见。

（3）海南水网融入全省"多规合一"空间规划，"一张蓝图"面临着一系列难题。如何在新形势下，衔接《海南省国土空间规划》《海南省生态保护红线划定方案》，协调各相关部门，科学划定水生态空间和水网骨干工程占地范围、用地预留，是规划的重要工作，也是规划必须解决的关键难题。

2.2.4 难点四：为实现生态优先、绿色发展的路径，协调规划与规划环境影响评价的难度大

（1）在加大海南生态保护坚持生态立省的同时加快经济社会高质量发展，保障生态安全、供水安全、防洪安全、改善人居环境是规划的核心，也是规划环评关注的重点。

（2）科学论证《规划》目标可达性、规划布局合规性、规划工程环境合理性，需充分考虑骨干工程是否体现了生态水利工程建设理念，是否强化生态环境刚性约束，是否符合国土空间规划和"三线一单"管控要求，慎重提出规划工程优化调整意见。

（3）规划编制组多次与环评组进行多次沟通和互动，并按照海南山形地势的特点布设低影响和低耗能的骨干水利工程设施，为避让重要生态敏感区，《规划》取消一大批与生态环境保护理念不相符合的中小型水利工程，力求规划工程布局和规模、规划任务和目标充分体现生态优先、绿色发展的理念，确保各相关规划工程、规划措施与生态保护要求一致。

2.3 技术先进性

《规划》以全面提升海南水安全保障能力，支撑自贸港建设、国家生态文明试验区建设等重大需求为导向，针对上述技术难点，《规划》就形势研判、规划方法、规划布局、解决方案等主要技术环节，系统开展了重大关键技术问题研究，形成了一整套技术成果。主要创新性技术成果及其特点包括下列内容。

2.3.1 先进性一：首次提出水生态空间划定理论方法和管控要求，将水生态空间管控融入国土空间规划顶层设计，率先在省域范围落实"多规合一"、资源利用上限、环境质量底线、生态保护红线及环境准入管控要求

海南水网建设践行人与自然和谐共生理念，将生态文明建设放在最突出位置，遵循自然规律和经济社会发展规律，围绕"多规合一"要求，结合海岛特色特点，从"多规合一"国土空间用途管控层面，提出38条生态水系廊道的水源涵养、饮用水源保护、生态流量保障等水生态空间功能范围和空间管控要求。以水生态空间管控为刚性约束，严守生态保护红线、环境质量底线、资源利用上限，保护海岛生态安全。将海南水生态空间进一步划分为禁止开发区和限制开发区进行管控，统筹协调生态环境保护和水资源开发利用之间的关系，优化水生态空间布局，为融入"多规合一"国土空间格局提供重要支撑。

2.3.2 先进性二：首次将系统治理思路贯穿到水网规划顶层设计的全过程，工程布局遵循在保护中发展、发展中保护的理念，首次对一个省区开展"供用耗排"水务一体化，统筹水资源、水生态、水环境、水灾害系统治理

按照海南"三区一中心"战略定位和进一步深化改革开放的要求，以为全省经济社会发展战略和产业布局提供水安全保障为目的，开展水资源高效利用和综合调度顶层设计。立足海岛中高周低地形特征和独流入海水系特点，针对全省水务发展中存在的不平衡不充分问题，基于水资源保障、水灾害防控、水生态保护、水环境健康的前提，围绕供给侧结构性改革，将全省作为一个整体统筹考虑，打破城乡界限、行政区划边界，推进城乡水务一体化，构建从水源到"田间""水龙头"的水利工程网体系，实现城乡供水"同网、同质、同价、同服务"，从空间距离、时间尺度、资源能源实现集约节约。从涉水的多重功能角度，明确水利基础设施在生态环境高水平保护与经济社会高质量发展中的双重作用，充分发挥水利基础设施的综合服务功能，为新老水问题提出了系统解决方案。

2.3.3　先进性三：将低影响、低消耗绿色生态理念应用于重大水利工程科学布局，在强调整体保护前提下，立足海南岛屿特征和水资源条件，提出联网联控调丰补枯的海岛综合立体现代水网体系

《规划》聚焦水资源丰富的南渡江、昌化江、万泉河三大江河，谋划骨干调蓄工程，避让重要生态敏感区，减少对未开发建设的独流入海小河的生态环境影响；利用海岛特殊圈层地形，谋划输水距离短、供水效率高的连通工程，提升全岛水资源配置能力和配置效率；在用户供水端，按照多源互补、互联互通的方式满足水网对用户的弹性用水需求，以"补源、畅网、通毛细"的水利基础设施网络满足全岛对供水量的需求，提高供水弹性和韧性，快速应对用户需水的不确定性。

2.3.4　先进性四：将水资源刚性约束、弹性配置思路应用于全岛水资源配置方案，以解决区域供水不平衡不充分问题为导向，强化国际旅游岛第三产业和热带高效农业需水过程分析，实现水资源科学配置

海南作为国际旅游岛，其第三产业以旅游业为主，度假旅游人口众多，具有明显的淡、旺季变化规律，每年11月至次年2月末为"候鸟人口"停留高峰期。《规划》根据度假旅游人口停留特点，在第三产业需水预测中，强化度假旅游人口需水过程，并进行水资源的优化配置。该需水预测方式和水资源配置方案突出加强用水需求侧管理，落实最严格水资源管理制度，提高了水资源节约集约利用水平，有利于形成丰枯互济、调控自如的水网体系。

2.3.5　先进性五：将生态优先理念贯穿于规划编制全过程，基于海南生态立省定位要求，同步开展规划环境影响评价工作，科学论证规划方案的合规性和环境合理性

基于海南岛山形水系框架，以"流域—水系廊道—规划河段"为单元，坚持保护优先、自然恢复为主，统筹河湖水流连续性、空间完整性和水体功能保护要求，强化中部山区水源涵养封育和生境保护、开展重要饮用水水源地安全保障达标建设、实施城镇内河（湖）水环境综合治理、推进全省38条生态水系廊道建设，全面提升河湖生态系统质量和稳定性。在完善海岛型水网的规划编制过程中同步开展规划环境影响评价工作，对规划实施可能产生的环境影响进行综合评估，落实规划环评"三线一单"要求，针对不利环境影响，提出规划优化调整的意见和建议，促进海南经济社会发展与水资源水环境承载能力相协调。

2.3.6　先进性六：以水生态空间引导约束城市发展空间布局，践行国土空间规划"一张蓝图"的思想，为海南自由贸易港建设提供"江东水安全保障方案"

紧扣江东新区战略定位，突出以水定城的理念，结合当地自然地形条件，合理划定河道天然水系蓝线，科学谋划人工水系和蓄水"海绵空间"，保证生态CBD蓝绿空间占比达到70%，构建"分区防守、蓄排自如、生态海绵、安全韧性"的防灾减灾体系；合理安排"蓄、泄、挡、提"等防灾措施，为水安全保障预留足够的生态空间，增强城市应对水灾害的能力和韧性，为城市总体规划编制提供水安全约束条件。《规划》还为海口江东新区提供了将生态优势转化为经济优势、文明优势，探索实现绿水青山就是金山银山的海南"山水名片"。

3　已获工程项目的科技成果、专利、奖项等

3.1　科技成果

《规划》批复后，编制组及时总结编制经验，凝练升华规划思路，编制了《区域水利基础设施网络空间规划编制导则》，为指导和规范各地区域水利基础设施网络空间规划编制工作，确保水利行业良性可持续发展提供了重要的技术支撑，具有重要的推广价值。该导则目前已通过专家评审，修改完善后的送审稿已上报水利部国际合作与科技司待批。

《规划》编制期间，编制组率先探索了水生态空间管控思路方法与技术路径，中国水利期刊特别出

版了水生态空间管控专题，为水利基础设施空间融入国土空间规划体系奠定了坚实的基础，具有重要的应用实践价值。编制组依托《规划》理念与成果，先后发表10余篇科技论文。

3.2 已获奖项

荣获2018年度全国优秀工程咨询成果奖一等奖。

荣获2021年度全国优秀水利水电工程勘测设计奖金质奖。

4 已获社会和经济效益

《规划》作为海南水务行业的顶层设计，得到海南省委省政府高度重视和充分肯定，省政府印发实施，相关成果纳入《海南省总体规划》，成为海南落实中央《关于支持海南全面深化改革开放的指导意见》重要支撑文件。《规划》提出的重大骨干工程和面上项目大部分已开工建设。

重大骨干工程：迈湾水利枢纽工程、南渡江引水工程、红岭灌区工程、天角潭水利枢纽工程4项列入"172项节水供水重大水利工程"已全部开工建设，目前已进入施工"加速度"阶段；琼西北供水工程施工第一标段已顺利实现通水目标；南繁基地（乐东、三亚片区）水利设施建设工程施工目前已进入收尾阶段；海南省政府将于今年推进牛路岭灌区、昌化江水资源配置工程开工建设。

海口、三亚、东方等市县基本实现城乡供水一体化，江东新区高品质饮用水厂将于年底完工；文昌、东方、儋州、陵水4市（县）节水型社会建设达标建设通过省级验收；海口、江东新区、文昌、乐东等城市内河水生态修复及综合整治已走实成效；海南智慧水网信息平台建设成效明显。

《规划》批复后，海南重大水利骨干工程和面上项目加快实施，"六水共治"共建生态文明不断推进，南繁基地水利设施建设助力攥牢"中国种子"，海南水利基础设施建设取得了显著的经济效益、社会效益和生态环境效益，充分发挥了战略引导战术、战术指导实施的重要指导作用。《海南水网后续工程建设实施方案（2023—2035）》已启动编制，《规划》将进一步为海南水利顶层设计持续发力。

杨　晴　张建永　刘青青　执笔

甘肃省水安全保障规划

（水利部水利水电规划设计总院　北京）

摘　要:《甘肃省水安全保障规划》是全国首部衔接落实国家水安全战略的省级水安全保障规划，是指导全省水安全保障的纲领性文件，为黄河流域及相关省区水安全保障规划编制提供示范，具有重要引领作用。《规划》由水利部水利水电规划设计总院牵头，会同甘肃省水利水电勘测设计研究院等单位编制完成，2020年3月由甘肃省人民政府办公厅印发实施。《规划》立足于甘肃省基本省情和水情，围绕解决甘肃省水安全保障突出问题，实现了多项技术方法的突破，取得了多项创新性成果，成为指导甘肃省水安全保障工作的重要依据，经济、社会和生态环境效益显著，并可为全国其他省区开展相关工作提供借鉴，具有重要的应用价值和推广前景。

关键词：甘肃省；水安全；规划；保障方案

1　项目概况

甘肃省是我国西北地区重要的生态屏障，是欧亚大陆桥的战略通道和沟通西南、西北的交通枢纽，在全国发展稳定大局中具有重要地位。甘肃地形地貌复杂，特殊的省情和水情决定了水在甘肃经济社会发展和生态文明建设中的核心作用。中华人民共和国成立以来，在党中央和省委省政府领导下，甘肃省水利基础设施不断完善，水利改革逐步深化，水利事业取得了重要成就，但必须看到，甘肃人民幸福美好生活受困于水，经济社会发展和生态文明建设受限于水的局面尚未得到根本改变，甘肃仍是我国水利改革发展任务最艰巨、水利工程短板最突出、水安全保障能力严重不足的省区之一，加快水安全保障步伐刻不容缓。

为贯彻落实党中央、水利部、甘肃省委省政府关于水安全保障的相关决策部署，强化规划引领，提升全省现代化建设的水安全保障能力，2018年11月，甘肃省水利厅、省发改委联合印发《甘肃省水安全保障规划编制工作总体方案》（甘水规计发〔2018〕379号），启动《甘肃省水安全保障规划》（以下简称《规划》）编制工作。水利部水利水电规划设计总院牵头，会同甘肃省水利水电勘测设计研究院等单位承担《规划》编制工作。经多次大规模深层次调查研究、技术论证、工程方案比选和专家咨询，编制完成《规划》，2019年8月2日，甘肃省政府决策咨询委员会办公室会同省发展改革委、水利厅组织召开了《规划》咨询会议，认为规划高质量完成了总体方案要求，经十三届省政府第82次常务会议审议通过，2020年3月25日由甘肃省人民政府办公厅印发实施（甘政办发〔2020〕30号）。

《规划》作为首部衔接落实全国水安全保障规划，由省政府批复的省级水安全保障规划，是指导甘肃省水安全保障能力建设的纲领性文件，引领示范意义突出。《规划》坚持以习近平生态文明思想为指导，认真落实习近平总书记在黄河流域生态保护与高质量发展座谈会上的讲话以及对甘肃"八个着力"的重要讲话和指示精神，积极践行"节水优先、空间均衡、系统治理、两手发力"的治水思路，立足甘肃省情水情，在系统分析水安全现状问题和面临形势基础上，从着力保障水资源安全、供水安全、生态安全、防洪安全出发，提出了涵养水、抓节水、优配水、保供水、防洪水"五水共抓"的总体思路。根据不同

94

区域的发展保护需求和水资源特点，确定了河西区—"控"、南部区—"保"、陇东区—"调"、陇中区—"优"的水安全保障总体格局。提出构建水资源高效利用、供水安全保障、水生态安全保障、防洪安全保障、现代水治理五大体系建设任务。研究布局了梯次协同配合的安全清洁饮用水、农业高效节水、供水能力提升、水生态修复与保护、防洪减灾能力提升、监管能力提升六大攻坚战，是今后一段时期甘肃省水安全保障的顶层设计，是指导全省各部门各地区开展水安全保障工作的重要依据。《规划》范围覆盖甘肃省全境，现状水平年为2017年，近期规划水平年为2025年，远期为2035年。

2 工程特点及关键技术

本《规划》是甘肃省水利事业改革发展的顶层设计和总领性规划，既突出战略性，明确甘肃省水利改革发展思路、发展目标、总体布局等，也突出可操作性，明确今后一段时期甘肃省各类建设任务、实施安排以及保障措施等。《规划》围绕系统解决甘肃省水安全保障突出问题，取得了多项关键技术突破和重要成果。

2.1 主要技术要点

（1）依托长系列、全领域、全覆盖的基础数据和资料，采用系统分析、数据挖掘等技术，首次揭示了省级区域水安全时空状态演变规律及影响因素，系统剖析了甘肃省水安全保障存在的深层次问题和内在原因。

甘肃省横跨内陆河、黄河和长江三大流域12个水系，《规划》覆盖范围涉及86个县级行政区、56个水资源三级区套地级行政区单元，包括甘肃省及所在流域自然地理、经济社会、河流水系、水文水资源、生态环境、水利基础设施建设等长系列资料和数据，系统构建了以县级行政区、水资源三级区套地级行政区为基本单元的水资源、水需求、水生态、水配置基础台账。在此基础上，通过分析不同流域水系水文循环特征、水资源数量、水资源可利用量、水资源开发利用量以及水资源质量发生时空变化的态势及主要因素，预测分析未来水资源演变趋势和不确定性，首次揭示了省级流域区域水安全时空状态演变规律及影响因素，系统剖析了甘肃省水安全保障存在的深层次问题，准确查找到甘肃省水利发展滞后的根源。《规划》提出受自然条件、历史原因和发展阶段的限制，甘肃是我国水利改革发展任务最艰巨、水利工程短板最突出、水安全保障能力严重不足的省区之一。甘肃人民幸福美好生活受制于水，经济社会发展受限于水，国家西部生态安全屏障建设受困于水的局面尚未得到根本改变。未来随着经济社会高质量发展，人口和产业将进一步向兰州、天水等重要经济区、城市群集聚，水资源区域平衡和跨区域配置的任务更加艰巨，水资源供需矛盾将更加突出。

（2）创建了"水资源安全、供水安全、水生态安全、防洪安全"四位一体的流域和区域水安全综合评价体系，并首次取得了甘肃省分流域分区域水安全度定量评价成果。

通过深入学习领会党中央、国务院关于水安全保障的相关要求，明确了水安全保障的内涵要义，结合甘肃实际，从水资源安全、供水安全、水生态安全、防洪安全四个方面，创建了四位一体的流域区域水安全综合评价指标体系和测算方法，对甘肃省及全国同期水安全保障状况做出系统分析与评估，评价结果为：甘肃省现状水安全度为0.52（水安全度用来表征区域水安全程度，其中"不安全""较不安全""基本安全""安全"4个等级对应的取值范围分别为[0,0.3)、[0.3,0.6)、[0.6,0.8)、[0.8,1]，全国平均为0.66），处于"较不安全"水平，不安全因素主要表现为水资源短缺和承载低效并存，调配能力不足与配置不优并存、生态环境脆弱与区域性过度开发并存，防洪工程短板与灾害预警薄弱并存，首次取得了甘肃省三大流域及河西区、南部区、陇中区、陇东区水安全度定量评价成果。

（3）综合分析了甘肃省不同流域区域的发展保护需求和水资源特点，构建了"西控、南保、东调、中优"水安全保障的总体格局。

《规划》围绕甘肃省经济社会发展和生态环境保护的需求，以新发展理念为统领，以推动高质量发展和实施乡村振兴战略为主线，根据不同区域的发展保护需求和水资源特点，确定"西控、南保、东调、中优"的水安全保障总体格局。河西区—"控"，即加强水生态空间管控和水资源消耗总量和强度双控，重点保护祁连山冰川与水源涵养等生态功能区，以水资源承载能力为刚性约束，倒逼产业结构调整，保障河湖湿地绿洲生态用水，筑牢国家西部生态安全屏障。南部区—"保"，即以保护江河源头水为重点，加强"两江一水"源头区、甘南水源涵养区生态保护与修复，强化洮河、大夏河等重要水源补给生态功能区水生态保护，为陇中及陇东发展提供优质水源。陇东区—"调"，即以合理开源、适度引调水为重点，形成以白龙江引水工程为骨干，当地水、外调水、非常规水联合调配的供水体系，保障城乡居民和陇东能源基地用水，促进水资源与人口、经济、能源布局均衡协调发展。陇中区—"优"，即以加强水资源优化配置和高效利用为重点，积极挖潜、盘活存量。统筹区域内外多种水源，形成以引大、引洮、景电等工程为骨干的供水网络，提升兰白、关天经济区水资源承载能力，保障区域供水安全。

（4）分区分类提出了甘肃省不同流域区域水资源高效利用、供水安全保障、水生态安全保障、防洪安全保障、现代水治理的关键技术体系，确定了调控模式、调控准则、目标阈值及控制性指标。

《规划》提出水安全保障是水资源高效利用、水供给有效保障、水生态健康稳固、水灾害风险可控、水治理全面提升的有机整体，要通过涵养水、抓节水、优配水、保供水、防洪水"五水共抓"，构建水安全保障体系。一是水资源高效利用体系。严格落实"节水优先"方针，通过"五个节水"（制度节水、模式节水、机制节水、工程节水、管理节水），实现"两减两增"（节水减用、节水减排、节水增绿、节水增效），大幅提高水资源利用效益和效率。二是供水安全保障体系。基于现状水利基础设施建设情况以及水安全保障需要，研究重大水利工程供水范围、规模、线路等，提出了构建"四横一纵、九河连通、多源互济、统筹调配"的全域供水网络体系，提高区域水资源承载能力。三是水生态安全保障体系。从统筹解决水量、水质、水生态问题出发，依据甘肃省主体功能区划分的重点生态功能区，根据生态要素分布和主要水生态环境问题，《规划》提出按照"一带、二区、三源、十廊"的治理布局，开展水生态安全保障体系建设，并提出了水生态空间管控、河湖生态流量、河湖治理保护与修复的措施方案。四是防洪安全保障体系。《规划》提出河西区重点开展病险水库水闸除险加固及浅山区对城市和灌区安全威胁严重河段的治理。南部区重点加强威胁城镇和人口密集区安全的高风险山洪泥石流沟道监测预警能力建设和综合防治。陇中区、陇东区重点加强黄河、渭河、泾河、马莲河等干支流重要城市和人口密集的河川谷地的防洪建设。五是现代水治理体系。《规划》提出以健全水治理法制体制为基础，以完善水治理机制为重点，以全面推进智慧水利建设为手段，围绕江河湖泊、水资源、水利工程、水土保持、水安全风险监管，制定了不同分区管控目标阈值与具体措施。

（5）研究布局了协同梯次配合的安全清洁饮用水、农业高效节水、供水能力提升、水生态修复与保护、防洪减灾能力提升、监管能力提升6项重大工程与行动方案，形成了甘肃省水安全保障重大工程、重大行动、重大政策成果库、路线图。

《规划》针对甘肃目前存在的主要水安全问题，根据甘肃省委省政府兴水惠民的相关部署，首次提出"六大攻坚战"重大举措与行动路线。一是安全清洁饮用水攻坚战。实施农村饮水提档升级工程，加强饮用水水源地保护，强化饮用水水质监测和监管。二是农业高效节水攻坚战。实施现代化灌区建设、重点工程灌溉配套、中小型灌区续建配套与节水改造、现代农业高效节水建设。三是供水能力提升攻坚战。对引大入秦工程、引洮工程、景泰川电力提灌工程等引提水工程进行挖潜改造，提升工程供水能力。加快推进白龙江引水工程、陇南国家油橄榄基地供水工程前期工作，积极开展引哈济党工程协调论证工作。在充分论证的前提下，加强河西生态补水、洮夏连通等远期工程的可行性研究。四是水生态修复与保护攻坚战。开展黄河流域生态脆弱区综合治理、南部山区生态水系综合整治、中东部水土流失综合防治以及内陆河流域治理成果巩固与提升工程建设。五是防洪减灾能力提升攻坚战。加快推进河流治理、水库水闸除险加固、山洪沟道治理、城市防洪减灾提升、行蓄洪空间整治、防洪非工程措施六类提升工程建设,着力补齐防洪体系短板、补强薄弱环节。六是监管能力提升攻坚战。实施江河湖泊监管、水资源监管、水利工程监管、水土保持监管、水安全风险监管、智慧水利建设、水利监管执法等能力提升工程,围绕水利行业监管能力薄弱、监管信息化建设滞后等突出问题,着力加强高新技术与水利业务工作深度融合,破解强监管障碍。

2.2 关键技术和创新性

《规划》是一项极为复杂的系统工程、创新工程,是未来一段时期甘肃省水安全保障的重要指引,《规划》结合现状发展基础与经济社会发展新形势新要求,围绕如何对全省水安全领域存在的突出问题做出准确评价,对水资源承载状况与开发潜力、水生态系统质量与稳定性、水灾害风险与情势变化做出科学研判,创新构建集水安全诊断与综合评价、水资源均衡调控、山洪灾害快速响应与预警、水源涵养与水生态修复保护为一体的先进技术体系。

(1)四位一体的水安全诊断与综合评价技术。甘肃省横跨内陆河流域、黄河流域、长江流域三大流域,四大温度带、五大植被分区交汇带相互叠加,区域水平衡过程复杂。《规划》基于甘肃省及所在流域自然地理、经济社会、河流水系、水文水资源、生态环境、水利基础设施建设等现状调查,在全面进行甘肃省分区域水平衡影响因素分析与作用机制研究基础上,聚焦重点流域区域特性,以"水资源安全、供水安全、水生态安全、防洪安全"四大安全关键要素良性协同耦合为评判准则,研究制定水安全状况评价指标体系和评价标准,提出四位一体的水安全诊断与综合评价关键技术。以甘肃省56个水资源三级区套地级行政区为基本单元,分区分流域开展水安全状况评价,识别甘肃省不同类型水安全风险区及其相应的程度,形成一套完善的水安全度评价数据和底图。

(2)城乡一体化水资源均衡配置技术。甘肃省区域性缺水问题突出,82%的县城及县级以上城市无应急备用水源,由大江大河等稳定可靠水源供水的城市占比不足24%。农村饮水安全标准不高,截至规划现状水平年,全省还有132万农村人口由水窖等分散工程供水,城乡供水服务均等化、一体化水平较低,急需城乡居民饮水安全问题。但甘肃省黄河流域水低地高、水低人高,内陆河流域水资源开发利用过度,水源丰沛的长江流域有水难用,水资源调配问题复杂。《规划》通过明确不同频率下跨流域跨区域水资源调配目标,开展多情景、多目标优化模拟,优选调水通道路径;提出跨流域跨区域水资源调配准则,辨识跨流域跨区域调水对水源区和受水区的影响,研究水源区与受水区水库、闸泵和各类引调水工程的联合多目标水量调度运用技术,合理配置水源区和受水区水资源。

(3)干旱半干旱区水生态系统保护修复技术。甘肃生态地位重要,是我国"两屏三带"生态安全战略格局重要组成部分,是内陆河、黄河和长江重要水源涵养区,是我国西部荒漠化防治屏障区,是黄土高原水土流失的重点防控区。但甘肃省位于干旱半干旱区生态本底条件脆弱,全省生态脆弱区占国土面积的85%、水土流失面积占66%、沙化面积占29%,破坏后很难恢复。《规划》通过识别分析水在山、水、林、田、湖、草等生态要素之间的物质和能量交换关系,分析甘肃省12个河流水系(包括78条年径流量大于1亿 m^3 的河流,9个常年水面面积大于 $1km^2$ 的湖泊)生态系统的自然规律和生态规律,耦合河湖生态系统质量稳定性、可持续性、原真性、完整性的复合需求,研发基于人工措施提高绿水生产效率的干旱半干旱地区水生态系统保护修复技术。

(4)陇中南山区山洪灾害快速响应与预警技术。甘肃省水旱灾害分布广泛,67个县区为山洪易发频发县,占比78%;灾害损失严重,多年平均水旱灾害损失率为12.9‰,远高于全国平均水平(5‰),山洪风险识别和灾害预警未全面覆盖,"小水大灾"状况频繁发生,特别是陇中南地区山洪灾害是制约新发展阶段最突出的短板。《规划》应用智慧水利新技术,围绕防洪减灾的薄弱环节短板,提出防洪减灾体系建设的措施和具体任务,为经济社会高质量发展提供防洪安全保障,同时围绕水美乡村建设,结合防洪、景观、生态开展综合治理。对沿黄河干流的甘南州、临夏州、兰州市、白银市4个市(州)8个县(区)80km(生态治理河长约20km)重点河段进行治理,对全省203条(项)山洪沟道开展综合治理。

2021年8月水利部科技推广中心组织院士、参事等7位高层次专家对项目成果进行了评价：综合评价结论为优秀，认为《规划》实现多项技术方法突破，取得了多项创新成果，可为全国各省区开展相关工作提供借鉴，具有重要的应用价值和推广前景，主要包括：

（1）理论创新。以长系列基础数据为基础，突出全领域、全覆盖，采用系统分析、数据挖掘等技术，首次揭示了复杂省区水安全时空状态演变规律及影响因素，系统剖析了甘肃省水安全保障存在的深层次问题和内在原因。

（2）技术创新。创建甘肃省"水资源安全、供水安全、水生态安全、防洪安全"四位一体的水安全诊断与综合评价体系，首次取得了甘肃省流域区域现状水安全度定量评价成果。

（3）战略创新。基于四维水安全整体有效调控的战略框架，协同考虑了不同流域区域的发展保护需求和水资源特点等因素，创新提出"西控、南保、东调、中优"水安全保障总体布局方案。

（4）实践创新。分区分类制定了甘肃省不同流域区域水资源开发利用、协同配置、有效保护、防洪的调控准则、标准、目标阈值及梯次协同配合的方案措施。

3 已获工程项目的科技成果、专利、奖项等

《规划》成果丰硕，包括1个《规划》总报告和《水资源情势分析与承载能力评价》《水安全现状评估》《节水潜力与水资源供需分析》《水工程网络体系格局研究》《供水安全保障方案》《河湖水生态环境保护与修复》《防洪安全保障方案》《智慧水利建设初步设想》9个专题报告的"1+9"成果体系，同步开展了纳入《规划》的白龙江引水、引大入秦提质增效、引洮供水二期等单项重点工程可行性研究，甘肃省水安全综合评价技术纳入水利科学实验研究及技术推广计划，发表科技论文10余篇，《规划》已荣获2021年度全国优秀水利水电工程勘测设计奖金质奖。

4 工程运行情况

《规划》批复后，甘肃省委省政府高位推动，其规划理念、评价成果、思路布局、综合措施等在《甘肃省国民经济和社会发展第十四个五年规划和二〇三五年远景目标纲要》《甘肃省十四五水利发展规划》《甘肃省黄河流域生态保护与高质量发展规划》《甘肃水网体系总体规划》《甘肃省深度节水极限节水指导意见》等重大规划中得到广泛应用；《规划》提出的甘肃水资源超载地区治理方案、深度节水控水方案、用水总量控制指标、地下水管控指标、水资源刚性约束制度建设已落地生效；《规划》对大力推进白龙江引水、引洮提质增效、临夏州供水保障生态保护水源置换、引大入秦提质增效、大中型灌区续建配套和现代化改造等重点水利工程技术方案设计提供了有力支撑；其确定的"西控、南保、东调、中优"的水安全保障总体格局和"四横一纵、九河连通、多源互济、统筹调配"的全域供水网络体系，提出的"四水四定"政策建议、水治理体制机制方案等，在全省及各市州制定水资源综合管理控制性指标、开展流域和区域水资源开发利用、治理配置和节约保护重大行动、区域经济社会发展与生态环境保护规划制定和实施等方面，已经被省相关部门落实。截至目前，中央和地方已陆续投入资金约120亿元，高标准推进重大水利工程建设。《规划》为全省各地区开展水安全保障工作提供了重要依据，为全国其他地区开展相关工作明确了战略方向，提供了可借鉴、可推广的思路与方法，取得了显著的经济效益和社会效益。

李云玲 何君 马睿 执笔

内蒙古黄河干流水权盟市间转让
河套灌区沈乌灌域试点工程

（内蒙古自治区水利水电勘测设计院　内蒙古呼和浩特）

摘　要：内蒙古黄河干流水权盟市间转让河套灌区沈乌灌域试点工程是全国大型灌区第一个完成的从骨干到田间、从监测到管理系统化灌区节水改造并实施跨行政区域水权转让的工程，是在大型灌区贯彻落实"节水优先、空间均衡、系统治理、两手发力"治水思路的典型样板工程。该试点工程采用精细化的计算和设计方法解决了老旧灌区节水改造中的设计难点，因地制宜地采用了新技术、新方法、新工艺，系统地将工程措施、信息化管理和管理机制改革相结合，取得了水资源优化配置、农业节水、农民增收、工业增效的多赢局面，对于落实好水资源节约集约利用这项国家战略举措，助推黄河流域高质量发展方面具有十分重要的意义。

关键词：水权转让；水资源优化配置；模袋混凝土衬砌；BIM模型

1　项目概况

1.1　项目背景

内蒙古黄河流域是国家重要的现代能源和清洁能源输出基地、国家重要粮食主产区，生态地位、经济地位、战略地位在整个流域乃至全国都极为重要。由于流域水资源匮乏，区域经济发展主要依赖过境黄河水，国家"八七分水"分配内蒙古自治区黄河干支流初始水权共 58.6 亿 m^3，其中 93％为农业用水。2000 年以来，内蒙古黄河流域经济社会快速发展，用水结构矛盾凸显，一方面是工业用水需求旺盛却无用水指标，另一方面是农业用水大量浪费，需要节水却缺乏投资。

内蒙古自治区从 2003 年开始，按照"节水、压超、转让、增效"的思路，先后完成了鄂尔多斯市、巴彦淖尔市、包头市、乌海市和阿拉善盟 5 个盟市的盟市内水权转让工程建设，一部分工业项目解决了用水问题，得以顺利落地上马，但企业用水缺口仍然巨大。2013 年，内蒙古自治区被列为全国 7 个水权试点省区之一。自治区按照国家"加快水权转换和交易制度建设，在内蒙古开展跨行政区域水权交易试点"要求，正式启动了自治区盟市间水权转让试点工作，选择灌溉水利用系数不高的河套灌区作为盟市间水权转让试点，规划通过在河套灌区实施三期节水改造工程，实现向其他盟市转让水权 3 亿 m^3。经研究论证，选定河套灌区的沈乌灌域作为盟市间水权转让第一期试点工程，规划节水 2.35 亿 m^3、转让水指标 1.2 亿 m^3。

1.2　项目地点

内蒙古黄河干流水权盟市间转让河套灌区沈乌灌域试点工程，位于内蒙古河套灌区西部的沈乌灌域。

河套灌区位于黄河沿岸的巴彦淖尔市，是全国三个特大型灌区之一，也是亚洲最大的一首制自流引水灌区，引黄控制面积1743万亩，灌区规划核定灌溉面积860万亩。河套灌区始于秦汉，具有两千多年水利农耕历史，2019年9月被评为世界灌溉工程遗产。试点工程选择在河套灌区最西边乌兰布和灌域内的沈乌引水渠控制区域，即沈乌灌域。沈乌灌域由三盛公枢纽上游3.5 km黄河左岸的沈乌引水口直接引水灌溉，是乌兰布和灌域的主要灌溉区域，总灌溉面积87.166万亩，约占乌兰布和灌域灌溉面积的90％，占河套灌区861.54万亩灌溉面积的10.12%。

1.3 项目地质及水文概况

灌域地势自西南向北东微倾，地势平坦开阔，局部有起伏，形成岗丘和洼地。区内平原地貌可分为3种类型，狼山山前洪冲积倾斜平原、黄河冲湖积平原和乌兰布和近代风积沙地。

灌域内第四纪地层广泛分布，区内第四系下伏地层为第三系中上新统，为一套氧化环境下的河湖相红层沉积，主要岩性为棕红色、棕黄色、紫红色砂质泥岩、砂岩及砂砾岩，含钙质结核及石膏晶体，富含高量盐分。据钻孔揭露，厚度1500～2000 m。

灌域处于干旱气候带，在地质构造上为长期下沉的封闭的断陷盆地，在漫长的地质时期中，一直为湖水所占据，这种自然条件控制着地下水的形成与分布，因此使河套地区具明显的干旱气候带沉降盆地型水文地质特征。

1.4 项目规模及任务

试点工程设计灌溉面积87.166万亩，属大（2）型灌溉工程，为II等工程，黄委批复的工程节水量2.3亿 m³，转让水量1.2亿 m³，节水工程总投资18.65亿元。

1.5 项目建设任务及目标

试点工程对灌区的输配水渠道工程、田间灌溉工程进行全面的节水改造和配套建设，使灌区实现高效输水、合理配水、适时灌溉、高效节水、安全运行，同时建设测流量水、监测调度管理信息传输系统，做到准确计量、适时调度、科学管理。实现节水、增产、增效，为缓解内蒙古沿黄地区水资源供需矛盾，实现经济社会可持续发展，全面建成小康社会提供支撑。

试点工程完成渠道衬砌520条、893.804km，配套渠系建筑物13651座；畦田改造65.4万亩；实施滴灌12.76万亩，灌域内灌溉水利用系数由0.3776提高到0.5844，提高了54.8％；灌域内信息自动化采集率由22.58%提高到100%。

1.6 项目验收情况

试点工程于2014年1月20日启动建设，共分为6个批次分批进行施工建设。2017年12月20日完工。

2018年4月11日，内蒙古自治区水利厅主持对试点工程进行了竣工验收。

2018年6月，水利部委托中国水科院进行了技术评估验收，内蒙古水权试点以96.81分名列全国7个试点省区第一名。

2018年11月28—29日，水利部黄河水利委员会会同内蒙古自治区水利厅，在巴彦淖尔市组织召开了试点工程核验会议。核验结果认为，试点工程实现年节水量2.52亿 m³，满足可研批复的2.35亿 m³节水能力，满足转让水量1.2亿 m³。

2018年12月11日，水利部、内蒙古自治区人民政府联合在巴彦淖尔市召开水权试点验收会。验收意见表示，试点取得明显成效，亮点特点突出，切实地保障农民的用水权益，受到农民大力支持；促进了水资源的优化配置，达到了农业节水、农民增收、工业增效的多赢局面。

2 项目特点及关键技术

2.1 项目的亮点

试点工程深入贯彻落实了习近平总书记"节水优先、空间均衡、系统治理、两手发力"的治水思路,按照现代化灌区标准对整个灌域进行了全面系统的建设。

（1）灌区首次完成了从骨干到田间、从监测到管理的系统化灌区节水改造,节水效果显著,做到"节水优先"。试点工程在灌域内完成了渠道防渗衬砌节水改造、渠系建筑物配套改造、畦田改造、滴灌工程,实现年节水量 2.52 亿 m^3,灌域内灌溉水利用系数由 0.3776 提高到 0.5844。除了输配水工程、高效节水工程等必要的节水措施,工程还在项目区建立了一套完整的立体感知、智能应用、信息服务和支撑保障体系,灌域内信息自动化采集率由 22.58％提高到 100％,结合水权制度改革,通过全面加强对水资源取、用、耗、排行为的动态监管,推动了灌区用水方式由粗放向节约集约转变,实现了"可计量、可控制、可考核"的目标。

（2）全国首次开展了跨行政区域水权交易试点工作,工业效益显著,实现"空间均衡"。2013 年,内蒙古自治区被水利部确定为"跨行政区域水权交易试点",试点工程按照"确有需要、生态安全、可以持续"的原则,初始化灌区水权,多参数、多方法计算可转让水量及工程节水量,工程建成后经过跟踪评估监测与实际情况基本相符,成功地由巴彦淖尔市转让水权 1.2 亿 m^3 到鄂尔多斯市、阿拉善盟和乌海市,为 84 家大型工业企业和项目配置黄河水,新增加了约 2000 亿元工业产值,充分实现了水资源的优化高效配置和科学调度,有效缓解了内蒙古黄河流域水资源瓶颈制约。灌域粮食总产量自 2014 年以来持续增长,2015—2017 年分别较 2014 年增加了 3.98 万 t、4.45 万 t 和 10.38t,分别增长 16.69％、18.67％和 43.54％,充分实现了水资源的优化配置和科学调度,促进了沿黄经济带的高质量发展。

（3）将水资源配置到农户,达到"系统治理"。试点工程综合运用多种治理手段,将水权制度改革和工程措施相结合、节水量和转让水量相衔接,实现了方法上的系统。依托试点工程,灌域灌水的适时性、管理的便捷性、计量的准确性得到显著提高,与项目实施前相比,干渠最大引水量提高 11.1％,全年运行天数减少 7～9d,各分干渠最大引水量平均提高 30.8％,全年运行天数减少 9～42d,运行天数平均减少 19.6 天,2015—2018 年灌域年均工程运行维护费用较工程实施前降低 45.42％。管理单位结合试点工程的实施,在灌域内完成了引黄用水水权确权登记和用水细化分配工作,将水权扩展到终端用水户,对 461 个群管组织发放了《引黄水资源管理权证》,对 16037 个终端用水户发放了《引黄水资源使用权证》,基本建成了归属清晰、权责明确、监管有效的"总干渠—分干渠—直口渠—用水户"的灌域水权综合管理体系,统筹灌溉用水的各个阶段和各级参与者,实现了环节和主体上的系统。

（4）依托试点工程,内蒙古成立了全国首个省级水权交易平台,发挥出了水权改革与吸引社会资本的联动效应,是"两手发力"的具体落实。2014 年,结合试点工建设,自治区成立了全国首个省级水权交易平台,随后陆续出台了《内蒙古自治区水权交易管理办法》等一系列水权交易基本制度,逐步完善水权交易市场运作机制和方式,充分发挥市场的作用、更好地发挥政府的协调和监督作用,引导水权市场由政府主导向市场主导转变。试点工程以统筹推进相关改革为抓手,发挥出了水权改革与吸引社会资本的联动效应,为河套灌区沈乌灌域筹措了 18 亿元社会资金用于节水工程建设,充分起到了试点工程的示范作用。

2.2 项目的先进性及创新点

2.2.1 项目创新提出了节水量计算方法

采用预测需水量—现状用水量,工程措施节水量,输水、渗漏损失差值法 3 种方法计算灌区节水量。根据计算,试点工程规划节水量 23489 万 m^3,与跟踪监测的节水量 25233 万 m^3 相比,灌域总体节水目标接近度为 1.0742。结果表明，计算值与实测值仅相差 7％。该计算方法的提出，填补了河套灌区节水量计算的空白，为今后灌区节水量的计算提供了技术支持。

2.2.2 灌溉制度优化设计

本次设计充分协调来水需水的关系，分析统计了主要续灌渠道能代表丰、平、枯的 3 年逐月、逐日流量，分析逐日流量变化范围与不同流量范围运行时间占全年运行时间的比例。采用作图法与数值计算法分析现状渠道不同灌水率的运行时间，选出满足设计要求的最优灌水率区间与渠道运行时间，从而为灌溉制度设计中的灌水率修正提供方向，使得设计灌水率值紧密结合现状又满足规范要求，解决了老旧灌区节水改造设计灌水率确定的难点。特别是减少了秋浇灌溉定额，将春汇、秋浇比例由 2 ：8 调整为 4 ：6，非生育期用水量减少近 10％。改变了河套灌区"大水漫灌"的旧有印象，按照本次设计的灌溉制度，2015—2018 年秋浇灌水量相比 2009—2012 年秋浇减少了 8692 万 m³。

2.2.3 渠道工程优化设计

本项目因情施策，创新的提出现状断面为主，理论计算校核设计的方法。本方法与常规自下而上的设计方法相比具有以下优点：节省工程投资，减少外运土方，减少伐树占地，对周边环境影响最小，合理利用原有建筑物，缩短灌溉用水时间。达到节水、节能、节约成本的灌区改造目标。

2.2.4 渠系建筑物设计的新技术应用

全面应用参数化 BIM 模型及三维配筋技术开展渠系建筑物设计（图 1）。在骨干渠道建筑物改造中，为了充分利用现有建筑物，解决闸前渠底高而水闸底板低又不能抬高的难题，创造性地提出了在闸前设置竖井式消能方式，通过 BIM 模型反复模拟确定了井流消能理论计算参数，实现了骨干建筑物的再利用，节省了大量工程投资。

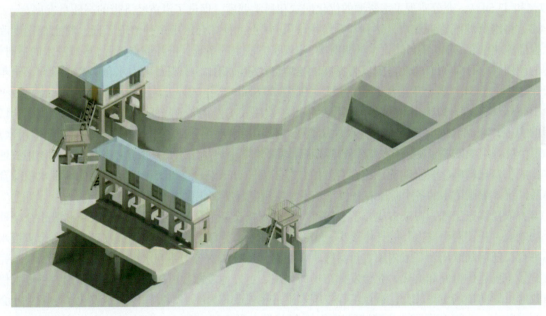

图 1　一干渠第三分水枢纽改造 BIM 建模图

2.2.5 衬砌型式采用模袋混凝土

试点工程采用的模袋混凝土的衬砌型式作为关键技术突破，充分利用了模袋混凝土一次成型、适应性强、施工速度快，质量容易控制，可在水上或水下直接浇筑、成型后不易破损、大幅减轻管理维护负担等优点，破解了老灌区施工需停水与正常灌溉行水期冲突的突出矛盾（图 2）。在防渗效果相同情况下采用模袋混凝土衬砌，从整体设计上解决了河套灌区受水量调度影响工程施工时间短的问题，改变了预制混凝土衬砌存在的施工进度慢、防渗膜施工过程易破坏、预制和衬砌质量不易控制等难题。通过大规模的应用，为今后模袋混凝土设计参数的选取、施工质量的把控、质量检测积累了经验。

图2 模袋混凝土施工现场图

3 项目推广价值和应用成效

　　试点工程对于大型灌区节水改造升级具有现行、典型、示范、引领作用，是发挥水资源刚性约束的有效落实。开创了内蒙古自治区黄河水资源优化配置、水资源有偿转让使用、政府与市场两手发力的新篇章。试点工程对于利用好水权转让这把破解水资源紧缺的"金钥匙"，落实好水资源节约集约利用这项国家战略举措，助推黄河流域高质量发展方面具有十分重要的意义。

　　依托试点工程设计研究成果及运行管理经验，完成了多项科技成果。

　　（1）编制团体标准 T/CWHIDA 0021-2021《水利水电工程模袋混凝土技术规范》。

　　（2）出版《黄河流域生态保护和高质量发展灌区建筑物三维创新图集》。

　　（3）出版内蒙古黄河流域水权交易制度建设与实践研究丛书:《节水技术与交易潜力》《水权交易实践与研究》《水权交易制度建设》3套论著。

4 项目运行情况

4.1 业主评价

　　试点工程拓宽了水利投资渠道，筹措了社会资金用于节水工程建设，改善了灌溉条件，灌域内信息化管理水平大幅提升，灌区现代化初现规模，节水效果明显。经运行使用观测，工程全部达到设计标准，满足灌溉要求，经受住了设计流量和高水位运行的考验，工程运行状况良好，水流顺直平稳，工程安全运行。新建的水工建筑物运行以来闸体稳定，无位移和变形，闸门启闭灵活，总体运行效果良好。

4.2 项目取得的显著效果

4.2.1 节水效果方面

试点工程选择在河套灌区最西端的沈乌灌域，项目区节水潜力较大，工程采用的主要节水改造措施包括：渠道防渗衬砌、引分水建筑物配套、畦田改造、地下水滴灌等。通过工程实施灌溉用水水平得到极大提高，灌域内灌溉水利用系数由 0.3776 提高到 0.5844，灌域灌水效率提高了 54.77%。工程按照"边节水、边转让、边减超"的原则，通过节水改造工程建设，灌域灌溉用水大幅下降，首先实现了灌区指标内用水，同时达到年节水量 2.52 亿 m^3，年转让水量 1.2 亿 m^3 的水权转让目标。

4.2.2 灌区运行管理方面

工程实施后，灌域的基础设施得到极大的改善，输水渠道输水能力明显增加，运行天数减少，灌溉水平大幅度提高，主要体现在：渠道衬砌后输水渗漏损失减少，灌溉定额降低；优化了渠道过水断面，输水能力提高，输水蒸发损失减少；渠道糙率减小，水流速度增大，灌溉周期缩短，灌溉水利用率提高。

试点工程通过实施干渠、分干渠渠堤道路平整铺砂，田间道路、生产道路平整，新建管理房等工程，为工程维护管理、灌溉运行管理提供了便利条件，改善了管理人员工作、生活条件，也改善了当地群众生产交通条件和村居环境。灌域配套信息化监测系统，使沈乌灌域成为现代化的节水型生态灌区，实现了"可计量、可控制、可考核"的工程目标，为管理单位运行管理提供了可靠保障。

4.2.3 经济效益方面

试点工程转让水量 1.2 亿 m^3，解决了沿黄重点工业项目的用水指标问题，满足了 84 家大型企业或工业项目用水需求，工业增加值约 2000 亿元，由此产生的利润已由 2018 年的 6.44 亿元增至 2020 年的 23.02 亿元，增长了 3.6 倍之多。充分实现了水资源的优化配置和科学调度，促进了沿黄经济带的高质量发展。工程实施后渠道断面优化设计，缩短了灌水时间，减少了用水成本，促进农业种植结构优化，农民增收，农业生产总值由 12.8 亿元增加到 18.5 亿元，增长 1.25 倍。

4.2.4 生态效益方面

试点工程的实施，解决了灌域长期以来超用水灌溉问题，率先实现了指标内取水，促进黄河流域可持续健康发展。工程实施后，区域生态环境明显改善，地下水位降低，灌域土壤盐碱化情况明显好转，区域中度盐渍化土壤、重度盐渍化土壤和盐碱地分别减少了 0.56%、0.53% 和 1.33%，区域土壤盐渍化率从 67.24% 降低到 65.72%，灌域内非盐渍化土地增加 28.9%。渠道断面优化设计，减少渠系两侧树木的破坏，有效保护了灌区生态环境，取得了良好的生态效益。

4.2.5 社会效益方面

试点工程的实施将灌区的部分农业水权流转至工业领域的同时，水权转让的出让方筹集了大量的节水改造资金，克服了灌区长期以来依靠国家投资的思想观念，拓宽了灌区水利基础设施建设融资渠道，有力促进了灌区水利基础设施的建设，推动了灌区节水改造步伐。通过水权转让方式，将水资源向高效益、高效率方面流转，促进了节水型社会建设的步伐。

试点工程的建设促进地方完成了引黄用水细化分配和确权登记，实现了多级参与、责权利明晰的灌溉用水管理。灌域内农民以水定种，自觉调整种植结构，以有限的水资源，实现农业效益的最大化，节水意识普遍提高。

5 附图及工程照片

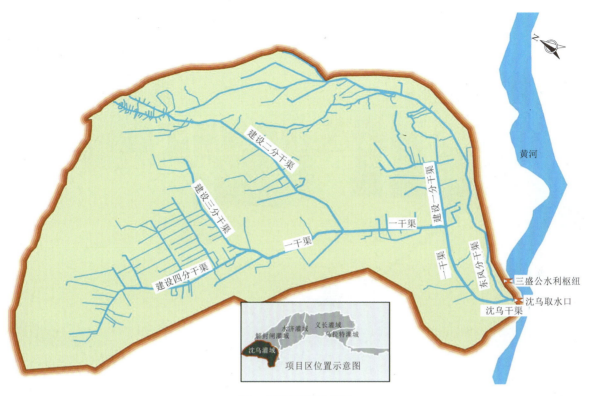

图3 项目区平面布置图

图4 模袋衬砌成果图

图 5　一干渠第三分水枢纽

于浩　刘智君　哈达　执笔

淮河入江水道整治工程（江苏段）

（江苏省水利勘测设计研究院有限公司　江苏扬州）

摘　要：淮河入江水道是淮河下游的干流，是洪泽湖的主要泄洪出湖通道，承泄淮河上、中游70%左右的洪水入江，又是南水北调东线工程供水通道，全长157.2km。沿程河、湖、滩串并联，分为上、中、下3段，结合水资源利用，全线建有三河闸、金湖、高邮、归江控制线4个梯级。淮河入江水道整治工程是加快治淮建设的重点工程，工程通过构建河、湖、滩串并联数模和物模，科学确定河湖整治布局，优化配置水土资源；首次提出微劈裂真空预压排水法加固处理深厚淤土堤基技术；提出大体积混凝土裂缝控制组合技术；首次提出虹吸式出水流道驼峰段顶板结构裂缝控制技术；提出大型水闸双扉门同轴离合控制技术；研发并首次运用泵站循环供水冷却系统等新技术。

关键词：构建河、湖、滩串并联数模和物模；微劈裂真空预压；大体积混凝土裂缝控制组合技术；虹吸式出水流道驼峰段顶板结构裂缝控制技术；双扉门同轴离合控制技术；泵站循环供水冷却系统

1　工程概况

1.1　工程简介

洪泽湖是淮河中、下游结合部的一座巨型平原水库，承泄上、中游15.8万km²流域面积的来水，总库容123亿m³，蓄水调洪作用十分重要。洪泽湖下游泄洪出湖河道主要有淮河入江水道、淮河入海水道、苏北灌溉总渠、废黄河等，另有向新沂河相机分洪的分淮入沂。淮河洪水以入江为主、入海为辅，相机入沂。

淮河入江水道是淮河下游的干流，是洪泽湖的主要泄洪出湖通道，上起洪泽湖三河闸，经江苏省淮安、扬州2市10县（市、区），下至江都三江营汇入长江，全长157.2km，沿程河、湖、滩串并联，分为上、中、下3段，结合水资源利用，全线建有三河闸、金湖、高邮、归江控制线4个梯级。各河段特点简要分述如下：

（1）上段自三河闸至施尖长57.8km，由新三河和金沟改道段组成，束水漫滩行洪，段内有观音滩、三河北滩、衡阳滩、大墩岭及二墩岭、改道段滩地。

（2）中段自施尖经高邮湖、新民滩、邵伯湖至六闸，长约57.73km，湖、滩串联，其中：高邮控制线以上为高邮湖，湖泊面积1120km²，高邮湖吹程30～40km；高邮控制线以下为邵伯湖，上游宽5～6km，下游邵伯附近缩至1.5km；高邮湖、邵伯湖之间为新民滩，长约9.45km，滩宽5～7km，滩内有主要港汊6条；邵伯湖滩群位于邵伯湖南端，长约7km，由零乱的46个圩滩组成，其中5个大圩滩（同心圩、芦家嘴、东兴圩、西兴圩、花园墩）10.8km²，占邵泊湖湖滩总面积的92%。

（3）下段自六闸至三江营，河长41.8km，洪水由六条归江河道先分（金湾河、太平河、凤凰河、壁虎河、新河及运盐河）后合（廖家沟、芒稻河及夹江）而后汇入长江。

淮河入江水道承泄淮河70%左右的洪水入长江，设计行洪能力12000m³/s，与淮河入海水道、分淮

入沂、苏北灌溉总渠、废黄河等工程联合运用，使洪泽湖及其下游地区防洪标准达到近期100年一遇、远期300年一遇，确保淮河下游地区2000万人口、3000万亩耕地的防洪安全，同时也承泄宝应湖、高邮湖及里下河地区的涝水，改善区域排涝状况，具有巨大的社会、经济和生态环境等综合效益。

在党中央、国务院和地方各级人民政府的关心支持下，经过几代治淮人的不懈努力，淮河入江水道治理取得了显著成效，成功抵御了1991年、2003年、2007年淮河流域的特大洪水，但在历次行洪中也暴露出行洪水位普遍偏高、行洪能力达不到设计标准，部分堤防标准不足、险工患段依然存在，沿线部分建筑物年久失修、存在安全隐患等问题。2003年10月国务院召开治淮会议，研究部署淮河流域灾后重建和加快治淮工程建设，进一步明确了治理淮河的目标和任务，淮河入江水道整治工程列为加快治淮建设的重点工程。

1.2 工程任务和规模

（1）工程任务。淮河入江水道整治工程主要任务是恢复河道设计行洪能力，全线干流堤防达标加固满足防洪要求，沿线病险建筑物除险加固消除安全隐患，并改善工程管理设施，解决局部重点地区的因洪致涝问题。

（2）工程规模。洪泽湖及淮河下游地区的近期防洪标准为100年一遇，淮河入江水道设计行洪能力为12000m³/s。

1.3 工程建设内容

淮河入江水道整治工程建设内容包括：河湖整治，加固干河及支流河口段堤防，新建、改建、加固穿堤建筑物，新建、维修堤顶防汛道路，实施影响处理工程。具体为：河道拓浚及滩群切滩72.3km，抛石护岸8.35km；堤防加固107.8km，新建挡墙21km，堤基防渗处理25.4km，填塘固基15.77km，新建、加固、接长护坡127.8km，新建、接长防浪林台护坡8km；加固三河闸、万福闸、宝应湖退水闸，拆建东西偏泓漫水闸；新建、改建、加固穿堤建筑物91座；交通桥2座，交通码头2对；新建堤顶防汛道路192.4km，改建、维修堤顶防汛道路141.2km，新建上堤路3.6km；实施石港泵站更新改造等影响工程。

1.4 工程批复及建设运行情况

2011年5月27日国家发展和改革委员会以《国家发展改革委关于核定淮河入江水道整治工程初步设计概算的通知》（发改投资〔2011〕1103号）核定了淮河入江水道整治工程初步设计概算，批复工程总投资33.946亿元，其中江苏段31.1967亿元。2011年6月16日水利部以《关于淮河入江水道整治工程初步设计报告的批复》（水总〔2011〕312号）批复了淮河入江水道整治工程初步设计；工程于2011年12月开工建设，2015年12月主体工程完成，2018年12月全线工程竣工验收，投入使用至今。

2 工程特点及关键技术

淮河入江水道是淮河下游防洪工程体系的重要组成部分，承泄淮河上、中游70%左右的洪水入江，同时又是南水北调东线工程供水通道，在流域防洪保安、水资源供给、区域排涝以及维系生态平衡等方面发挥着不可替代的作用。淮河入江水道整治工程是加快治淮建设的重点工程，沿程河、湖、滩串并联，工情、水情十分复杂，整治难度大，通过构建河、湖、滩串并联数模和物模，科学确定河湖整治布局；1级堤防运河西堤崇湾段存在深厚的软土堤基，为历史险工患段，加固难度大，通过创新微劈裂真空预压排水法加固处理深厚淤土堤基技术解决堤防持续沉降、局部坍塌、堤基不稳定等问题；在万福闸、石港泵站等建筑物加固改造中提出大型水闸双扉门同轴离合控制技术、大体积混凝土裂缝控制组合技术、虹吸式出水流道驼峰段顶板结构裂缝控制技术、泵站循环供水冷却系统等，解决工程建设、运行中存在的实际问题。

2.1 构建河、湖、滩串并联数模和物模，科学确定河湖整治布局，优化配置水土资源

淮河入江水道沿程河、湖、滩串并联，从滩地利用状况上可分为三类：一是滩面高程处于常水位变幅区，或桃汛即下水，滩地不具备利用条件，处于天然状态日常年生长柴草为主，对行洪危害最大；二是滩面高于常水位，且处于河槽并具有一定的排桃汛的能力，具备低标准保麦条件，实行以耕代清抑制柴草生长；三是滩地较高，且成片，一般桃汛不上滩，具备一水一麦的条件，群众可以长期正常生产。

针对淮河入江水道现状河、湖滩串并联，详细研究其形成历史构建了淮河入江水道一维、二维数学模型及物理模型，分析整治前后过流水力要素。其水力计算思路与1971年设计保持一致性和连续性，并对原设计水力计算成果进行复核，同时以最大洪水2003年实测水文资料为基础进行糙率率定并验证，在率定糙率合理性分析的基础上通过比选加高堤防、疏浚河湖两种方案最终确定河道切滩、抽槽方案。运用一维数学模型分别对上、中、下段河湖切滩、抽槽、拓浚等单项工程方案、各组合方案及弃土区布置方案进行分析比选，采用二维数学模型及物理模型对选定的方案进行验证，科学确定了河湖整治布局，优化配置了水土资源。"淮河入江水道整治前后过流水力要素分析研究"获2018年度江苏省水利科技进步奖三等奖。

河湖整治切滩约3.7万亩，除新民滩有部分滩地属于以耕代清滩地外，其余均属阻水严重、且无收益的天然滩地。河湖整治切滩土方量约5170万 m^3，通过优化配置将切滩土方均堆于死水区进行滩泓糙率置换，新增高出设计洪水位的土地约1.3万亩。水土资源的优化配置不仅提高了现有河道国有水利用地利用率，节约了土地资源，且新增土地可通过改良作为耕地使用，在同类工程优化、集约用地，创新土地资源配置模式上得到应用。

2.2 首次提出微劈裂真空预压排水法加固处理深厚淤土堤基技术

根据运河西堤崇湾险工段工程地质勘察报告，其堤身以下20～30m深度范围内均属于软淤土，其土体具有天然含水率高、孔隙比大、抗剪强度低、压缩性高和渗透性小等特点。

针对运河西堤崇湾历史险工段深层淤土堤基处理的难题，开展了加固深淤土技术研究，首次提出微劈裂真空预压排水法加固处理深淤土堤基技术：在深淤土地基中竖向插入排水板，用管路穿过密封膜连接排水板和真空泵，进行抽真空，依靠大气压力对土体加压；并在排水板与排水板之间插设微劈裂管，连接空气压缩机，适时开、停机对土体进行增压，加大土体内部压力差，形成土体微劈裂、提高土体渗透性，加速水体流动速率，进而实现有效降低土体含水率，提高固结加固的效果，缩短固结加固的时间。现场监测发现：膜下真空度提高约60％，传递深度增加约1.5倍；地基土固结速度提高40％，节省了工期，土层压缩量增加30％；淤土地基承载力提高约60％，从不足45kPa提高至75kPa左右。该技术突破了深厚软土真空荷载传递不足的瓶颈，解决了排水板易淤堵的问题，有效解决了运河西堤崇湾历史险工段堤防加固的难题。该技术创新获2017年度大禹水利科学技术奖，并获得发明专利授权2项，形成相关工法1部，江苏省地方标准1部，技术创新成果可广泛运用于我国沿江沿海地区的深层淤土地基加固工程。

2.3 提出大型水闸双扉门同轴离合控制技术，填补了国内水闸控制新技术空白

万福闸双扉门控制型式原设计采用"上下等高"双扉门的"异轴联动"控制模式，经四次、累计历时十多年的大修加固改造，其门型已逐步演变成为"上小下大"的"不等高双扉门"，受限于启闭设备制造技术，其演变的实质仅涉及闸门尺寸、门体材料或闸门结构类型的改变，始终未能更改上、下扉"异轴联动"控制模式，其钢丝绳绕卷双卷筒为通长串联，钢丝绳过长，启闭速度慢，附属辅助装置多，容易造成闸门左右吊点不同步，尤其是在大开度启门时，钢丝绳累计误差过大，容易导致下扉门左右吊点不同步而卡阻，致使上扉门错误启动，工作可靠性较差。

109

根据万福闸上扉门"活动胸墙"的功能需要，巧妙引入"机械离合"技术，通过技术研发和创新提出了双扉门同轴离合控制新技术，实现了万福闸双扉门控制技术从"异轴联动"到"同轴离合"式独立驱动的更新演变。该技术彻底摆脱了"联动启闭"的约束，上、下扉门的控制各自独立，互不干涉，同时适应通江挡潮闸的运行特点，改造后的上扉门相当于"活动胸墙"，既可充当固定胸墙，也能随时启闭运行，使用上更为自由、灵活和可靠，使万福闸泄流控制技术得到最大限度的改进。

根据考证，本次创新改进提出的双扉门控制技术科学合理、先进可靠，不仅技术操控灵活简便，创新改进型双驱动启闭机尺寸大大减小，节省设备占用空间，使得厂房内设备布设整齐，空间布局和利用效果更佳，其相关成果显示，该水闸控制技术处于国内领先，填补了水闸控制新技术空白。该技术成果已获江苏省水利科技优秀成果二等奖，并获得发明专利一项。

2.4 提出大体积混凝土裂缝控制组合技术

根据以往工程经验，大体积混凝土施工期极易开裂。石港泵站更新改造中研究提出配筋优化、布置芯墙、应用新型复合材料的组合技术，有效控制了大体积混凝土的开裂，即：①适当减小钢筋直径，减少钢筋间距；② 在大体积混凝土中，布置C20预制混凝土砌体，减少混凝土施工期水化热；③ 在泵工程中采用了新型的抗裂材料，高抗裂多组分复合材料（DB-Ⅰ）。高抗裂高抗渗复合材料由高效膨胀组分、复合纤维、特种保水组分、改性组分等多种材料复合而成。设计在泵站站身高程14.8m以下混凝土掺入高抗裂多组分复合材料，材料的设计掺量为胶凝材料用量的8%。目前工程已运行超过5年，混凝土表面没有发现任何裂缝，抗裂效果显著。该技术措施已在目前水利工程设计和施工中得到推广运用。

2.5 首次提出虹吸式出水流道驼峰段顶板结构裂缝控制技术

石港泵站更新改造出水流道为虹吸式出水流道，驼峰两侧流道长且陡，根据以往类似工程，施工时一般采用一次性立模和浇筑，由于驼峰处顶板结构较薄，在受力情况下容易开裂，很多工程均出现垂直于流道方向的结构性裂缝。通过三维模拟计算施工期和运行期虹吸式出水流道受力情况，分析驼峰处顶板结构开裂原因分析，首次提出在虹吸式流道驼峰处设置后浇带，有效解决了驼峰处顶板易开裂的问题。目前工程运行已超过5年，顶板无裂缝出现，此技术在以后虹吸式出水流道顶板开裂控制中得到广泛应用。

2.6 研发并首次运用泵站循环供水冷却系统

为提高石港泵站运行的可靠性，利用机组冷却水可循环使用的特点，研究出泵站循环供水系统，通过系统内安装的冷水机组带走机组运行时产生的热量，达到机组的有效散热冷却，而这种冷却方式使用的主要设备就是循环增压设备，循环供水装置则是一种集成的循环增压设备。

泵站循环供水装置是在楼宇供水的基础上，通过开发和研究出一种新型的用于泵站冷却循环供水系统上的设备。该装置循环水站主要功能是向机组空冷系统提供连续不断的冷却水并对其进行监控和保护，保证电动机内部空气温度不高于限定值，风冷系统所需冷却水的流量、压力、温度等均由本系统来保证。

泵站循环供水冷却装置在石港站机组技术供水系统中为首次运用，经长期运行，该装置运行稳定，有效实现了压力和流量控制要求，达到了节能增效目的。该技术创新获得实用新型专利授权1项，技术创新成果在后续的泵站工程技术供水系统中得到了广泛的应用。

2.7 建筑物整体外形体现"人水和谐、人人治水"的设计理念

石港泵站通过建筑形式来表达水的形象气质，即"人水和谐""人人治水"的水利精神，水利人"负责、求实、默默献身"的水利精神。立面上没有拘泥于中国传统建筑造型符号，而是对其提取解析并加以抽象，虚实相间的界面处理塑造了传统建筑的神韵和意境。在建筑的形体和立面设计中，强调通过对比例、形

体关系、色彩和材料等的控制，对传统建筑构造和建造方式的研究和演绎，使新建筑产生中式建筑的意向和联想，而不用过多的符号和复古手法。同时设计中积极探索使用新的技术和新的材料以期用现代的方式演绎和传承传统建筑。

管理所则传承江南传统民居组合结构，以院落为空间特色，营造空间层次丰富，建筑风格鲜明的院落建筑群，塑造丰富、变幻、生动而醇美的空间与景致。设计引入"中庭花园"等院落空间，强调空间的递进感，演绎了中国江南水乡风格的古典园林精神。

整片场地以起伏的"人"字形屋面形态为主调，将"人人治水"隐喻其中，具有很强的识别性，同时也重新塑造了这片区域的天际线。

3 已获工程项目的科技成果、专利、奖项等

3.1 科技奖

（1）"基于微劈裂的管路真空预压排水法加固深层淤土技术研究"获2017年度大禹水利科学技术奖；本项研究成果广泛适用于我国沿海深层淤土地基加固工程，包括水利、交通、水运等工程项目。江苏地处沿海，尤其是苏北地区存在大量的淤土沉积层，在该类地质条件下进行基础工程建设，为本项研究成果的推广应用提供良好的应用前景。随着国民经济的发展，以及土地资源的紧缺，目前，我国存在许多围海造地工程，该类工程面临大量的高含水率深淤土地基处理问题，为本项技术成果的推广应用提供了更大的发展空间。目前淮河入海水道二期工程应用该技术进行深淤土段堤防加固设计。

（2）"淮河入江水道整治前后过流水力要素分析研究"获2018年度江苏省水利科技进步奖三等奖，该研究在同类工程优化、集约用地，创新土地资源配置模式上得到应用。

（3）"同轴主副卷筒固定卷扬式启闭机研制"获江苏省水利科技优秀成果二等奖，目前广泛应用于后续的双扉门水闸启闭机设备选型。

3.2 专利

（1）全断面高真空预压加固深厚淤土地基的装置及方法、排水板插设器，广泛适用于江苏省沿海深层淤土地基加固，并在淮河入海水道二期工程深淤土段堤防加固中得到了应用。

（2）一种联动启闭机，目前广泛应用于后续的双扉门水闸启闭机设备选型。

（3）一种循环供水装置，技术创新成果在后续的泵站工程技术供水系统中得到了广泛的应用。

3.3 其他奖项

（1）"淮河入江水道整治工程可行性研究报告"获2014年度全国优秀工程咨询成果二等奖，江苏省2009年度优秀工程咨询成果一等奖。

（2）"淮河入江水道整治工程石港泵站更新改造项目"获2019年度江苏省优秀水利工程勘测设计一等奖。

（3）淮河入江水道整治工程万福闸加固及万福闸、芒稻闸水文站改造工程荣获2019—2020年度中国水利工程优质（大禹）奖。

（4）淮河入江水道整治工程石港泵站更新改造工程荣获2019—2020年度中国水利工程优质（大禹）奖。

4 工程运行情况

淮河入江水道是淮河下游洪水的主要出路，承泄淮河流域上、中游70%左右的洪水及区间涝水，工

程整治后达到了设计泄洪 12000m³/s 能力。自 2015 年年底基本建成通水后，工程经受了多次淮河洪水下泄的考验，尤其是 2020 年淮河流域大水，三河闸最大泄洪流量达 7980m³/s，金湖、高邮等重要节点水位明显降低，较往年相同流量下水位下分别降 50cm、75cm，成效显著。工程的实施有效降低了同标准洪水下沿程的河湖水位，恢复、巩固了河道泄洪能力，不仅提高了洪泽湖及其下游地区的防洪能力，减少了洪泽湖周边滨湖圩区滞洪及分洪概率，而且有利于区域排涝，减轻了洪涝灾害造成的损失，经测算，年均防洪总效益约 7.0 亿元。

淮河入江水道整治工程实施后，为洪泽湖及其下游地区达到 100 年一遇防洪标准提供了有效保障，确保了淮河下游地区 2000 万人口、3000 万亩耕地的防洪安全，有效改善了工程沿线的水利基础设施条件，提高了防御洪涝灾害的能力，改善了区域水环境，促进了沿河沿湖资源的保护与利用，为江淮生态经济区可持续发展提供了有力保障，社会意义巨大。

5　工程照片

图 1　三河闸

图 2　万福闸

图 3　石港泵站

图 4　新、老王港漫水闸

朱庆华　陈懿　张锁江　执笔

龙背湾水电站工程设计

（湖北省水利水电规划勘测设计院　湖北武汉）

摘　要：龙背湾水电站工程处于鄂西北高山峡谷地带，地形地质条件较复杂。在工程设计中首次在160m高级面板堆石坝设计中采用斜—等宽窄趾板新型复合趾板结构、首次在泄量达6000m³/s级溢洪道中应用折线型泄槽结构型式，大量节省土石方开挖及工程投资；创新性提出复合土工膜挡水高度超过50m的高土石围堰型式，解决了弃渣料的转运、堆存、弃渣占地及生态环境保护等问题；创新提出直径3.0m、水头160m的可调节流量阀技术，解决了放空洞出口消能防冲的技术难题；通过在汛末或枯水期封堵导流隧洞，利用可调节流量放空阀精准控制水库水位，工程提前半年发电，效益明显。

关键词：龙背湾水电站；斜—等宽窄趾板；折线型泄槽；复合土工膜围堰；可调节流量阀

1　工程概况

1.1　工程地理位置及流域概况

龙背湾水电站工程位于湖北省竹山县汉江一级支流堵河流域南支官渡河中下游，为堵河第一级电站、龙头水库，下距松树岭电站10km，距竹山县城约90km。官渡河发源于大神农架的台子乡，流经神农架林区的板仓，房县的九道梁，竹山境内的洪坪、梁家、官渡、峪口，由田家坝镇的两河口汇入堵河，是堵河最大支流。坝址以上流域面积2155km²，占官渡河流域面积的72.8%，河长81.3km，平均比降8.4‰。坝址多年平均流量为45.3m³/s，多年平均来水量14.3亿m³。

1.2　工程任务和规模

龙背湾水电站开发任务是以发电为主，水库建成后有库区航运及人畜饮水供应等综合效益。水库总库容8.3亿m³，属Ⅱ等工程，大（2）型水库，大坝为1级建筑物；溢洪道、发电引水隧洞、厂房为2级建筑物。水库具有多年调节能力，大大提高了下游各梯级电站的保证出力和年发电量。正常蓄水位520.00m，死水位485.00m，500年一遇设计洪水流量4776m³/s，5000年一遇校核洪水流量5725m³/s。电站装机容量180MW(2×90 MW)，保证出力32.2 MW，多年平均发电量4.1895亿kW·h，年利用小时数2328h。

1.3　地形与地质条件

龙背湾坝址河段位于"几"字形河流的中部，总的流向是由南向北。左岸由于河流切割形成了底宽580m，脊宽20m的山脊，当地人俗称"龙背"地形。山脊走向为东西向，由东端的554m高程逐渐向西抬高至570m高程。脊的两侧地形坡度南侧为37°，北侧为32°，南侧稍陡北侧稍缓。脊的东部亦即龙背湾坝轴线左岸，地形坡度为35°～45°，上缓下陡。右岸地形坡度为42°，坡度比较均一。大坝上下游各发育一条较大的冲沟。坝址段河谷为横向U形谷，河床最低高程382m，河床中无跌水坎和深潭。

坝址区主要出露志留系下统龙马溪群第二段（S_1ln^2）和第三段（S_1ln^3），中统罗惹坪群下段（S_2lr^1）和上段（S_2lr^2)的地层以及第四系冲积层和崩坡积层。坝址区岩石主要为砂岩和页岩，砂岩为相对较硬岩层，占坝址基础的41.3%，主要分布于坝址的上游；页岩为相对较软岩层，占坝址基础的59.7%。坝址区地形坡度相对比较均匀，没有大的陡崖，风化现象比较普遍，地形相对较缓、其下页岩分布较多且有一定构造通过的地段风化比较剧烈、深度较大。两岸山坡强风化层的厚度一般为10～30m，少量深达90余m。弱风化层厚度为15～20m，微风化层厚度为20～60m。工程区地形、地质条件较为复杂。

1.4 枢纽布置及建筑物

龙背湾水电站工程由混凝土面板堆石坝、左岸开敞式溢洪道、发电引水系统、地面厂房、放空洞及下游护岸工程等建筑物组成。

面板坝坝顶高程524.30m，坝顶宽10m，最大坝高158.3m，上游坡度为1：1.4，下游综合坡比为1:1.5，趾板采用斜－等宽窄趾板复合结构，最大宽度4.5m。河床砂卵石覆盖层厚度为16～20m，清除坝基5m厚砂砾石，利用下部约12m厚的砂卵石层作为大坝基础。

溢洪道为开敞式有闸控制溢洪道，由进口段、闸室控制段、泄槽段、消能防冲段组成，最大泄量5725m³/s。闸室控制段设3孔，单孔口尺寸12m×14m，闸室后接纵坡1：10的泄槽段，为减少开挖及避免高边坡，泄槽段采用折线型，泄槽段平面总长192.94m，底宽43.0m。消能采用圆弧形平面差动式挑流消能方式，减少下游河道冲刷。

发电引水系统采用一洞两机，引用流量为2×85.3m³/s。进水口为岸塔式深式进水口，引水隧洞呈龙抬头型布置，隧洞轴线投影长403.15m，主洞内径6.5m、支管内径4.4m。

电站厂房位于坝下游左岸，为岸边式地面厂房。安装间布置在主厂房右侧，中控室等电气副厂房布置在主厂房左侧；主变布置在主厂房下游侧，与尾水平台同高，GIS开关室布置在主变压器室上。

放空洞布置在溢洪道左侧，由进口明渠段、上平洞段、闸室段、下斜洞段、放空阀段和出口消能段共6段组成。隧洞为内径3.0m圆洞，放空阀段采用首创"直径3.0m、水头160m的可调节流量阀技术"，放空阀的设计既满足放空洞出口消能、水库放空的要求，又达到了水库初期蓄水精准调控水位、电站提前下闸蓄水发电的目标。

1.5 工程建设过程及工程验收

2008年3月完成龙背湾水电站可行性研究报告；2010年6月初步设计报告获得湖北省水利厅批复；2010年10月，项目通过了湖北省发展和改革委员会的核准；2010年12月28日，龙背湾水电站项目主体工程正式开工；2011年11月，工程实现截流。

2014年10月12日，龙背湾水电站顺利下闸蓄水；2015年5月28日，首台机组正式并网发电，2015年7月第二台机组并网发电。2016年4月，完成大坝防浪墙及溢洪道下游护坦消能防冲施工。2018年12月，完成工程竣工验收安全鉴定。2019年6月，完成龙背湾水电站枢纽工程专项验收。

2 工程特点及关键技术

龙背湾水电站工程处于鄂西北高山峡谷地带，地形地质条件较复杂，耕地资源十分稀缺，属于国家集中连片贫困区，亦是南水北调中线工程水源区。工程设计中，需对坝型进行优选，充分利用当地材料筑坝，在建筑物设计中尽量减少开挖和植被破坏、减少工程永久占地，减少弃渣占地对生态环境的破坏和对水质的影响，尽可能与当地生态环境相协调，将"人水和谐"、水源保护、生态环境优美融入到设计理念中，节省工期提前发电。

2.1　工程技术难点

（1）坝址区地形复杂，河床覆盖层最大厚度约24m，坝址区岩石为砂页岩互层，其中页岩分布较多，占坝址基础的59.7%，页岩遇水易软化，风化比较剧烈、深度较大。坝址两岸岸坡左缓右陡，是国内外为数不多的不对称河谷、河床深覆盖层及软岩基础的高面板堆石坝工程之一。

在此条件下，面板堆石坝若采用常规趾板结构型式，将会产生大量的开挖弃渣、并形成右岸最大约300m的岩土混合高边坡。由于大坝两岸边坡岩体构造发育，岩层扭曲破碎，岩性为砂页岩互层，页岩岩性软弱、遇水软化易崩解，抗风化能力差，大坝右岸高边坡处理存在较大的安全问题和设计、施工难度。

为减少溢洪道工程开挖，并使溢洪道出口挑射水流与下游河道平顺衔接，溢洪道轴线布置在左岸"龙脊"天然垭口位置，斜切龙脊。

溢洪道泄槽如采用常规的一坡式泄槽体型布置，由于左岸泄槽上部强风化岩层为顺向坡，左岸岩层倾向和倾角变化大，地表岩层出现松弛现象。下部弱风化及微风化岩石为反向坡和斜向坡，泄槽段左岸边坡较高，最大开挖坡高87m，且上部以层状同向结构为主，边坡失稳模式以沿层面或软弱结构面滑动为主，后缘为沿岩层节理形成滑裂面，形成组合形状的滑动面。边坡岩体地质地形条件极差，溢洪道泄槽左岸的高边坡处理设计、施工难度较大。

（2）溢洪道下游河道消能防冲设计难度大。溢洪道在满足减少大量开挖及挑射水流与下游河道平顺衔接的枢纽总体布置原则下，溢洪道出口下游河道较为狭窄，河床基础岩石为砂页岩互层，岩石抗冲刷能力较差，河床砂卵石允许抗冲流速为2.5m/s；弱风化页岩、粉砂质页岩允许抗冲流速为3m/s；微风化岩体与新鲜岩体允许抗冲流速为3.5m/s。通过水工模型试验研究，如采用常规的连续式挑流鼻坎，挑流入水点离左岸较近，对河岸护坡冲刷程度强；水舌入水后冲击动能较大，致使冲坑较深；冲坑明显偏向左岸，冲坑上、下游处流态较差，对河道及护坡都会产生较大的破坏，泄洪消能设计难度大。需结合水工模型试验继续创新研究适应本工程地形地质条件下的挑流鼻坎体型结构，满足下游河道消能防冲。

（3）开挖弃渣料合理利用及弃渣占地与生态保护矛盾解决的难度大。龙背湾电站趾板基础、溢洪道泄槽开挖形成的大量弃渣因岩性软弱、遇水软化等特性无法作为筑坝材料，如不做专门处置，需转运并单独设置专用弃渣场地，将增加工程占地、破坏当地生态环境、挤占有限的土地资源，相应的弃渣场地水保、环保及生态恢复等投资极大。弃渣占地与生态保护的矛盾极为突出，合理利用弃渣、减少弃渣及占地、保护水质及生态环境等设计存在较大难度。

（4）放空洞下游消能防冲、提前下闸蓄水设计难度大。为水库安全运行，高面板坝均需设置放空洞。放空洞出口地质条件等同于溢洪道左岸泄槽段，岩性软弱，抗冲刷能力较差。常规放空洞出口消能防冲设计较难满足要求。同时，如何利用放空洞在水库蓄水初期能对水库水位精准调控，泄放各种水头、各种泄量的调洪要求，是工程提前下闸蓄水投产发电，取得经济效益的关键，也是本项目创新设计的关键技术。

针对上述工程特点及技术难点，全面系统的开展了十余年科学研究及工程实践，取得一系列关键技术及创新性成果。

2.2　设计中的关键技术

（1）创新性提出了在国内外为数不多"不对称河谷、河床深覆盖层及软岩基础"的160m级高面板堆石坝设计中采用"斜-等宽窄趾板新型复合趾板"结构型式。相比常规趾板结构体型，斜-等宽窄趾板结构在本项目的应用，趾板基础开挖后形成的高边坡由常规的260m降低至190m，减少土石方开挖21万m³；减少了趾板结构、工程永久占地、高边坡防护工程量；减少了无用弃渣料的转运及弃渣占地；降低了边坡开挖对当地生态环境的扰动破坏及高边坡防护施工难度；缩短了趾板施工工期。

（2）系统研究了溢洪道折线型泄槽结构。结合溢洪道泄槽左岸地形地质条件，通过水工模型试验验证，在满足溢洪道水力学前提下，考虑到泄槽段上部流速较小，此段泄槽基础坐落在弱风化中部即可。为减少左岸边坡开挖和高边坡防护施工难度，将泄槽段纵坡调整为上游 1 ：10、下游 1 ：1.7，中间由一段水平投影长 30.54m 抛物线连接的折线型泄槽结构。

相比于采用常规的一坡式泄槽结构，采用折线型泄槽大量减少无法利用的土石方开挖；泄槽上部基础面抬高，减少了上部泄槽左岸的高边坡开挖和防护工程量；更有利于左岸不利地质条件下山体边坡的稳定，降低了边坡施工难度；保障了溢洪道运行期的安全稳定。

（3）结合水工模型试验，系统研究了"圆弧形平面差动式鼻坎结构"消能的设计理念，相比常规的连续式挑流鼻坎，差动式鼻坎水舌形状在宽度上变窄了，而水舌入水点的左边界也顺其自然地向右收缩了 6m 左右的距离，在不加深冲坑的前提下，进一步将水舌入水点的左边界向右移动，进一步减少了挑射水流对左岸山体的冲刷破坏。本项目应用的"圆弧形平面差动式鼻坎"结构，使下游河道冲坑深度相比连续式挑坎减少 6.18m，利用水舌在不同挑坎上纵向拉伸和横向扩展，在空中碰撞消能，增大入水面积，下泄水流能量分散，下游河道回流区域流速整体减少，对两岸冲刷明显减小，节省了下游河道消能防冲工程投资。

上述几项关键技术从结构创新设计等方面减少了开挖弃渣、高边坡防护和生态环境扰动破坏，对当地生态环境和南水北调水源地水质保护有着极好的作用与意义。

2.3 高土石围堰"下墙上膜"复合防渗关键技术

创新性提出高土石围堰"下墙上膜"复合防渗技术，采用弃渣填筑高土石围堰，解决了弃渣料的转运、堆存问题，突破了原设计中枯水期围堰需高、低两条导流洞的技术瓶颈。通过填筑高土石围堰为全年挡水围堰，取消高导流隧洞施工，合理解决了工程弃渣问题，对生态环境和保护水质起到了极好的作用，并节省导流工程投资及施工工期。高土石围堰采用塑性混凝土防渗墙＋复合土工膜联合防渗的方式，复合土工膜设计挡水水头首次突破 50m（达 51.29m）。

2.4 大直径高水头可调节流量阀关键技术

放空洞创新采用直径 3.0m、设计水头 160m 的可调节流量阀技术，放空阀为锥型流量调节阀，高速水流以宽广的放射状对空喷射扩散，通过水流和空气大面积的摩擦产生雾化，实现大气消能，较好地解决了放空洞出口的消能防冲问题。

超大型水库放空阀口径为 3000mm，公称压力为 1.6MPa，阀门基座承受压应力 700kN（含介质重量）；最大流量 152m³/s。该阀口径和压力为国内最大。

本关键技术可对水库初期蓄水水位及泄放流量任意调节，防洪保安、大气消能效果良好。利用可调节流量阀精准控制水库水位，水库临时蓄水。在二期面板完成并验收后，关闭放空阀。水库蓄水至死水位以上时发电，工程提前半年发电，效益明显。

2.5 高油压调速器关键技术

混流式水轮机通常采用油压等级低于 6.3MPa 的水轮机调速器，由于存在着自动补气阀的高故障率导致的不能补气，油压装置的运行不能实现自动化；油压装置的运行需要一套完善的高压空气系统；低油压导致水轮机导叶接力器体积庞大，不方便检修；漏油量大，污染环境等原因，常规的水轮机调速器自动化程度低、可靠性差、投资大、运行检修维护工作量大、周期长。

高油压调速器关键技术解决了上述问题。机组调速器采用 GKT-50000-16 型高油压微机调速器，额定工作压力 16.0MPa，操作功为 50000kg·m。该调速器为国内中型电站最大的单调高油压调速器。与传统的调速器及油压装置相比，高油压调速器具有十分显著的技术经济优势：

（1）具有优良的速动性及稳定性、质量可靠、互换性好，布置灵活，检修方便。

（2）采用成熟的高油压液压控制技术，无漏油点，保护了生态环境。

（3）运行中无须补气，规避了常规设计中自动补气阀的高故障率，极大地提高了机组自动化程度，也不须设置高压气系统，节省了电站的布置场地和机电设备，可使电站节约一笔可观的投资和运行费用。

3 已获工程项目的科技成果、专利、奖项

3.1 与当前国内、外同类项目主要经济指标的对比情况

（1）斜－等宽窄趾板新型复合趾板结构设计对比。经查找，国内、外未找到采用斜－等宽窄趾板的同类项目。本工程采用斜－等宽窄趾板新型复合趾板结构为国内外首创。采用新型复合趾板结构共减少了石方开挖 21 万 m^3，减少工程永久占地、趾板结构、施工工期及边坡防护投资约 2114 万元。

（2）溢洪道折线型泄槽、圆弧形平面差动式鼻坎结构设计对比。本工程采用的溢洪道折线型泄槽、圆弧形平面差动式鼻坎结构设计相比项目原初设减少了土石方开挖约 14 万 m^3，估算投资比原初设减少投资约 790 万元。

（3）高土石围堰"下墙上膜"复合防渗技术对比。经查找，国内、外采用弃渣填筑高土石围堰，高土石围堰采用塑性混凝土防渗墙＋复合土工膜联合防渗的项目有白鹤滩、溪洛渡等，但上述项目的挡水水头最大 43m，本项目复合土工膜设计挡水水头 51.29m 为国内最高。通过上述技术的应用，节省一条高导流洞、弃渣堆存、转运及弃渣占地投资约 2135 万元。

（4）一种超大型放空阀应用技术对比。本项目放空洞采用直径 3.0m 可调节流量阀技术、设计水头 160m（用以调节水库枯水期水位）。查新报告中经查找国内、外同类型项目同级别挡水水头和直径中，未找到相关内容，本技术结构为独创，取得 2 项发明专利和 3 项实用新型专利。通过超大型放空阀应用，可以较好地解决放空洞出口消能防冲难题，并利用放空阀精准控制水位，水库初期蓄水。工程提前半年发电，获得 1.63 亿 kW·h 电量，折合营业收入约 6450 万元，效益显著。

3.2 使用新技术设计的专业和新技术的名称及来源

（1）水工专业：斜－等宽窄趾板新型复合趾板结构，本技术为自主研究。溢洪道差动式鼻坎体型结构，本技术为自主试验研究。

（2）施工专业：高土石围堰"下墙上膜"复合防渗关键技术，本技术为引进创新，国内最大的土工膜挡水高度为后面的规范修改提供了基础。

（3）水机专业：直径 3.0m、设计水头 160m 可调节流量阀技术，本技术为自主研发，已取得 2 项发明专利和 3 项实用新型专利。

3.3 工程取得专利及获奖情况

工程取得主要专利及计算机软件著作权情况见表 1。

表 1　　　　　　　　　　工程取得主要专利及计算机软件著作权情况表

序号	知识产权类别	知识产权名称	授权号	权利人
1	发明专利	一种超大型水库放空阀	ZL201510434809.X	胡新益 吴红光等
2	发明专利	一种超大型水库放空阀结构	ZL201510435908.X	胡新益 刘学知等
3	实用新型	一种超大型水库放空阀的液压驱动系统	ZL201520535471.2	胡新益 吴红光等

序号	知识产权类别	知识产权名称	授权号	权利人
4	实用新型	一种超大型水库放空阀结构	ZL201520536830.6	胡新益 吴红光等
5	实用新型	一种超大型水库放空阀	ZL201520537373.2	胡新益 吴红光等
6	发明专利	基于大地水准面模型测量水准高差的方法	ZL201310738247.9	邸国辉
7	计算机软件著作权	水工计算实用程序 V1.0	2010SR041824	黄桂林
8	计算机软件著作权	岩土参数经验取值系统 V1.0(软件)	ZL2016SR030475	彭义峰 陈汉宝 江妤
9	计算机软件著作权	注水试验计算软件 V1.0	ZL2016SR064389	彭义峰 江妤

4 工程运行情况

龙背湾水电站 2014 年 10 月 12 日下闸蓄水以来，2015 年 5 月首台机组正式并网发电，2015 年 7 月第二台机组并网发电。2017 年水库水位接近正常蓄水位 520.0m，2020 年 11 月水库最高水位 520.11m，超过正常蓄水位。工程已经过 6 年运行实践考验，大坝、金属结构经受了正常高水位考验，溢洪道、放空洞及下游河道均经受了泄洪运行考验，水力学原型观测表明，泄水建筑物及金属结构运行正常。

现场检测及安全监测成果表明，龙背湾水电站枢纽建筑物运行正常，边坡稳定，坝体沉降、应力应变、面板挠度及渗漏值与设计值基本相当，大坝渗漏量约 70L/s。

龙背湾水电站 2 台机组投产运行以来，2020 年最高年发电量达 4.66 亿 kW·h，机组均已达到设计额定出力，机电设备运行监测表明，水轮发电机组及其附属设备、电力设备、控制保护设备均正常工作。

4.1 工程经济效益和社会效益

（1）社会效益。龙背湾水电站作为龙头水库，具有多年调节能力，建成后可充分利用堵河流域水能资源，提高流域整体开发效益。能有效缓解湖北电网调峰矛盾，提高电网供电质量。作为清洁能源，可节省煤耗，保护环境，促进地区经济的持续发展。工程建设历时 4 年，大大增加当地就业机会；工程正常运行后，改建道路 60 多公里，促进当地旅游等绿色经济发展，助力乡村振兴，为地区脱贫致富作出较大贡献。

（2）经济效益。龙背湾水电站多年平均发电量为 4.19 亿 kW·h，同时，水库具有多年调节功能，大大提高了下游各个梯级电站的保证出力和年发电量。2020 年，龙背湾水电站最大年发电量为 4.66 亿 kW·h，截止到 2021 年 7 月 12 日，共计发电量 22.92 亿 kW·h，实现营业收入 9.07 亿元。

（3）生态环境效益。水库蓄水后库区呈现高峡出平湖的景观，与堵河十八里长峡国家级自然保护区、桃花源景区等交相辉映，共同形成特色旅游风景区，带动当地旅游经济的发展。库区水体表面积增大，使周边生态环境得到保护和改善，形成了绿水青山的壮丽美景。另外，可充分利用水库多年调节能力，增大枯期下泄水量，龙背湾水库将有效改善下游河道水生态环境需水量。

（4）南水北调中线供水效益。龙背湾水库多年平均来水量占丹江口水库多年平均来水量的 3.8%，龙背湾水库库容系数 29.6%，可有效协助丹江口水库进行径流调节，提升南水北调中线水源保障程度，为"一库清水永续北送"提供一定基础条件。

龙背湾水电站工程，是一项民生工程，也是一个重点扶贫项目。本项目创新成果的运用保障了工程的安全稳定运行，极大提高了水能资源利用率，对生态环境和水质保护起到了较好的作用，显著减少了占地和弃渣，维护了水质安全，工程建成后，对提高流域电源整体竞争能力，提高南水北调中线供水保障能力，促进竹山、竹溪、房县库区群众脱贫致富和区域经济发展发挥了重要作用。

5 工程照片

图 1　龙背湾水电站枢纽下游俯视

图 2　龙背湾水电站枢纽上游俯视图

图3 面板坝采用斜—等宽窄趾板复合结构

图4 龙背湾水电站溢洪道折线型泄槽

图 5　放空洞出口可调节流量阀调洪过程

吴红光　年夫喜　李琦　执笔

河北省南水北调配套工程保沧干渠工程

（河北省水利规划设计研究院有限公司　河北石家庄）

摘　要：保沧干渠在工程设计过程中，在线路比选、方案布置、管材管径选择、管道结构设计、阀门阀井选型、工程施工、管道功能性试验等方面做了大量的工作，进行了深入研究，解决了长距离大流量输水管道水锤防护措施、利用调流阀进行流量精细控制、PCCP接口打压和整体水压试验的压力控制和合格标准、球墨铸铁管段阀门止推、大口径长距离输水管道安全监测等技术难题，形成了技术特色。

关键词：接口密封性试验；调压塔；无线智慧安全监测系统；钢岔管带水补强；线性工程的地质勘察

1　工程（项目）概况

保沧干渠工程是河北省南水北调配套工程的重要组成部分，行经保定、沧州、廊坊3市，受水区为12个县（市）共15个供水目标。保沧干渠从南水北调中线总干渠中管头分水口取水，沿线设曲阳、定州水厂、定州园区、安国、博野、蠡县、肃宁、河间（含献县）、高阳、任丘、文安、大城共12个分水口，分水口后设支线输水至各供水目标。工程总投资51.71亿元。工程建设始于2010年4月，2016年9月建设完毕，2016年9—12月进行验收，2016年11月投入使用。

1.1　流域及水文

保沧干渠地处暖温带大陆性季风气候区，四季分明。多年平均气温一般在12.3℃左右，7月温度最高，月平均气温在26.2℃以上，1月温度最低，月平均气温为-4℃。全年无霜期一般在185～193d。封冻期一般在12月，解冻期一般在2月，最大冻土深度67～78cm。年日照时数为2590～2881h，多年平均蒸发量为1755～2230mm（ϕ20cm）。干渠沿线多年平均降水量540.7mm。降水量年内及年际分配不均，丰枯相差悬殊，年内降水量的70%～80%集中于汛期，多以暴雨形式出现。

保沧干渠与众多河流交叉，交叉河流主要有漠道沟、小唐河、月明河、潴龙河、陈村分洪道、小白河西支、小白河东支、古洋河、于家河、任文干渠、小堡支渠、南赵扶排干、广安干渠等13条河（渠），共交叉15次。

1.2　工程任务

保沧干渠主要担负向保定、沧州、廊坊3市12个市（县）的供水任务，供水目标以城市为主，兼顾农业和生态环境用水。在汉江水量较丰时，利用分水、退水设施向河道放水，改善下游农业及生态环境。

1.3　工程规模、等级

中管头分水口门分配水量26503万m³，相应各县（市）分水量为：曲阳500万m³，定州（定州市

2000万m³，定州产业园区1300万m³）3300万m³，安国1500万m³，博野500万m³，蠡县1400万m³，高阳1800万m³，肃宁1218万m³，河间5277万m³，献县692万m³，任丘（含油田3081万m³）8725万m³，文安754万m³，大城（含工业园区）837万m³。其中曲阳自中管头分水口单独设管道扬水至县城，工程规模中未考虑其供水量。

保沧干渠工程等别为Ⅲ等。沙河干渠节制闸、连通涵、引水箱涵、管道、调压井、阀井等主要建筑物按3级设计，防护结构等次要建筑物按4级设计。设计洪水标准20年一遇，校核洪水标准50年一遇。

1.4 工程地质概况

工程区沿线主要为平原地貌，大致以安国与博野县界为界，以西为洪积冲积平原、以东为冲积平原。渠线沿线总体地势平坦开阔，由西南向东及北东倾斜，渠首至调压井地面高程73.4～15.4m，调压井至河间分水口地面高程15.4～10.3m，调压井至大城分水口地面高程15.4～2.9m。

沿线在勘探深度范围内，揭露的地层均为第四系松散堆积物，主要有上更新统冲洪积（al+plQ₃）粉细砂、中粗砂、砾砂、砂壤土、黏土和壤土；全新统冲洪积（al+plQ₄）黏土、壤土、粉砂、中砂；冲湖积（al+lQ₄）黏土、壤土、含有机质壤土、砂壤土、粉砂、细砂和中粗砂；冲积（alQ₄）壤土、黏土、砂壤土、粉砂、细砂。

根据GB 18306—2001《中国地震动参数区划图》，渠首至安国县小营村地震动峰值加速度为0.05g，相应地震基本烈度为Ⅵ度；小营村以东至肃宁县王家佐村，以及至任丘市东浪淀村地震动峰值加速度为0.10g，相应地震基本烈度为Ⅶ度。王家佐村至献县渠尾，以及东浪淀村至大城县渠尾地震动峰值加速度为0.15g，相应地震基本烈度为Ⅶ度。

根据沿线土壤视电阻率值对钢结构腐蚀性的分析判定：主干线大部分具弱—中等腐蚀性，局部为强腐蚀性；南干线大部分具中等—强腐蚀性，局部为弱腐蚀性；北干线大部分具中等—强腐蚀性，局部为弱腐蚀性。

渠段内涉及的主要工程地质问题为：沉降变形、地表水影响、地下水影响、水土腐蚀性、饱和砂土震动液化、临时边坡稳定性、河道冲刷等。

1.5 工程总体布置

保沧干渠自南水北调中线总干渠中管头口门引水，沿线途经曲阳、定州、安国、博野、蠡县，在蠡县北王庄设调压塔。管道出调压塔后，线路分为两条，南干线经过肃宁县城北部到河间水库为终点；北干线经过高阳后到任丘分水口。在任丘分水口设一级泵站，供水到廊坊的文安县，在文安分水口处设二级泵站，供水至终点大城县。线路全长243.571km。

保沧干渠全线采用有压输水，地下埋管（涵）的形式，首端为钢筋混凝土箱涵，其后为管道，选用PCCP、DIP、SP等多种管材，管径DN2200～DN700，管道设计内压0.6～1.0MPa。

保沧干渠工程按功能、管材结构、控制区段等因素，划分为8大部分，分别为沙河干渠连通工程、主干线输水箱涵、主干线管道工程、南干线工程、北干线自流段工程、北干线一级泵站及输水工程、北干线二级泵站及输水工程、文安支线。

（1）沙河干渠连通工程。保沧干渠主要向下游用水户输送引江水，当总干渠检修或者上游来水不足时，依靠王快水库进行补充，需建设沙河干渠与保沧干渠的连通工程。连通工程包括沙河干渠节制闸和连通涵。节制闸包括上游连接段、闸室段和下游连接段三部分，总长125m。节制闸设计水位72.20m。连通涵分为进口引水闸段、涵洞段和出口闸室段，总长度215m。

（2）主干线输水箱涵。输水箱涵包括无压输水段和有压输水段，总长6.38km。无压段长2.60km，纵坡0.0003，单孔钢筋混凝土箱涵，箱涵宽3.6m，高3.6m，底板壁厚0.65m，顶板、侧墙壁厚为0.60m，单节长度15m。无压段穿莫道沟时设倒虹吸，倒虹吸上下游设通气孔。无压输水箱涵末端设跌井，实现无压到有压的转换，跌井采用钢筋混凝土结构，长 11m，宽 5.90m，底高程 64.15m，顶高程 73.00m，设计水位 69.408m。有压段长 3.78km，首端为无压箱涵末端跌井，末端为定州水厂分水口。箱涵为单孔钢筋混凝土结构，净尺寸 3.2m×3.2m，底板壁厚 0.65m，顶板、侧墙壁厚为 0.60m，单节长度 15m。沿线设通气孔三处。箱涵转弯半径按 5 倍结构宽度确定，对于转角较小时，折线转弯。有压箱涵末端设定州水厂分水口。

（3）主干线管道工程。起点为定州水厂分水口（桩号 6+380），沿途设置定州园区、安国、博野、蠡县 4 个分水口，结合安国、博野分水口设置联络间，另在定州园区—安国分水口之间（桩号 30+000）设一座联络间。此段主干线总长 76.615km。管道选用两条 PCCP，桩号 6+380～76+305 管径为 DN2200，桩号 76+305～82+995 为 DN2000。沿线共设置排气井 190 座，检修井 14 座，泄水井 14 座，联络间 3 座。为消减末端的任丘、河间等分水口流量变化引起的水击波，降低管道水锤压力，同时降低末端管道的工作压力，在主干线末端设置调压塔。调压塔水利功能部分为钢筋混凝土圆筒式结构，内径 11m。调压塔上游为双排 DN2000PCCP 管道，为便于操作，DN2000 管道末端设置 Y 型岔管，设 4 个 DN1400 活塞式调流阀与调压塔连通。

（4）南干线工程。南干线起点为调压塔之后，终点为河间（献县）分水口，总长 41.54km，沿线设肃宁分水口、河间（含献县）分水口，全线为单排管径 DN2000 的 PCCP，沿线共设置排气井 59 座，检修井 7 座，放水井 7 座。

（5）北干线自流段工程。北干线自流段起点为调压塔之后，终点为任丘分水口，总长 56.185km，沿途设高阳分水口和高阳—任丘联络间，末端设任丘分水口和一级泵站，选用双排 PCCP，桩号 NG0+000～NG21+800 管径为 DN2000，桩号 NG21+800～NG56+185 管径为 DN1800。沿线共设置排气井 160 座，检修井 9 座，泄水井 10 座，联络间 2 座。

（6）北干线一级泵站及输水工程。一级泵站与任丘分水口一并布置，由清水池、泵房、变配电室、管理房等建筑物组成。一级泵站清水池容积按 0.5h 水量考虑，取 1400m³，钢筋混凝土结构，平面尺寸 13m×22m，池底高程 4.30m，设计水位 9.30m。泵房平面尺寸 7m×33.5m，底高程 2.80m，检修平台高程 7.80m，下部为钢筋混凝土结构，地面以上为排架结构。泵站设计流量 0.70m³/s，设计扬程 60m。泵房内安装 4 台单级双吸卧式离心泵。出水管汇入 DN900 输水干管。一级泵站—文安分水口管道总长 39.266km，选用单排 DN900 管道，管材为球墨铸铁管。沿途设置进排气井 58 座，放水井 3 座，检修井 3 座。管道末端设文安分水口。

（7）北干线二级泵站及输水工程（NPS0+000～NPS22+324）。二级泵站与文安分水口一并布置，由清水池、泵房、变配电室、管理房等建筑物组成。清水池上游干管设文安分水口支管。二级泵站清水池容积按 0.5h 水量设置，取 950m³，钢筋混凝土结构，平面尺寸 10m×19m，池底高程 0.80m，设计水位 5.80m。泵房平面尺寸 7m×31.5m，底高程 -0.70m，检修平台高程 4.30m，下部为钢筋混凝土结构，地面以上为排架结构。泵站设计流量 0.40m³/s，设计扬程 50m。泵房内安装 4 台单级双吸卧式离心泵。出水管汇入 DN700 输水干管。二级泵站—大城南分水口管道总长 22.324km，选用一条 DN700 管道，管材为球墨铸铁管。沿途设置进排气井 36 座，放水井 3 座，检修井 3 座。管道末端为大城分水口。

（8）文安支线（WA0+000～WA1+261）。文安支线起点为文安分水口，管道全长 1.261km，选用单排 DN600 管道，管材选用球墨铸铁管。沿途设置进排气井 2 座，检修井 1 座。

2 工程特点及关键技术

2.1 工程总体布置

保沧干渠工程管道全线较长，沿途管道穿越多条河流和道路，管道上下起伏较多。根据用水户分布

125

特点，大的用水户为任丘和河间，且位于干渠末端，从地理位置上，分别处于中管头分水口南北两侧；根据地势特点，该输水工程总落差约 60m，水头较高，且上游 80km 范围内纵坡陡，下游相对较缓。

根据上述工程特点，保沧干渠采用有压重力流和水泵加压两种方式输水，沿途设有多个分水口。设计中，根据用水户的地理位置分布及需水量，通过多线路比选，选定了"一主两分"的总体方案。

沿线设有 12 个分水口（15 个供水目标），每座分水口连接输水支管至各供水目标水厂，操作运行条件极为复杂。设计团队结合工程特点，对管道中间是否设置调压塔进行了专题研究，通过对不同布置、不同运行工况的水力过渡过程的模拟，认为设置调压塔，在常规流量调节时程下，可以消减水锤压力 30mH$_2$O。保沧干渠最终选定调压塔结合空气阀的水锤防护方案，管道内压设计值不超过工作压力的 1.4～1.5 倍，实现了管材压力选择与流量调节时间的协调，保证工程安全，降低工程投资。本工程系在河北省平原地区首次采用，水锤防护效果明显。该技术在随后的配套工程设计和改造工程中推广应用 3 次。

2.2　管材、管径设计

保沧干渠重力自流段采用下游流量调节的运行方式，充分利用重力自流向各目标水厂供水。工程输水流量大，地势变化明显，根据内压、过流能力、施工条件等对输水管材、管径及管道布置经技术经济比选，合理确定各项技术指标。主管材分别选用预应力钢筒混凝土管、球墨铸铁管，管径含 DN2200、DN2000、DN1800、DN900、DN700、DN600 六种，主干线、北干线自流段之前为双排管道，南干线、北干线加压段为单排管道。

多种管材、管径和管道条数的设计，在满足工程输水要求的前提下，节省了工程投资。

2.3　PCCP 管道设计制造

在预应力混凝土管的选择与设计中，对原材料选择、制作工艺、检验标准、施工工法进行了大量的研究改进，使设计更科学，施工更高效，检测更合理，提出的多项技术指标被应用于后续配套工程建设之中。

在 PCCP 管道生产过程中，对钢筒用薄钢板提出了"钢筒用薄钢板尽量采用热轧钢板，如采用冷轧钢板，要求在钢板出厂前进行除油处理"的要求，对于管芯内表面的裂缝要求提出了"PCCP 标准管落地验收应满足以下标准：管道内表面不应出现大于 0.15mm 环向或螺旋裂缝，距离管道插口端 300mm 以内不应出现宽度大于 0.3mm 的环向裂缝，整根管道不应出现 2 条及以上可见环向或螺旋裂缝（不包括插口端 300mm 范围以内）且单条可见裂缝长度不应超过一个内径周长"等高于国标的标准，促使管道生产厂家通过调整缠丝工艺、加强管芯养护、控制钢筒焊接质量、插口端设置附加钢丝等手段，大大提高了管道安全性和耐久性。

保沧干渠 PCCP 管道承插口钢圈采用 0.12mm 厚的聚氨酯防腐处理，接口外缝采取了水泥砂浆灌缝，砂浆外缠环氧沥青冷缠带的措施，通过冷缠带相对柔性的特点，对承插口钢圈起到双重保护，效果良好。

2.4　砂性土相对密度与压实度

管道有效支撑角和管身两侧范围内填土压实度高，对管道的结构受力有利，能有效提高管道的承载能力。GB 50286—2008《给水排水管道工程施工及验收规范》中，无论黏性土还是非黏性土，皆以压实度作为压实指标进行控制。在水利相关标准中，黏性土采用压实度作为压实指标，对于非黏性土以相对密度作为压实指标。由此产生了压实指标与检测标准不匹配的问题。

对于此问题，项目组以 GB 50286 推荐的压实度控制干密度，同时进行相对密度试验，以相对密度试验的结果反算此干密度对应的相对密度。通过对工程中的砂垫层进行压实度和相对密度试验，击实试验最大干密度 1.65g/cm^3，最优含水量 16%，相对密度试验最大干密度 1.68g/cm^3，最小干密度 1.37g/cm^3。压实度 0.95 对应相对密度 0.68，压实度 0.90 对应相对密度 0.42。根据计算结果，对于有较高要求的支撑角度范围内，以压实度或者以水利工程常用的土石坝工程（或堤防工程）控制的相对密度进行控制，效果相当，但对于两侧或者管顶区域，以相对密度进行控制的压实要求更加严格一些。

此成果已在其他配套工程中参考使用。

2.5 调压塔前调流设施选型与布置

本工程调压塔前调流阀在工程运行中根据运行要求或用户用水量的变化对输水流量进行调节，控制分水流量和压力水头；当输水系统在低于管道设计输水流量下运行时，消减系统产生的富余能量；输水管道停水时，缓慢关闭调流阀，有效控制和降低系统水锤压力。调流阀选用活塞式调流阀，该阀具有线性调流和稳定减压的功能，阀塞在阀腔内沿轴向运动调节过流面积，具有过水流量大，振动小，噪声低，气蚀轻等优点。为实现阀门远程自动控制，调流阀操作方式为电动。电动执行机构采用智能型一体化产品，利用先进的集成控制技术，实现阀门的远程操作和精细控制。

考虑调压塔前调流阀的重要性和要求的可靠性较高，该处设置 4 台 DN1400 调流阀，并联布置，设计工况下同时工作，运行初期和事故工况互为备用。此种布置方式在长距离、大口径重力有压输水工程中为首次采用，缩短了调流阀全行程有效关闭时间，使管线调度的安全性和灵活性大大增加，降低了电动执行器设计制造难度，方便了工程运行调度。

2.6 无线智慧安全监测系统

本工程为大口径长距离压力管道输水工程，管道运行是否安全可靠非常关键，工程首次采用无线智慧安全监测系统（现已申请专利，专利号：ZL 2018 2 0512162.7）。该监测系统具体包括无线数据采集设备、太阳能供电设备和数据远程无线传输设备；无线数据采集设备用于实时采集、自动存储和远程传输监测节点的指示信号；设备供电方式采用太阳能供电；数据远程无线传输设备设置在输水管线的孤立的监测节点上，用于实现压力变送器数据传输和交互。

2.7 PCCP 接口密封性试验

大口径 PCCP 的管道接口连接完毕后进行单口水压试验，试验压力一般取管道设计压力的 2 倍，且不得小于 0.2MPa。

PCCP 管道设计压力是指管道系统在运行中，作用在管内壁上的最大瞬时压力，为管道工作压力与残余水锤压力之和。管道的工作压力是指管道系统在正常工作状态下，作用在管内壁上的最大持续运行压力。如果按照标准，接口打压试验远远高于整体水压试验的压力。同时由于 PCCP 为双胶圈接头，接口打压时，内侧的胶圈受力方向与工程实际运行时的受力方向相反，项目组认为接头打压采用过大的压力对验证接头的密闭性无实际意义，相反，可能造成接头处试验性破坏。

保沧干渠单口水压试验，规定了试验压力以设计压力为控制，均合格，在工程整体水压试验时，容许渗水量和压力降均满足合格标准。在随后水利部发布实施的专门的 PCCP 水利行业技术标准 SL 702—2015 中，对于接口打压做出了规定，试验压力与保沧干渠实际采用的标准一致，证明设计选用的控制标准是科学合理的。

2.8 PCCP 整体水压试验

GB50268 规定，压力管道水压试验的管段长度不宜大于 1.0km，这是主要考虑便于试验操作而进行的原则性规定。事实上，长距离输水管道如执行此规定，分段数量巨大，靠背和堵头的制作及安装、管道合拢的工作量也很大，尤其在大口径管道中，会因为水压试验引起工期大幅延长和费用的增加。

在河北省南水北调配套工程保沧干渠，PCCP 管道直径在 1.8 ~ 2.2m，管道纵坡 1/2000，管线沿程 6km 左右设置一座检修阀门井。水压试验时，考虑到管道纵坡较缓，检修阀门井设计时考虑了水压试验压力下的抗滑问题，因此水压试验分段一般结合检修井，以上下游检修蝶阀为堵板，依靠检修井为靠背，分段长度为 6km 左右。保沧干渠按全段充水—分段打压的实验方案，大大加快了试验进度，减少了合拢管数量，检验了工程质量，降低了工程投资。

项目组结合工程实际，编写完成了河北省地方标准《长距离输水管道整体水压试验技术规程》并于 2018 年 5 月颁布实施。

2.9 球墨铸铁管管道设计

针对球墨铸铁管在水利水电工程的应用开展了专题研究并将成果应用于工程设计之中。系统分析了水力设计问题，认为长距离管道水力损失宜采用海曾威廉公式或者谢才公式，得到了工程实施后的监测数据验证。工程设计中设计、改型并成功应用了自锚管、钢管与铸管转换承插口、进人检修排气三通、顶进 DIP 管、功能性试验型式和控制标准等，部分成果形成了水利水电工程用球墨铸铁管道技术规程团体标准。

2.10 调压塔设计、施工

调压塔设计和施工中，解决了大体积混凝土施工温度控制、筒身高比例开孔率下的结构计算、筒身主体结构与外形结构后期施工变形协调等问题。建成后的调压塔满足了水锤防护的技术难题。同时调压塔外形采用仿古城台结构，建成后成为配套工程的地标建筑物。

2.11 线性工程的地质勘察

管线沿途穿越河流、公路、铁路、输油（气）管线，连接输电高压走廊，管道一般采用明挖埋设方式，穿越处采用定向钻、顶管、暗挖、明管架设等方式，针对不同的地质条件和施工条件，采用有针对性的勘察手段，同时根据管材的不同，判定土（水）对管材的腐蚀性并提出防腐建议。以本工程为依托，编制完成了河北省地方标准《中小型线状水利工程地质勘察规范》并于 2021 年 2 月颁布实施。

3 已获工程项目专利

3.1 "一种压力输水管道钢岔管带水补强装置"（ZL 2019 2 1868538.9）

压力输水管道工程中，需要使用钢岔管来连接主管道与支管或阀门设备。在工程运行工程中，难免会由于种种原因导致钢岔管发生漏水的现象。目前处理钢岔管漏水问题需停水作业，影响工程的正常运行；需放水泄压，大量的水将排至地面，对耕地造成淹没，补强前需要探测出漏水位置，需要消耗大量时间，增加了事故造成的损失。针对以上问题，我公司研发了一种压力输水管道钢岔管带水补强装置，避免了由于停水检修导致的种种问题，减少了事故损失，加快了维修进度，为压力管道工程的运行维护起到了积极的作用。

3.2 "一种输水管线无线智慧安全监测系统"（ZL 2018 2 0512162.7）

工程采用无线智慧安全监测系统，实时在线监测管道运行状态，能够保证长距离输水管道的安全运行并及时发现事故和故障，为管线的安全运行和日常维护提供数据支持，提高了监测结果的准确性。

4 工程运行情况

保沧干渠受水区年配置水量 2.65 亿 m^3，最大引水流量为 9.9m^3/s，受水区人口 249.1 万人。

工程勘测设计符合国家有关方针、政策和法律法规，设计文件及图纸详尽。保沧干渠在工程设计过程中，在线路比选、方案布置、管材管径选择、管道结构设计、阀门阀井选型、工程施工、管道功能性试验等方面做了大量的工作，进行了深入研究，解决了长距离大流量输水管道水锤防护措施、利用调流阀进行流量精细控制、PCCP接口打压和整体水压试验的压力控制和合格标准、球墨铸铁管段阀门止推、大口径长距离输水管道安全监测等技术难题，形成了技术特色。

本工程自2016年11月开始通水试运行，沿线管线、设备等均运行正常。工程向各供水目标累计输送江水5.2亿 m³，有效缓解了当地水资源供需矛盾，提高了供水质量及保障安全系数，促进了当地社会、经济可持续发展，取得了巨大的社会经济效益。

5 附图及工程照片

图1

图2

图3

张丽　周玉涛　执笔

南水北调东线一期胶东干线济南至引黄济青段工程明渠段工程

（山东省水利勘测设计院有限公司　山东济南）

摘　要：南水北调东线一期胶东干线济南至引黄济青段工程明渠段工程是南水北调工程的重要组成部分，本文在简要介绍工程概况的基础上，系统阐述了本工程的突出特点和在工程设计中输水线路布置、土石方优化调配，适应机械化施工的衬砌结构、冰期输水方案、大体积输水箱涵顶进施工技术和绿色设计理念，并概括总结了本工程的先进性、创新性和主要技术成果，以及工程运行的效果、效益等。可供我国同类跨流域大型调水工程的设计与施工予以参考或借鉴。

关键词：南水北调；输水工程；衬砌结构；机械化施工；冰期输水；安全监测

1　工程概况

1.1　工程地点

南水北调东线一期工程济南至引黄济青明渠段输水工程（以下简称"济东明渠"）位于山东省中部，胶东地区西部，地理坐标东经 117°4′～118°7′、北纬 36°41′～37°7′。工程区域北邻黄河，南依泰沂山脉，西起山东省济南市历城区，途经济南市的历城、章丘、滨州市的邹平、博兴、淄博市的高青、桓台，东至山东省引黄济青工程，是山东省南水北调 T 形输水大动脉的重要组成部分，输水线路全长 111.165km。以小清河分洪道分洪闸下的入分洪道涵闸为界，分为沿小清河左岸新辟明渠输水和利用小清河分洪道子槽输水两大段。其中沿小清河左岸新辟明渠输水段长 76.590km，入小清河分洪道后，利用小清河分洪道开挖疏通分洪道子槽 34.575 km。

1.2　流域及水文

济东明渠工程全部位于小清河流域。小清河为泰山山脉以北独流入海的河流，位于鲁北平原南部，东临弥河，西靠玉符河，南依泰沂山脉，北以黄河、支脉河为界，流域面积 10336km²，约占山东省总面积的 1/15，是鲁中地区的一条重要排水通道，兼有农田灌溉、内河航运、海河联运等多种功能，同时也是全国 5 条重要的国防战备河道之一。

小清河流域地势南高北低，南部鲁山最高海拔 1108m，北部地面高程为 30～1.5m。小清河流域水系复杂，支流众多，一级支流 46 条，支流大部分从干流以南汇入，呈典型的单侧梳齿状分布，支流中多数系山洪河道。暴雨期仅一条支流的洪水流量就会给干流的防洪造成较大的洪水压力。小清河干流位于流域北部的低洼地带，流向大致与黄河平行，比降平缓，上游济南段为 1/1000～1/6000，中下游为 1/6000～1/8000，是典型的平原河道，与支流形成鲜明对照。

工程建设区属东亚季风区，年内四季分明，温差变化较大。冬季多东北风，寒冷干燥，降水量稀少；

夏季高温炎热，多东南风和西南风，冷暖空气活动较频繁，为暴雨洪水主要发生期。流域内较大的暴雨洪水多发生在 7 月、8 月。造成该工程区降水的主要天气系统是气旋、切变线、锋面、低涡等温带天气系统及热带天气系统中的台风、东风波等。多年平均降雨量为 674.2mm，受局部地形条件和暴雨区走向分布等因素的影响，年内降水在地域上的分布也极不均匀。总的趋势为流域内干、支流的上游区域降水量大（西南部及南部山丘区）、中下游地区降水量较少。

1.3　工程任务

济东明渠是南水北调工程的重要组成部分，其主要任务是连接胶东输水干线西段已建成通水的济平干渠工程，从而贯通整个胶东输水干线，为济南—引黄济青段工程全线顺利实施创造良好条件，为胶东地区重点城市调引长江水奠定基础，实现南水北调工程总体规划的供水目标，有效缓解该地区水资源紧缺问题。

1.4　工程规模、等级

1.4.1　工程等别与建筑物级别

济东明渠全线自流输水，设计流量 $50m^3/s$，加大流量 $60m^3/s$。工程等别为 I 等，工程规模为大（1）型。其主要建筑物级别为 1 级，次要建筑物级别为 3 级。

1.4.2　主要设计标准

（1）供水保证率：供水对象为城市生活与工业，供水保证率 95%。

（2）防洪除涝标准：输水渠道按 20 年一遇防洪标准设防；输水渠穿河、沟建筑物防洪标准为 20 年一遇；利用小清河分洪道子槽输水段按其分洪标准设防；穿输水渠排水沟建筑物按 5 年一遇排涝标准设计。

（3）路桥设计标准：管理道路参照公路四级；公路桥按城区及非城区，荷载标准分别采用城市 -A 级、公路 - I 级；生产桥荷载标准按公路 - II 级。

（4）抗震设计标准：济东明渠自起点（济南市区输水暗涵出口）至高青县樊家林乡杨庄以东的地震动峰值加速度为 0.05g，其相应的地震基本烈度为 VI 度，设计烈度采用 VI 度；樊家林乡杨庄以东至终点（引黄济青上节制闸）的地震动峰值加速度为 0.10g，其相应的地震基本烈度为 VII 度，设计烈度采用 VII 度。

（5）渠堤压实度：输水渠道渠堤填筑压实度 0.96。

1.5　工程地质概况

1.5.1　地形地貌

场区位于小清河流域，总体地势南高北低，南部最高处鲁山顶高程为 1108.0m，北部地面高程为 30.0～1.50m。小清河呈北东走向，位于山前倾斜平原与微倾斜低平原的分界处，南部为山前倾斜平原，北部为微倾斜低平原。

工程场区所属地貌类型为微倾斜低平原中的黄河冲积平原，由于线路较长，跨越的微地貌类型较多，新辟明渠段微地貌类型包括山前—平原交接洼地、决口扇前缘和缓平坡地，尤其缓平坡地分布范围广。子槽扩挖段包括缓平坡地和河漕洼地，其中河漕洼地分布范围较大。

1.5.2　地层岩性与地质构造

输水线路位于黄河冲积平原区，沉积有厚层的第四系松散堆积物，区域上跨越华北台坳（II₁）和鲁西中台隆（II₂）两大二级构造单元，齐河—广饶断裂为其分界线。从西至东依次穿过鲁西拱断束（III₈）泰沂穿断束（IV₂₅）北部，滨州台陷（III₄）广饶台凹（IV₁₆）西北部，次一级地质构造单元。

1.5.3　水文地质条件

输水线路浅层地下水类型为第四系孔隙潜水，主要赋存于砂壤土、粉土、壤土及发育裂隙的黏土中，含水层渗透系数一般为 1.20～8.30m/d，具中等透水性。地下水以大气降水和黄河侧渗为主要补给源，同时与小清河水互补，通过农田灌溉及向下游径流作为排泄途径。地下水径流方向与地形变化以及小清河的流向相一致。据工程沿线县市地下水位资料，地下水位变幅平均为 2.0～5.0m。

1.6 工程总体布置

济东明渠输水线路全长 111.165km，以小清河分洪道分洪闸下入分洪道涵闸为界，分为沿小清河左岸新辟明渠段和利用小清河分洪道段两大段。设计流量 50m³/s，加大流量 60m³/s。

新辟明渠段自历城区华山镇境内的济南市区段输水暗涵出口连接段起，沿小清河左岸与小清河形成三堤两河的布置型式，过历城区、章丘市，至滨州市邹平县魏桥镇西南，在山东魏桥创业集团厂区西南角偏离小清河，并平行创业集团厂区向北，至魏码公路折向东北，在张平村东南向东，穿过孟寺路后，沿镇内规划的东西路路南侧布置，至镇东约 500m 处，过邹平县魏桥镇后，输水线路再沿小清河左堤外布置，过邹平县至淄博市高青县，在高青县前石村公路桥上游接陈庄线路起点。自陈庄线路终点，高青县境内的小清河分洪道分洪闸闸下穿分洪道北堤入分洪道。沿小清河左岸新辟明渠段输水线路长 76.590km。输水线路进入小清河分洪道后，沿分洪道现状子槽位置布置，按输水要求疏通现状子槽至大张节制闸下，输水线路沿分洪道北堤南侧偏槽布置，新开挖子槽段至胜利河，以下利用现状分洪道子槽输水至引黄济青上节制闸按引黄济青工程。利用小清河分洪道段输水线路长 34.575 km。

为保证输水水质及便于工程管理，输水渠布置均采用立体交叉型式：在穿越较大河流时布置输水渠穿河倒虹；对沿线流量较小的河、沟及灌溉渠道，则根据与输水渠设计水位的关系，布置为跨（穿）输水渠的渡槽和倒虹；为满足冬季冰盖下输水的水位要求，结合输水渠倒虹的布设情况及输水渠比降情况，在超过 10km 无控制建筑物的渠段上布置节制闸；为满足分水要求，沿线布置分水闸；为确保输水渠的运行安全，输水期紧急检修时排泄渠内水体，在输水渠沿途有泄水条件的主要河流处布置泄水闸；为便于工程管理和维修，结合现有道路及堤防和桥梁在输水渠右侧（或左侧）布置 4.5m 宽的交通道路；输水渠的开通截断了现有交通道路，为便于群众生产、生活对截断的道路按道路等级和交通流量的大小而设置公路桥或生产桥；开挖输水渠、填筑堤防打乱了现有排水系统，为恢复生产排除地面涝水，根据涝水汇流方向和工程现状在输水渠单侧或两侧布置排水沟。开挖输水渠截断了现有灌溉系统，根据引水流量和渠道水位情况，分别布设穿输水渠渡槽、倒虹工程。

根据以上布置，济东明渠沿线布置水闸、倒虹吸、桥梁、跨渠渡槽、排涝站等五大类建筑物工程，共计 396 座。

1.7 工程建设起止时间、运行时间

济东明渠主体工程于 2011 年 2 月 18 日正式开工，2012 年 11 月底基本完成；2012 年 12 月山东省南水北调工程建设管理局组织开展本单元工程完工验收技术性初步验收；2018 年 10 月 23 日通过了山东省南水北调工程建设管理局组织的设计单元完工验收。2013 年 6 月试通水，2013 年 11 月正式通水运行，自通水以来，已完成 2020—2021 第 8 个调水年度，累计向济南、滨州、淄博、东营、潍坊、青岛、烟台、威海等 8 个地市调引长江水 31.59 亿 m³（胶东输水干线分水口水量）。

2 工程特点及关键技术

2.1 工程特点

济东明渠为长距离调水工程，具有工程规模大、输水线路长、沿线条件复杂的特点，从而决定了该工程技术复杂，需要克服技术问题多，设计难度大。一是工程沿线村庄密集，各类交叉影响多，线路布置难度大；二是输水线路全部位于小清河流域内，地貌类型为微倾斜低平原中的黄河冲积平原，由于线

路较长，跨越的微地貌类型较多，主要包括缓平坡地、山前—平原交接洼地、决口扇前缘、河漕洼地等，沿线地质条件复杂，主要表现在土质松散、淤泥质软弱夹层分布广泛、地下水位高。这些外部条件，决定了在工程设计中，必须解决好工程布置、沿线影响，渠床冻胀、地下水扬压力破坏、冰期输水、渠道安全运行等诸多技术难题。

2.2 关键技术

2.2.1 多方案比选，工程布置科学合理

为了满足工程规划目标和减小对渠道沿线的影响，有效控制工程投资，对输水线路进行了充分的方案比选。其中新辟明渠段输水线路着重对沿小清河左堤外新辟渠道输水和沿小清河左滩地新辟渠道输水两种方案进行了深入比较，经综合分析比较认为：沿小清河左滩地输水方案在不影响小清河汛期防洪的情况下，渠道上交叉建筑物比小清河左堤外输水方案少，工程永久占地少，基本不存在房屋拆迁问题，对沿途群众生产、生活影响较小；缺点是小清河滩地宽窄不一，局部段滩地较窄，远期工程扩宽难度较大；小清河是一条以防洪除涝为主的河道，汛期洪水上滩时易冲刷或淤积输水渠道；另外，由于两工程性质不同，给工程运行管理带来较多困难；因此，为减少工程投资，便于近远期工程相衔接，避免两工程在运行管理中产生矛盾，确保输水水质，该段选用沿小清河左堤外新辟明渠输水方案。利用小清河分洪道段提出了利用支脉河输水和开挖疏通分洪道子槽两种方案进行了比较；经综合比较认为，利用支脉河输水方案虽然主体工程投资小，但灌排影响处理复杂，且工程投资较大；开挖疏通分洪道子槽输水方案不仅投资小，而且在满足输水的同时，还可提高小清河分洪道分洪能力；开挖子槽土方可用于加高培厚分洪道北堤，达到减少土地占压和提高分洪道防洪标准的目的；分洪道内的输水线路还可通过合理的布置尽量减少对灌排系统的影响；因此小清河分洪道分洪闸下选择利用小清河分洪道子槽输水方案。初设阶段对两大输水方案进行复核，并对局部渠段进行微调，线路布置科学合理，达到了影响小、占地少、投资省、效益多、利于长远的预期效果。

2.2.2 渠道土石方优化调配

长距离大型调水渠道工程设计中，土石方量大、挖填不平衡、占地多是难以解决的重大问题，处理不好不仅会造成土地和投资浪费，也会对渠道沿线生态环境产生不利影响。在济东明渠设计中，把"挖填平衡、节约用地"作为设计优化的重要原则和目标，同时尽量减少与当地其他规划及群众生产生活的影响。为了实现此目标，设计中采用多种技术措施，多方案优化：一是优化选取线路布置，保证渠道在一定范围内土石方挖填相对平衡；二是在满足渠道不冲不淤要求的前提下，分段优化渠道纵向比降，使之尽量接近地面自然比降，避免深挖或者高填；三是在确定水面线时，在满足渠道自流输水的前提下，根据渠道沿线控制性建筑物对分水、冬季冰盖下输水控制水位要求及各渠段地形条件，不断优化调整渠道比降和水面线，尽可能实现输水渠道断面半填半挖；四是对于确实难以实现挖填平衡的渠段，尽量对弃土加以有效利用，发挥综合效益，减少弃土占地。主要的优化设计包括以下方面。

（1）新辟明渠段输水线路沿小清河左岸布置，该位置地面起伏较小，比降平缓，有利于实现渠道挖填平衡。同时在保证渠道尽量顺直的前提下，对局部对 65+934 ～ 71+191 渠段渠道中心线局部微调，向小清河左堤方向平移 6.0m 左右，进一步减少工程永久占地 48 亩。

（2）梨珩节制闸—高青县青肖沟倒虹进口渠段长约 45km，起止点地面高程为 19.5 ～ 14.0m，自然比降约 1/8000。本段自上游至下游布置大沙溜倒虹、田家节制闸、引黄入清沟倒虹、堂子节制闸、胡楼干渠倒虹、箕张节制闸共 6 座控制性建筑物。为使各渠段间挖填土方量趋于平衡，通过优化控制建筑物水头损失、调整渠道比降等措施，减少渠道挖方量挖方 58 万 m³，减少筑方 38 万 m³，使该段渠道挖填方量趋于平衡。

（3）新辟明渠段输水线路在渠道右堤与小清河左堤之间直接弃土，充分利用小清河右堤堤坡以上空间，既减少了工程占地，又进一步加宽、加固了小清河堤防。两堤之间弃置土方 171 万 m³，减少弃土占

地 355 亩。

（4）利用小清河分洪道子槽段开挖土方用于加高培厚分洪道北堤，减少土地占压，并提高现状分洪道防洪标准，设计加高培厚分洪道北堤 26.8km，复堤土方 141 万 m³，减少工程永久占地 519 亩。

通过初步设计阶段优化后，渠道除起始段、邹平县魏桥镇段弃土需要外运集中弃置外，其他渠段弃土少，占地少，基本实现了长距离渠道挖填平衡的最优设计。经分析计算，通过优化，渠道工程共减少土石方量 96 万 m³，节省占地 922 亩，节约投资 8144 万元，占批复概算的 3.2%。

2.2.3 创新机械化施工渠道衬砌结构

济东明渠输水渠全线的工程地质、水文地质条件非常复杂，渠道沿线土质渗漏严重、渠床土质多为粉黏含量高的冻胀性土壤，地下水位高，加上冬季气温低，同时还需要结合混凝土连续快速现浇的施工可行性，给渠道防渗结构设计提出了更高要求，也面临着诸多技术难题。为此在渠道防渗衬砌设计中，深入开展了以下方面技术攻关工作：一是根据沿线渠床的地层岩性，在确保衬砌结构坚固稳定的前提下，防渗效果满足规范规定的设计防渗效果要求的防渗技术；二是根据沿线地下水位情况，通过分析与设计水位和设计渠底的关系，研究地下水对衬砌结构的不利影响，提出了科学有效的技术措施，攻克了地下水扬压破坏的技术难题；三是根据工程所处地理位置和气象条件，分析不利气象因素和设计冻结深度，解决了削减冻胀量的技术难题；四是设计提出的防渗衬砌结构形式，充分考虑适应机械化衬砌施工要求，并能有效发挥机械化衬砌施工的优质高效性的特点；五是充分借鉴国内外渠道防渗衬砌结构的最新研究成果，拓展设计思路和方法，在满足"安全、防渗、防扬压、防冻胀、适应机械化施工"的要求下，使衬砌设计方案型式新颖、结构简单、造价低廉，满足安全性与经济性的有机统一。经过技术攻克，济东明渠的衬砌技术要点包括：

（1）衬砌结构型式。采取"全断面现浇高性能混凝土面板防渗；板下换填碎石、中粗砂垫层防冻胀；渠底碎石盲沟逆止排水防扬压""全断面现浇高性能混凝土面板、渠坡板下铺设加糙复合土工膜防渗；渠坡铺设聚苯乙烯泡沫板、渠底换填碎石垫层防冻胀；渠底现浇高性能混凝土面板防渗、板下换填碎石垫层防冻胀；渠坡暗管逆止排水防扬压"等两种新型防渗、防扬压、防冻胀新技术衬砌型式。衬砌型式科学、合理、适用，且具有很强的推广应用价值。

（2）适应机械化施工要求。一是根据机械现浇高性能混凝土面板防渗，板下按支撑作用和构造要求，换填密实的砂砾石垫层，达到板内应力均匀、严控变形、避免裂缝的目的，并用以强化排水和削减剩余冻胀量；二是梯形断面采用弧形坡脚，改善衬砌体的受力条件，减小不均匀变形；三是创新性地提出了衬砌封顶板、防护板与渠坡衬砌板整体结构型式，一次性浇筑完成，节省了工序和模板用量，美观实用，还避免分离结构容易造成地面水渗入的问题。

2.2.4 提出冰期输水渠道水力计算方法与调度运用方案

济东明渠冬季输水，为避免冬季冰期输水期间形成冰塞、冰坝而造成漫堤、毁坏建筑物等安全事故，必须研究攻克冰期输水水力计算与控制技术难题。主要包括研究冰盖形成机理、冰期输水水力计算控制条件、合理布置控制建筑物，研究提出冰盖下输水控制运用方案。主要技术成果包括：①通过冰盖形成机理，研究冰期形成冰盖的控制条件；②通过冰盖形成条件，提出冰期输水水力计算控制条件；③通过冰期输水水力控制条件，转化为工程措施，即通过在输水渠道上布置控制性建筑物，在冰盖形成及消融过程中利用控制建筑物适时控制水位，以形成连续冰盖，保证冰期输水安全；④根据冰盖形成条件，利用弗洛得数指标确定设计输水流量时各控制建筑物前水深，提出冰期调度运行控制方案；⑤根据工程安全运行需要，消除冬季输水期水面结冰对干渠沿线控制建筑物闸门的运行管理带来的影响，研究提出闸门防冰冻装置。

2.2.5 构建大型防渗衬砌渠道安全观测系统

为及时掌握渠道防渗衬砌工程变化情况，为输水渠的运行管理、养护维修提供依据，验证各种衬砌型式的设计效果，检验总体施工质量，对输水渠防渗效果、排水系统的减压作用和防冻胀能力等，系统开展了输水渠安全监测、观测设计。主要包括地下水位观测、地温监测、冻胀位移监测、渗漏试验观测等，实现了大型防渗衬砌渠道全面的安全观测和监测。

2.2.6 采用大体积输水箱涵整体顶进穿越济青高速公路

济东明渠与济青高速公路交叉，为了实现不中断交通施工，穿越工程采用输水箱涵整体顶进施工技术。济青高速为双向四车道，行车道、临时停车道、隔离带、路肩等总宽29.7m。根据与高速公路部门协调意见，济青明渠工程穿越济青高速公路时需要考虑高速扩建，交叉处路段按照八车道加宽，路基宽度为45m。考虑现状路面宽度、施工需要、路基保护以及协调意见，顶进施工的钢筋混凝土箱涵段长50.0m，上下游现浇钢筋混凝土箱涵长各8.0m，穿济青高速公路箱涵总长66.0m。箱涵的孔口尺寸（孔数-宽×高）为：3—5.5m×4.0m，结构总宽19.5m，总高5.9m，体积庞大；箱涵顶部与高速公路路面之间的高差为2.79m。由于高速公路交通不能中断且不具备布设临时道路的条件，该箱涵采用顶管工艺施工，顶进构筑物体量及上部覆土之薄，在国内外水利水电行业均处于领先地位。

2.2.7 坚持以人为本和绿色设计理念

济东明渠工程沿线村庄密集，穿渠及沿渠交通路车流量大，两岸群众活动频繁，不但给工程安全输水带来一定隐患，也对群众生命财产构成一定威胁。为保护输水水质和保障供水安全，保护群众安全，坚持以人为本的设计理念：一是衬砌渠段渠道全线设置防护栏，注重防护栏与周围环境相协调，在起始段采用安全性能高且美观的护栏；二是在跨输水渠道桥梁附近设置踏步，便于落水群众自救；三是输水渠沿线设置醒目的警示设施，发挥警示提示功能，提高群众安全意识和爱护国家重点工程的自觉性；四是在渠道堤肩、外坡、护堤地、管理区及周边配置绿化景观，达到水土保持、保护水质、美化环境的效果，有利于工程与周边环境有机融合。

3　已获工程项目的科技成果、专利、奖项

济东明渠工程输水线路长、边界条件复杂、技术难度大，项目组在工程设计中，严格遵守国家及行业标准、规范，积极创新，攻克了多项技术难题，通过设计优化，减少土石方96万 m³，节约占地922亩，节约投资8144万元，占批复概算的3.2%。依托本工程发表科技论文2篇；获实用新型专利1项；获山东省优秀水利水电工程勘测设计一等奖、山东省工程勘察设计成果竞赛二等奖。

4　工程运行情况

济东明渠建成近10年，经过9个冬季和汛期，连续运行8个调水年度，经历了包括设计工况在内的多个运行工况，工程运行安全稳定。

截至目前，通过济东明渠累计向济南、滨州、淄博、东营、潍坊、青岛、烟台、威海等8个地市调引长江水31.59亿 m³，其中2014年至2018年向青岛、烟台、威海、潍坊四市调引长江水19.5亿 m³，经济效益显著。济东明渠建成运行后，恰逢胶东半岛遭遇连续干旱，特别2014—2018年上半年，青岛、烟台、威海、潍坊4市供水全面告急，社会稳定面临严峻考验，济东明渠持续不断向四市供水，有效缓解了胶东地区的供水危机；2019年汛期，为应对"利奇马"造成洪涝灾害，济东明渠承担小清河分洪任务；社会环境效益巨大。济东明渠沿线通过水保措施，形成了清水通道，绿色长廊，改善了沿线生态环境质量，为保护水质，带动区域污染治理与环境综合整治；生态效益非常显著。

5 附图及工程照片

图 1　施工期渠道清基图

图 2　施工期渠道衬砌图

图 3 俯瞰济东明渠照片

图 4 济东明渠起点与小清河形成三堤两河

图 5　青胥沟枢纽

图 6　现场管理所

张灵真　吴敬峰　张贵民　执笔

广州市南沙区灵山岛尖北段海岸及滨海景观带建设工程

（中水珠江规划勘测设计有限公司　广东广州）

摘　要：广州南沙自贸区灵山岛是粤港澳大湾区城市开发建设的核心板块之一，在广州市南沙区灵山岛尖北段海岸及滨海景观带建设工程的设计中，为解决城市防洪潮和滨海景观生态海堤亲水性上的矛盾，本工程的核心创新设计理念是由传统单一粗犷的防潮海堤向多元化滨水景观的生态海堤进行转变，在技术创新上的最大亮点为多级景观消浪平台、锥孔骑缝自嵌抗浪植草集成砌块生态结构、滨海景观带迎水面系统排水 3 项创新技术。此 3 项创新技术可有效降低生态海堤的堤顶及滨水步道高程并破解"堤防围城"难题，实现生态海堤真正的滨水景观效果。其技术创新成果已应用在本工程中，并经过住了数次风暴潮检验证明达到了预期效果，工程在韧性城市方面尤其是生态海堤设计上，以宽度换高度，既能防洪同时又满足亲水、休闲、景观要求，为岭南地区的生态建设乃至中国滨海河口地区同类型建设提供了极佳的经验和参考。

关键词：生态海堤；多级景观消浪平台；锥孔自嵌集成砌块；迎水面系统排水

1　工程概况

广州市南沙区是国家粤港澳大湾区建设先行开发的区域板块。灵山岛尖是广州市南沙新区 CEPA 及南沙自贸区先行先试综合示范区起步区的一部分，该岛位于京珠高速、灵新大道、蕉门水道、上横沥包围区域，为了打造一个环境质量优良、人居环境优美、生态文明发达的滨海灵山新城，需要通过在灵山岛尖沿外江海岸设置一道城市与自然和谐相处、具有特色活力的滨海休闲景观带，做到城水相融，人水和谐共处，营造安全、静谧、可持续的自然生态环境。

本工程滨海景观带总长 3.054km（宽度 60 ～ 130m，为 1 级堤防），新建闸桥 3 座并具备通游艇的功能，在海堤景观范围带面积 25 万 m² 内建设有儿童活动乐园、景观活动大草坪、城市会客厅、滨水嘉年华、水舞广场、观潮平台、渔人码头、音乐喷泉、灵山岛灯塔等多个景观节点。该工程的设计防洪标准为 200 年一遇，2014 年 12 月正式开工建设，2018 年 12 月完工。

2　工程特点及关键技术

2.1　工程项目的主要技术内容

原传统的海堤很多采用直立式挡墙结构，外观呆板，防洪排涝标准较低，而广州市南沙区灵山岛尖北段海岸及滨海景观带建设工程打破了"浪多高、堤多高"的"浪来堤挡"传统设计理念；在本工程的设计中，为解决城市防潮和滨海景观生态海堤亲水性上的矛盾，设计从创新技术理念上由传统单一粗犷的防潮海堤向多元化滨海景观生态海堤进行转变，创新使用以下 3 项技术：多级景观消浪平台技术、锥孔骑缝自嵌抗浪植草集成砌块生态结构技术、滨海景观带迎水面系统排水技术。

2.1.1 多级景观消浪平台技术的研究及应用

2.1.1.1 技术原理

防风暴潮生态海堤波浪要素及堤顶高程计算复杂，按现行规范中的传统理论计算时，堤顶高程往往高出生态海堤的堤后城市景观用地高程，造成"堤防围城"的境况；为解决城市防洪和滨海生态海堤亲水性在设计上的矛盾，本创新技术是通过"多级景观消浪平台技术"来降低生态海堤的堤顶高程及亲水平台高程（图 1）；为此提出"横向换纵向""外水外排、内水内排"的理念，打破传统海堤对海浪的"挡"和"抗"硬对硬模式，采用横向多级景观消浪平台技术消减越浪，并设置多级排水系统实现越浪自排，对迎水面海浪采用"通"和"排"的柔性衔接，可有效降低纵向堤顶高程以破解"堤防围城"的难题，实现滨海景观生态海堤的目的。

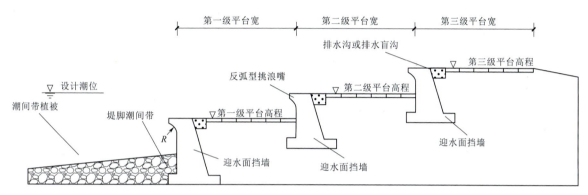

图 1　多级景观消浪平台断面

2.1.1.2 技术特点

采用多级景观消浪平台技术的新型生态海堤特点鲜明，堤身融合了水利防洪、绿化景观、生态保护等多重功能，该技术利用从低到高的宽缓坡平台形态，缓冲风暴潮导致的海水越浪对堤后的冲刷，降低了堤顶高程。多级景观消浪平台除了形成对后方景观带和城市的防护，避免景观带遭受常遇频率潮水和风浪的破坏的功能之外，还有着可使水岸与城市空间相互融合，营造开放且具有层次的滨海空间的功能特点，避免了传统水利堤岸"围城"的情况；多级景观消浪平台可兼做观景平台，在保证海堤其原有功能的基础上，赋予其新功能。

2.1.1.3 解决的具体问题

传统设计中的海堤堤顶高程往往高出堤后城市用地高程，造成了"堤防围城"的困境，破坏了景观视野，影响了对海岸的观景层次感及生态友好性；本技术采用的"多级景观消浪平台技术"运用"宽度换高度、景观沁堤围"的创新理念进行建设的水利堤岸，利用多级景观消浪平台形式加宽堤岸缓冲距离并形成递增高度，来缓冲和消减风暴潮导致的海水越浪对堤岸的冲击力，进而降低堤顶高程，通过一定宽度范围的绿化景观带、多级景观消浪平台的设置，满足了景观空间层次感及观海视线通透的要求，解决了城市堤围的观景视野及生态和谐的问题。

2.1.1.4 技术应用

多级景观消浪平台技术在该工程的应用中，堤身是由多级景观消浪平台组成的阶梯形迎水面防浪结构，以广州市南沙区灵山岛尖北段海岸及滨海景观带建设工程中多级景观消浪平台分为三级设计，分别是可作为亲水步道的第一级消浪平台、可作为景观梯步的第二级消浪平台和可作为景观休闲绿道使用的第三级消浪平台。为了更好地结合景观布置，在设计中将第三级平台改为平台加景观休闲绿道的布置型式，将第二级平台优化为景观步道和活动广场，第一级平台用作亲水步道，使海岸形成观景效果良好的滨水景观带。

在第一级消浪平台前设置有堤脚潮间带，通过抛石、石笼、预制混凝土等刚性材料固脚，种植了多种本土植物，对现有潮间带湿地植被加以保护，提高了滨水区的生物多样性。迎水面设置混凝土预制块挡墙，平台顶面铺条石或方砖防止波浪对堤身造成破坏。

多级景观消浪平台设置有完善排水系统，通过堤岸的坡度、堤上的排水沟以及地下埋藏的集水井让越浪海水自然排出。多级景观消浪平台迎水坡面朝外海侧设置一定的排水坡度和凹槽，排水系统首先对坡面越浪进行外排，对于坡面排水无法排完的越浪，在每级消浪平台后侧的堤身内部设置完善的排水沟井系统，收集后进行内排。

广州市南沙区灵山岛尖北段海岸及滨海景观带建设工程中多级景观消浪平台设计断面详见图2。

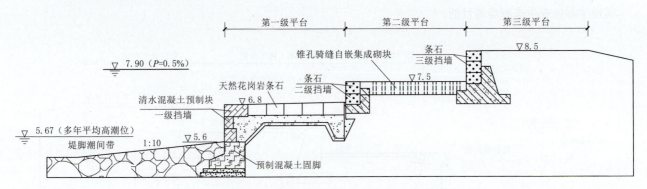

图2　灵山岛尖北段多级景观消浪平台设计断面示意图（单位：m）

2.1.2　锥孔骑缝自嵌抗浪植草集成砌块生态结构技术的研究及应用

2.1.2.1　技术原理

在灵山岛尖北段海岸防风暴潮生态海堤关键技术的创新研究中，创新采用了"锥孔骑缝自嵌抗浪植草集成砌块生态结构技术"（图3），其主要技术原理在于利用该新型护坡集成砌块结构上窄下宽的锥孔及缩颈的开口结构，在砖孔内部形成相对稳定的静水区域，其锥孔式的设计与植物措施相结合，满足滨海景观越浪区海堤的防护材料美观和生态需要，同时其锥孔外部的刚性护面结构又能满足防风暴潮的边坡防护需要，还兼顾了抗浪淘刷与生态环保的双重功效。

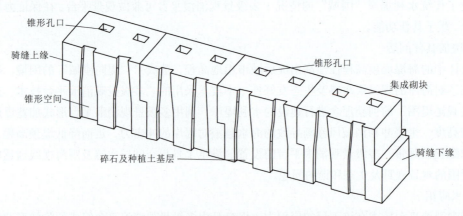

图3　锥孔骑缝自嵌抗浪植草集成砌块生态结构立体剖视图

2.1.2.2　技术特点

本项创新技术具有外形美观、安装方便、牢固性强、护坡功能和生态功能良好等一系列技术特点，自嵌式的集成砌块设计可增强铺装后护坡的整体性，使固件之间进行有效锁合，增强抗海浪护坡的抗冲刷能力；互嵌骑缝结构可避免形成通缝，导致集成砌块底部土体从缝中流失；合适锥孔尺寸内可种植植物，使护坡面得到绿化，锥孔也可成为海岸爬行微生物的洞穴，改善护坡的生态性及景观性；在锥形孔体下部可根据需要填充碎石作为反滤层，防止潮水位降落时的渗透破坏；可机械化集成大批量生产，有效降低现场浇筑成本。

2.1.2.3 技术应用

以广州市南沙区灵山岛尖北段海岸及滨海景观带建设工程为例，海堤全长 3.054km，锥孔骑缝自嵌抗浪植草集成砌块生态结构技术在该海堤工程的建设中得到了全面应用。

在该工程护坡结构的结构设计中，护坡集成砌块的两侧分别设置有自嵌凸缘上缘和自嵌凸缘下缘。集成砌块边长为 550mm，集成砌块高度为 400mm。锥孔规则阵列排布于集成砌块顶面上，自嵌凸缘上缘和自嵌凸缘下缘的断面尺寸宜为 50mm，锥形孔的半径或边长为 60 ～ 100mm；集成砌块的锥孔底部设置有碎石层，碎石层上部设置有种植土层。锥孔骑缝自嵌抗浪植草集成砌块生态结构技术的结构形式见图 4。

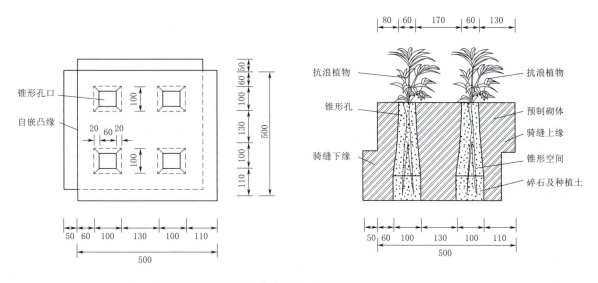

图 4　锥孔骑缝自嵌抗浪植草集成砌块生态结构技术的结构形式（单位：mm）

2.1.3　滨海景观带迎水面系统排水技术的研究及应用

与传统海堤相比，生态海堤对景观性、亲水性要求较高，堤顶设计高程较低，多采用允许越浪标准设计。当遭遇台风风暴潮时，越浪水体会对海堤迎水坡坡面造成冲刷破坏，并且海浪作用具有周期性，叠加容易造成生态海堤漫顶，危及生态海堤整体安全。

为了解决海堤迎水面的越浪排水问题，在设计中通过多种排水构筑物联合作用，实现了迎水坡越浪区的越浪水体自排，提高排水效率，有效降低了海浪周期性作用叠加海堤漫顶的风险，同时通过迎水坡坡面多级排水系统及堤身集水排水系统联合作用来分散越浪水体，达到了减轻迎水坡坡面冲刷的目的。

该技术通过在迎水坡设置宽缓坡形态的多级排水平台（图 5），能够逐步降低波浪强度和波浪爬高，减少越浪量，还能够将大部分越浪水体通过宽缓坡自流排向外海；对于剩余小部分越浪水体，通过多级排水平台表面的锥孔骑缝自嵌生态砌块、排水沟收集后，汇集至堤身埋置的集水井，最终通过排水涵管自流排向外海。该技术及结构实现了迎水坡越浪区的越浪水体自排，提高了排水效率，有利于提升生态海堤防御台风风暴潮能力。

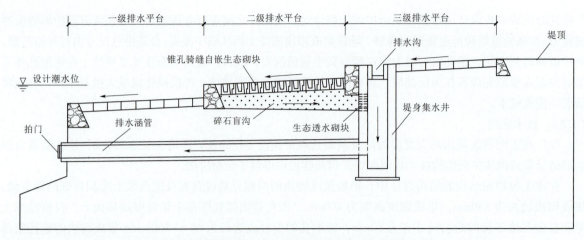

图5 滨海景观带迎水面系统排水技术结构示意图

2.2 项目的先进性和创新特点

2.2.1 克服"堤防围城"难题，采用从传统海岸堤防演变为滨海景观生态超级堤防的结构创新理念

防风暴潮生态海堤波浪要素及堤顶高程计算复杂，按现行规范中的传统理论计算时，堤顶高程往往高出生态海堤的堤后城市景观用地高程，造成"堤防围城"的境况；为解决本项目在城市防洪和滨海生态海堤亲水性在设计上的难题，在考虑堤防防洪基本功能前提下，把灵山岛尖堤防周围的生活空间与生态景观环境作为和谐统一来对待，确保从堤内到堤外的生态景观融洽，根据不同的潮位和不同生物的活动空间，设计成阶梯性和生态性的景观堤防，通过"多级景观消浪平台技术"来降低生态海堤的堤顶高程及亲水平台高程，这种堤防不但可以俯视海岸周围空间有很开阔的视野并且堤防局部设计有休息用的滨海景观生态节点，还能体现本工程的滨海风景具有海岸堤防景观阶梯化和生态化、亲水性更加人性化的结构创新理念。

2.2.2 坚持生态优先和人水和谐为原则，建设水生态文明的休闲滨水海岸

本工程在设计上采用设防不围城的新理念，通过利用环岛宽阔的海景、海水、滩涂、堤岸，结合市政道路建设，将观潮平台、沙滩乐园、休闲碧道、堤顶慢行系统、水舞广场、儿童乐园等纳入其中，将防洪工程结合城市功能分区要求，把单一城市防洪工程与城市道路建设、城市景观建设、滨海旅游休闲等其他基础设施建设结合起来，建设以现代化公共设施为核心内容的滨海服务型经济带、景观带和文化带，成为人—水—城和谐的防洪潮工程典范，把生态文明理念融入到整个灵山岛尖的项目建设中。

2.2.3 建筑物结合地形条件，融合周围新景观

本工程的堤轴走向、堤型和水闸结构形式均结合滨海景观布置统一考虑，协调好水安全、水景观、水文化、水生态等，采用新的设计理念"是堤，又不似堤"，具有堤防功能，远看又不像堤防，是一条景观带。结合景观布置采用多级景观消浪平台，逐级升高，堤防不仅具备防洪（潮），还有美化景观要求；本工程的3座水闸都是采用闸桥结合的方案，将水闸和与其交叉江灵北路的公路桥梁布置一起，既能满足防洪排涝和通航内河观光游艇的功能，还能外观美观和节约用地。

2.2.4 注重水景观与水文化的有机结合

堤岸作为一种邻水建筑物，设计时将水景观、当地水文化、历史变迁、传统习俗、岭南文化等因素综合考虑，并在规划设计中有所反映，其理念就是要建成集休闲乐活、创意活力、国际风尚、岭南水乡、钻石水城为一体的滨海景观带，本工程沿北段海岸外江最外侧布置一条宽5m的滨水步道，拉近人与水距离；在兼做防汛通道的堤顶路上布置有景观绿道及慢行系统，让人们在滨海景观带穿梭休闲过程中尽

144

情欣赏堤岸沿线美丽风景。

2.2.5 合理布置施工措施，解决施工期生态环境保护难题

在进行堤岸线设计时，充分注意河岸的生态环境，遵循顺应自然、保持自然和回归自然的原则，本工程具体方案设计中，不仅充分考虑了项目建成期和建成后可能产生的环境问题，还针对不利的滨海景观环境问题提出了生态环境保护措施设计及水土保持专题方案。合理布置施工措施，充分利用已经沉降稳定旧堤防基础和施工开挖出来的淤泥，堤防外侧设有一定坡度干砌石防止河道水位涨落残留垃圾，减去人工清理垃圾的麻烦并增加堤岸可观赏性。

2.2.6 勇于创新，积极推广新技术、新工艺

海堤的设计把越浪划分为两大类：不允许越浪和允许部分越浪。珠江河口的大部分堤防是建在软土地基上，若都按不允许越浪标准设计，则对堤顶高程和断面尺寸的要求较高且投资大，往往不经济合理；按照允许越浪设计时，同时越浪有可能对堤身结构造成冲刷破坏，危及海堤整体安全，海水对越浪区的护面合理设计就成了设计者要认真考虑的问题，本工程采用的是越浪设计并且对越浪的护坡结构材料进行创新，提供一种既能够承受海堤越浪区经常性且强度高的海浪淘刷，又能进行水体植物的种植和保护的生态护坡。

3 科技成果、专利、奖项

本工程是公认的生态环境友好型工程，得到了相关主管部门、水利及生态环境等业内专家的一致好评，为国内外同类工程提供了宝贵的先进经验。

本工程建成后不仅抵抗住了超强台风2017年"天鸽"、2018年"山竹"的侵袭，如今还成为广州的网红打卡地。近两年来工程频频斩获大奖，揽获"广东省优秀工程咨询成果奖""广东优质水利工程奖""工程建设项目设计水平成果奖""全国优秀水利水电工程设计奖""亚洲都市景观奖""保尔森可持续发展奖""construction21国际可持续城区奖"等多项国内国际大奖，依托于本工程的技术创新成果及先进设计理念，水利部科技推广中心于2020年11月在广州举办的"防风暴潮生态海堤关键技术"推介会上为来自全国水利战线上的130多名专家学者及代表对本工程进行了的技术培训宣传并将本工程作为本次会议的创新技术示范考察学习基地；2019年8月本工程被列入水利部珠江委举办的"东亚峰会河口海岸治理保护与管理研讨会"的现场重点交流项目，有20多个国家政要及知名专家学者进行实地考察学习；近两年内陆续有水利部19名部级干部索丽生、董力等一行、水利部水规总院领导朱党生等15人一行、水利部国科司、三峡司、文明办、全国总工会等领导先后到本工程实地进行调研交流，并给予本工程高度评价；本工程创新技术及先进理念还被中央10多家媒体进行专题采访及报道。

依靠在本工程应用的3项自主研发的创新技术，公司获得《一种多级消浪海堤结构》（授权时间：2022年7月；授权公告号：CN 216864997 U）、《一种用于抗海浪可植草绿化的新型生态护坡结构》（授权时间：2020年5月；授权公告号：CN 210459119 U）、《一种生态海堤迎水坡排水结构》（授权时间：2022年7月；授权公告号：CN 216864998 U）等三项国家实用新型专利。其中，在本工程应用的创新技术已被水利部科技推广中心列入到2021年的《水利先进实用技术重点推广指导目录》。

4 工程运行情况及应用效益

4.1 工程运行情况

本工程于2018年12月投入运行，到目前经过数次风暴潮检验证明并达到了预期效果，无论是土建

结构、机电设备还是金属结构，均安全可靠、运行良好。

4.2 应用效益

本工程的巧妙设计之处"是堤，又不似堤"，既保留了防潮排涝抗台风的功能，又拉近了人与水的距离。在设计时充分考虑了防潮安全、滨水景观、传承文化、生态环境和大小海绵城市设计理念等多方面的需求，并与广东万里碧道和城市道路进行有机结合，营造出水城融合的亲水空间，具有显著的防潮效益、经济效益及社会效益。

4.2.1 防洪潮效益

在灵山岛北段海岸海堤迎水面砖孔砌块内种植有梭鱼草、美人蕉、老鼠簕等多种本土植物，得益于护坡结构良好的抗风暴潮特性，防灾减灾效果明显，灵山岛北段海岸海堤迎水面植物长势良好，未发生植被成片冲毁、死亡的现象，与本地区其他海岸植被损毁严重相对比，灵山岛北段海岸海堤的损毁程度较轻，绿植完整性良好。

工程经受住了台风"天鸽""山竹"的考验（两次台风对应的风暴潮水位分别为8.14m及8.19m，均高于灵山岛北段海岸200年一遇的设计风暴潮位7.90m），工程的安然无恙得益于堤身结构设计中采用的先进技术具有良好的抗风暴潮特性，防灾减灾效果明显，与本地区其他海岸损毁的严重程度相对比，广州市南沙区灵山岛尖北段海岸及滨海景观带建设工程运行及护面结构情况良好。

4.2.2 经济效益

依托该技术的灵山岛尖北段海岸生态堤防长约3km，若采用普通堤防的堤顶高程经计算后将达到10.5m，平均高出堤后规划地块2m，因填方巨大，会显著增加堤防造价；本工程采用多级景观消浪平台技术后，使本工程海堤堤顶高程比传统设计的堤顶高程降低了约2m，大大减少了堤身及堤后填方量，避免了建设高大防浪墙而造成的工程浪费。传统海堤的越浪区护坡结构一般造价较高，传统混凝土护板、扭王字块、钢筋混凝土预制板等结构笨重、耗材量大，且往往需要大型机械吊装，导致工程造价较高。与扭王字块、钢筋混凝土预制板等同类技术材料的单价相比，本工程的护坡结构质量轻、耗材少、施工方便，价格较低廉，工程造价减少25%以上。

4.2.3 社会效益

多级景观消浪平台的设置满足了景观空间层次感及观海视线通透的要求，解决了城市堤围的观景视野及生态和谐的问题。在项目区，灵山岛外江生态效益显著，目前项目区生态环境优美，已成为南沙乃至广州对外宣传的新名片之一，成为当地或周边市民休憩的目的地之一。

5 结语

在广州市南沙区灵山岛尖北段海岸及滨海景观带建设工程的设计中，为解决城市防潮和滨海景观生态海堤亲水性上的矛盾，设计从创新技术理念上由传统单一的防潮海堤向多元化滨海景观生态海堤进行转变，设计团队创新使用了以下3项技术：多级景观消浪平台技术、滨海景观带迎水面系统排水技术、锥孔骑缝自嵌抗浪植草集成砌块生态结构技术。

结构设计减免了洪水淹没损失，增加了土地利用价值，减轻了防洪救灾的人力、财力、物力负担，保障了岛内安全。经广州市南沙区灵山岛尖北段海岸及滨海景观带建设工程的实践应用后，证明上述技术可广泛用于构建自然化、生态化、绿植化的新海岸，其技术成果可为岭南地区的生态建设乃至中国滨海河口地区同类型海堤建设提供经验和参考。

6 工程照片

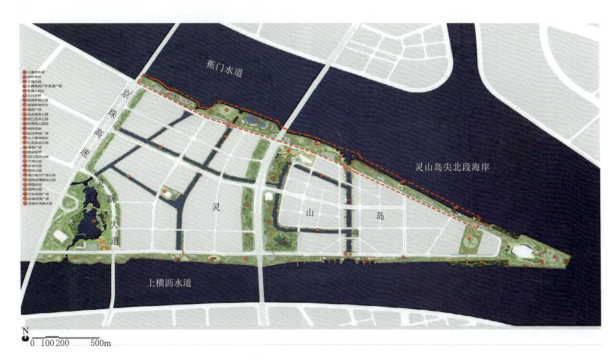

图6 灵山岛尖北段海岸及滨海景观带建设工程平面图

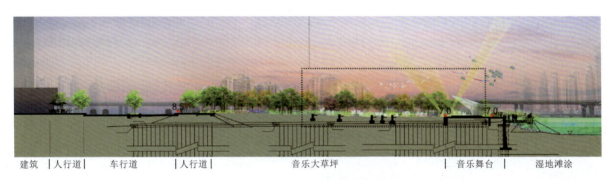

| 建筑 | 人行道 | 车行道 | 人行道 | 音乐大草坪 | 音乐舞台 | 湿地滩涂 |

图7 工程典型断面效果图（a）

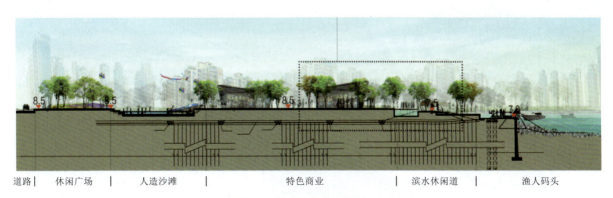

| 道路 | 休闲广场 | 人造沙滩 | 特色商业 | 滨水休闲道 | 渔人码头 |

图8 工程典型断面效果图（b）

（a）建成前　　　　　　　　　　　　　　　　　　（b）建成前

（c）建成后　　　　　　　　　　　　　　　　　　（d）建成后

图 9　灵山岛尖北段海岸实景照片建设前后对比

图 10　灵山岛尖北段海岸水舞广场实景照片

图 11　灵山岛尖北段海岸观潮听海景观节点实景照片

图 12　灵山岛尖北段海岸慢行步道实景照片

图 13　灵山岛尖北段海岸多级景观消浪平台实景照片

图 14　灵山岛尖北段海岸生态护坡实景照片

150

图 15　灵山岛尖北段海岸生态护坡实景照片

曹春顶　刘元勋　唐乐　执笔

洙赵新河徐河口以下段治理工程

（水发规划设计有限公司　　山东济南）

摘　要： 工程建设过程中，坚持水利科技创新，积极推广应用新技术。基于洙赵新河治理工程施工区降排水问题，创新性地提出黄泛平原大型河道施工区的降排水数值模拟技术集成方案。模袋混凝土技术具有结构完整、柔性好、适应性强、施工灵活等多重应用优势，该技术解决了护坡施工排水难度大的问题，为施工工期和施工质量提供了有力保障。泵站工程采用了灌排一体化技术，实现了灌溉引水穿堤涵洞与排涝穿堤涵洞合建一体的结构形式，利用一个涵洞满足灌排要求，实现灌溉与排水的灵活调度运用。穿堤涵洞满足排涝时涝水自流顺利入河，灌溉时河水顺利引至泵站前池。以上技术为工程的顺利实施提供了强大的技术支持。

关键词： 施工区降排水技术　数值模拟技术　模袋混凝土技术　灌排一体化技术

1　项目概况

1.1　工程概况

1.1.1　工程地点

工程地点位于山东省济宁市微山县、任城区、嘉祥县和菏泽市巨野县、郓城县、牡丹区6个县（区）境内。济宁市位于山东省西南部，西有梁济运河，东有洸府河，北有梁济运河，南有南四湖；菏泽市位于山东省西南部，处于南四湖西东鱼河、洙赵新河之间。

洙赵新河流域西靠黄河，东临南阳湖，北接梁济运河流域，南与万福河和东鱼河搭界，地理坐标为北纬35°11′～35°47′，东经115°04′～116°35′。洙赵新河全长145.05km，总流域面积4206km²。本次工程治理范围为入湖口至徐河入口段，河道中泓桩号0+000～81+676段，总长81.676km。

1.1.2　流域及水文

1.1.2.1　流域概况

洙赵新河流域属黄泛冲积平原，地势西高东低，西部地面高程57.40m左右，东部滨湖地面高程为34.00m左右，地面坡度1/5000～1/12000。因受黄泛影响，微地貌复杂，有岗地、坡地和洼地，形成了岗洼相间、大平小不平的较为复杂的微地形地貌。沿岸地下水属第四系孔隙潜水，主要储藏于壤土、砂壤土、黏土层中，地层透水性差，地下水运动滞缓。地下水主要补给来源于大气降水，其次为引黄及河渠渗水。

洙赵新河干流起源于东明县宋砦村，向东流经菏泽市东明、牡丹区、郓城、定陶、鄄城、巨野、济宁市嘉祥、任城区8个县（区）于济宁市刘官屯村东入南阳湖，全长145.05km，总流域面积4206km²。洙赵新河支流众多，其主要一级支流有小王河、友谊河、王庄河、邱公岔、郓巨河、巨龙河、洙水河、鄄郓河、太平溜、赵王河、徐河、韩楼沟、高庄沟、经二沟、渔沃河、经一沟、南底河、幸福河、东干排、支寨沟等。

1.1.2.2 水文气象

洙赵新河系湖西地区20世纪60—70年代新开挖的排水骨干河道，接纳菏泽市东明县、菏泽县、鄄城县、郓城县、巨野县和济宁市嘉祥县、微山县的坡水。该流域属暖温带亚湿润气候区，具有冬夏季风气候特点，四季分明，冷热季和干湿季区别较为明显。多年平均气温为13.7℃，月平均最低气温在1月为−1.7℃，极端最高气温43.2℃，极端最低气温为−20.6℃，气温相差约29℃。历年无霜期平均在210d左右，初霜冻一般在10月下旬，终霜期一般在3月下旬。河流多年封冻期为50d，历年最大冻土深度为35cm。因受季风影响，春季多东风和东南风，夏季多南风和西南风，秋季多西风和西南风，冬季多北风和西北风。多年平均风速4.14m/s，历史最大风速24m/s。

流域内多年平均（1964—2008年）降雨量为638mm，丰水年降雨量为1056mm，枯水年仅326mm。由于受季风的影响，降雨量年内变化较大，汛期（6—9月）占全年的70%以上，从而形成春旱夏涝晚秋又旱的特点。流域内平均陆地蒸发量为550～650mm。

1.1.3 工程任务

洙赵新河徐河口以下段为河道的中游和下游，该段防洪压力较大，承担更重的防洪和除涝任务。该段河道防洪除涝标准低、堤防断面不达标，沿线建筑物毁坏严重，为保护两岸居民生命财产安全，改善生产生活条件，迫切需要对该段河道进行治理。

工程建设的主要任务是通过疏挖河槽、整修加固两岸堤防，治理沿岸建筑物，护砌险工段等措施，将河道的除涝标准提高到5年一遇，防洪标准提高到50年一遇，保证洪水安全下泄，保护洙赵新河防护区内人民生命财产安全，维护流域社会安定和工农业的正常生产，促进流域经济社会更快更好的发展。

1.1.4 工程规模

洙赵新河徐河口以下段治理工程规模为大（2）型，治理标准为5年一遇除涝，50年一遇防洪。主要治理内容为：河道疏浚、堤防加固、河道险工护岸工程、排灌站工程、涵洞工程、生产桥工程、堤顶防汛路工程、防汛过堤坡道工程、支流回水段治理工程等。

1.1.5 工程等级

洙赵新河徐河口以下段治理工程干流堤防工程、穿堤涵洞和排灌站穿堤引、排水涵洞等主要穿堤建筑物级别为2级，次要建筑物级别为3级；支流回水段堤防级别为4级，穿堤建筑物级别为4级；排灌站级别为4～5级；生产桥汽车荷载等级为参照公路−Ⅱ级；防汛上堤路和堤顶防汛道路设计标准为参照四级公路。

1.2 工程地质概况

洙赵新河流域属黄泛冲积平原，地势西高东低。因受黄泛影响，微地貌复杂，有岗地、坡地和洼地，形成了岗洼相间，大平小不平的较为复杂的微地形地貌。

洙赵新河流域内除嘉祥境内几处残丘有少量寒武纪、奥陶纪地层出露外，其他地区均为第四纪地层所覆盖，主要为黄河冲积物及河湖相沉积物。

洙赵新河流域内第四系松散层广泛分布，其岩性特征为一套灰黄、黄色河流冲积相的含砾砂层和砂质黏土层，厚度一般150m左右。

洙赵新河位于新构造单元Ⅱ$_{2-1}$即菏泽—济宁断块缓慢倾斜沉降平原上，流域内近南北向断裂主要有嘉祥断裂、巨野断裂、曹县断裂、聊考断裂及小宋—解元集断裂等；近东西向断裂主要有菏泽断裂、郓城断裂及东明—成武断裂等。

根据（GB 18306—2015）《中国地震动参数区划图》，工程区内洙赵新河桩号0+000～41+200地震动峰值加速度为0.05g，相应地震基本烈度为Ⅵ度；41+200～76+600地震动峰值加速度为0.10g，相应地震基本烈度为Ⅶ度；76+600～81+676地震动峰值加速度为0.15g，相应地震基本烈度为Ⅶ度。

153

1.3　工程总体布置

洙赵新河徐河口以下段治理工程是沂沭泗河洪水东调南下工程防洪体系的重要组成部分，本次工程涉及菏泽市巨野县、郓城县、牡丹区和济宁市嘉祥县、微山县、任城区6个县（区）。对洙赵新河桩号0+000～81+676段进行治理，工程总体布置为：河道中泓线与原河道中泓线基本一致，干流河道疏挖43.158km，支流削坡3.00km；堤线按原堤线布置，干流复堤27.638km，支流复堤9.80km；河道险工护砌3处，共长800m；治理排灌站57座，治理涵洞56座；改建生产桥17座；新建防汛交通道路82.70km；新建防汛过堤坡道28条；新建管理设施等。

1.4　工程建设运行情况

工程于2014年4月开工建设，2016年9月完工。
工程于2016年9月投产运行。

2　工程特点及关键技术

该工程项目的特点为：一是工程整体布置及防洪标准与沂沭泗河洪水东调南下工程的防洪减灾工程体系相匹配；二是治理工程沿线涉及6个区县，点多面广，要统一标准与分段治理相结合；三是建筑物数量及种类多，并涉及与原有建筑物的衔接和改造，需因地制宜充分研究考虑每个建筑物治理模式。

2.1　工程项目的主要技术内容

工程建设过程中，坚持水利科技创新，积极推广应用新技术。工程项目的主要技术内容包括以下几个方面。

（1）黄泛平原大型河道施工区降水排水数值模拟与技术示范。该技术基于地下水数值模拟软件GMS建立水文地质模型，对抽水试验进行数字模拟，结合"大井法"拟定抽水井的布设，实现对河道施工区降排水工程布置方案的优化，对今后类似区域河道治理工程的降水排水方案具有重大指导意义。

（2）模袋混凝土技术。模袋混凝土技术具有结构完整、柔性好、适应性强、施工灵活等多重应用优势。该技术解决了河道水深较大，传统护坡水下施工降水排水难度较大，围堰工程量大的问题，险工段弯道施工突出应用了模袋混凝土技术柔性好的优点，为施工工期和施工质量提供了有力保障。

（3）泵站灌排涵洞一体化技术。利用一处穿堤涵洞满足灌排要求，实现灌溉与排水的灵活调度运用，节省工程投资，避免灌溉期水量流失，保证提水了安全；减小堤防薄弱堤段，有效地保证了堤防防洪安全。

2.2　项目的先进性和创新特点

（1）基于洙赵新河治理工程施工区降排水问题，结合现场实际情况，创新性地提出黄泛平原大型河道施工区的降排水数值模拟技术集成方案。通过GMS建立水文地质模型进行数字化降水模拟，并反作用指导现场抽排水布设，有效完成施工区降水排水任务。

在施工过程中，河道中积水排泄完毕后，但由于河道两侧地下水水位与河床还存在一定落差，河道周边区域的地下水依然会补给河道，导致河道积水，因此需要在河道两侧采用降水排水措施，解决河道积水的排水问题。

黄泛平原大型河道施工区的降排水数值模拟技术集成方案，通过试验与数值模拟相结合的方式，分别利用现场大井法与地下水数值模拟软件GMS建立的水文地质模型对施工区降水排水进行数值模拟和实际抽水试验进行相互验证。根据掌握的项目区水文地质情况，获取项目区地层断面的渗透系数，研究典型断面的施工排水量、排水强度及排水设备台班数量，对施工区降水排水工程布置方案进行优化，具体步骤如图1所示。

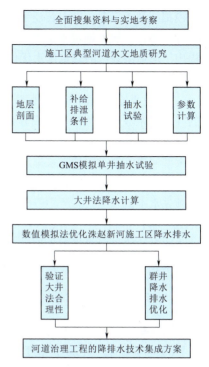

图1 技术路线图

洙赵新河施工区主要地层为第四系巨野组和鱼台组，由于水文地质条件存在差异，降水排水技术方案不同，相同面积 500m×500m×20m 的施工区中，鱼台组地层区 16 个台班抽水井，总排水量 6080m³/d，巨野组地层区 8 个台班抽水井，总排水量 2400m³/d，两种地层总的降水排水量相差较大。

河道施工区的降排水数值模拟技术集成方案，在完成施工区降水排水任务过程提供了有效的技术支撑，确保了该工程的顺利实施，对今后类似区域大型河道治理工程的降水排水方案具有重大指导意义。与当前国内外同类项目主要技术成果相比，达到国内领先水平。

（2）现状河道水深较大，险工段护坡采用模袋混凝土护坡，解决了护坡施工排水难度大的问题，减少施工围堰及降水排水费用。

模袋混凝土技术具有结构完整、柔性好、适应性强、施工灵活等多重应用优势。在岸坡长度发生变化之下，模袋混凝土的长度也可以随之改变，从而较好的规避接缝松动问题；同时，模袋混凝土的可塑性较好，有助于提高护岸的抗冲刷能力，抵御外部环境所带来的不良影响；施工现场天气条件错综复杂，模袋混凝土技术在绝大部分天气条件中均具有可行性。

本工程险工段均为弯道，模袋混凝土技术柔性好，解决了传统的砌石护坡、混凝土护坡等刚性护坡的问题，更好地与河道现状岸坡相融合。本工程河道水深大于5m，该技术水下施工技术先进，解决了传统护坡水下施工难度大的问题，模袋混凝土技术更适用于本次工程中。

该技术使用在省内平原河道护坡工程中，与当前国内外同类项目的护坡相比，体现了其结构稳定、适应性强、经济高效等多重应用优势，切实发挥护坡的防护效果。

（3）洙赵新河治理工程沿线涉及 6 个县（区），点多面广，建筑物数量及种类多，治理方案结合现场及地形地貌，因地制宜，深入研究分析每个建筑物治理模式，以注重功能融合，体现人水和谐。

结合原有的排涝、灌溉渠系，根据现状地形，夏庵站等泵站工程通过取消排涝穿堤涵洞，实现了灌溉引水穿堤涵洞与排涝穿堤涵洞合建一体的结构形式，利用一个涵洞满足灌排要求，实现灌溉与排水的灵活调度运用。穿堤涵洞的功能是满足排涝时涝水自流顺利入河，灌溉时河水顺利引至泵站前池。

根据引、排相结合的原则，修建引水、排涝穿堤涵洞联合运用的水利系统，有效避免了灌溉期水量大量流失，保证提水安全，达到旱、涝综合治理的目的；同时还减小了堤防薄弱堤段，有效地保证了堤防防洪安全；取消了一个排涝或灌溉涵洞，还可以减少建筑物、开挖和回填工程量，减少投资。

综上所述，泵站的结构布置方式对施工进度和施工质量起到关键作用。从实际情况出发，制定出科学合理的方案，促进该项事业的可持续发展。该设计创新为工程的顺利实施提供了强大的技术支持，并对当前国内外同类项目河道治理具有重大指导意义。

3 工程项目科技成果及获奖

3.1 工程项目的科技成果

洙赵新河徐河口以下段治理工程已获工程项目的科技成果为：黄泛平原典型河道施工区降水排水数

155

值模拟与技术示范。针对黄泛平原典型河道洙赵新河徐河口以下段治理工程，调查了项目区的水文地质条件，进行了典型地段水文地质勘察及抽水试验，开展了河道施工区降水排水数值模拟研究，创新性地提出了河道治理区的降水排水优化方案。

3.1.1　应用成效

《黄泛平原典型河道施工区降水排水数值模拟与技术示范》，其研究成果"黄泛平原典型河道施工区的降水排水数值模拟技术集成方案"应用于洙赵新河徐河口以下段治理工程施工过程中，在完成施工区降水排水任务过程提供了有效的技术支撑，为该工程的顺利实施做出了突出贡献，并对今后类似区域优化大型河道治理工程的降水排水方案具有重大指导意义。

该项目成果已在山东省的国家重点治淮项目中得到应用，取得了较显著的社会效益，总体上达到国内领先水平。

3.1.2　推广价值

该科技成果，对类似大型河道施工期降水排水方案有重大的指导意义，影响力显著；在应用中向相关技术人员进行技术推介，推广价值显著。

3.2　工程项目的获奖情况

洙赵新河徐河口以下段治理工程已获工程项目的奖项如下：

2014 年 2 月，获 2013 年度山东省优秀工程咨询成果一等奖。

2019 年 5 月，获 2019 年度山东省优秀水利水电工程勘测设计一等奖。

4　工程运行情况及社会经济效益

4.1　工程运行情况

通过疏挖河槽、整修加固洙赵新河堤防、治理沿岸建筑物、护砌险工段等措施提高洙赵新河防洪除涝标准，完善了流域防洪体系；显著提高了防洪、灌溉及除涝效益；保障了洙赵新河防洪区的人民生命财产安全。通过路堤结合，改善沿河交通条件；建设与景观相结合桥梁，形成独特的景观，满足通行的需要。

工程建成后，运行情况良好，保护区范围内无人员财产损失，充分发挥了河道和堤防工程行洪、排涝能力。

4.2　社会经济效益

洙赵新河属于山东省淮河流域沂沭泗水系，是集防洪除涝、灌溉供水、改善环境于一体的大型骨干河道。

项目的实施，使治理河段达到 50 年一遇防洪标准，5 年一遇除涝标准，受益乡镇 21 个，受益人口 339.23 万，防洪效益 5834 万元，除涝效益 7522 万元，改善灌溉面积 75 万亩，年均灌溉效益为 1458.5 万元。

工程效益显著，在发挥防洪排涝功能的同时，极大改善了工程沿线的灌溉供水能力，提高了抗旱供水保障能力，促进了流域经济社会更快更好的发展。"一河清水、两岸绿色、三季花香、四季鸟鸣"，治理后的洙赵新河沿线水环境、水生态得到极大改善，已初步成为鲁西南大地上的一道人水和谐的亮丽风景线，该工程的顺利完工将成为山东省新一轮治淮工程建设的里程碑。洙赵新河徐河口以下段治理工程是防洪工程、供水工程、生态工程、造福工程，必将为加快推进全省水利事业高质量发展发挥重要的促进作用。

付艳艳　王伟　曹利军　执笔

156

河南省大别山革命老区引淮供水灌溉工程规划

（中水淮河规划设计研究有限公司　安徽合肥）

摘　要：《河南省大别山革命老区引淮供水灌溉工程规划》全面落实新时期"十六字"治水思路，根据区域发展需求，统筹谋划供水、灌溉、水生态、水环境等10项目标，创新构建多目标的水资源综合利用工程体系，有效破解工程性缺水问题突出、城市长期超采地下水、农业灌溉设施薄弱、水资源供需矛盾突出等区域发展制约瓶颈和民生难题，具有显著的经济效益、社会效益和生态环境效益。该项目进一步完善淮河上游和大别山革命老区水资源配置体系，为打造淮河生态经济带提供重要支撑，对促进革命老区脱贫致富和经济社会可持续发展具有重要而深远的意义。

关键词：供水灌溉；多目标；网格化；生态库容

1　项目概况

大别山革命老区跨鄂、豫、皖3省，为我国革命胜利做出了重要贡献。党中央、国务院高度重视革命老区发展，2015年6月批复《大别山革命老区振兴发展规划》（国函〔2015〕91号）（以下简称《规划》），将支持大别山革命老区发展作为国家战略。为有效解决工程性缺水问题突出、城市长期超采地下水、农业灌溉设施薄弱、水资源供需矛盾突出等区域发展的制约瓶颈和民生难题，规划建设河南省大别山革命老区引淮供水灌溉工程。该项目已列入《大别山革命老区振兴发展规划》《"十三五"全国水利扶贫专项规划》和《全国水利改革发展"十三五"规划》等。

河南省大别山革命老区引淮供水灌溉工程是2019年全国重点推进的12个重大水利工程之一，也是河南省实施"四水同治"首批推进的10大水利工程之一。工程受水区涉及信阳市的息县、淮滨县和潢川县3县，地处大别山革命老区核心发展区域，也是国家粮食生产核心区。工程规划创新构建多目标的水资源综合利用工程体系，主要建设内容包括息县枢纽工程、城市供水工程和灌区骨干工程3部分：在淮河干流息县水文站下游约6.7km处新建息县枢纽工程，上游距出山店水库坝址约130km，下游距省界王家坝约100km，节制闸50年一遇设计流量9300m³/s，200年一遇校核流量15600m³/s，共布置26孔，每孔净宽15m，闸上正常蓄水位39.2m，蓄水库容1.2亿m³；供水对象为息县、潢川两座城市的生活和工业用水，规划水平年2030年城市供水人口为103万人，设计供水保证率95%，新建提水泵站2座和输水管线37km；灌溉范围涉及息县、淮滨两县沿淮地区35.7万亩灌区，设计灌溉保证率75%，建设干支渠226km、建筑物1099座。息县枢纽工程效果见图1。

该工程于2019年9月开工建设，计划2023年年底完工。建成后，多年平均向城市供水和农田灌溉合计年供水量1.65亿m³，供水灌溉直接经济效益9.11亿元，还可显著改善区域生态环境、提升沿岸土地价值和城市整体形象、发电、航运、营造水景观和承载水文化；用淮河水替代开采地下水，并对地下水起到一定回补作用，有效涵养地下水源，具有显著的经济效益、社会效益和生态环境效益。该

图 1 息县枢纽工程效果图

项目进一步完善了淮河上游和大别山革命老区水资源配置体系，为打造淮河生态经济带提供重要支撑，对保障城市供水和粮食生产安全、促进革命老区脱贫致富和经济社会可持续发展具有重要而深远的意义。

2 工程特点及关键技术

2.1 主要内容

本项目事关重大、涉及面广，需求目标多元，区域地形地貌、河势比降、水文地质等条件复杂，面临水资源配置、淮河泄洪排涝、移民征地、生态环境、工程调度以及对下游省份影响等众多复杂敏感问题，统筹协调难，研究论证难题多，规划布局和工程布置难度大。

《规划》历时近 3 年，经广泛调研、统筹谋划、深入研究和系统论证，统筹谋划供水、灌溉、水生态、水环境、水景观、水文化、发电、航运、提升沿岸土地价值和城市整体形象 10 项目标，并建立多目标水资源优化配置模型，通过模型优化配置水资源，很好地统筹协调了各需求；对工程任务、规划范围、枢纽蓄水位及水资源配置、枢纽泄流规模、工程布局及供水灌溉规模、选址选线、布置方案、移民占地、环境影响、调度运用以及对上下游防洪、水资源利用、生态流量的影响等众多方面深入研究和系统论证，通过在淮河干流建设息县枢纽调蓄淮河水，并在两岸建设城市供水工程和灌区工程，创新构建多目标水资源综合利用工程体系，彻底扭转沿淮老区靠着淮河没水用的困局，有效解决城市 103 万人民生产生活用水及工业用水难题，并润泽 35.7 万亩灌区，多年平均向城市供水和农田灌溉合计年供水量 1.65 亿 m^3，供水灌溉直接经济效益 9.11 亿元，还有改善区域生态环境、提升沿岸土地价值和城市整体形象、发电、航运、营造水景观和承载水文化等多种效益，具有显著的经济效益、社会效益和生态环境效益。

2.2 项目难点

（1）矛盾突出、目标多元，统筹协调难度大。项目区域发展总体落后，上下游及左右岸为各自发展对本项目需求目标多元，且矛盾十分突出，协调难度大，如何统筹协调各方需求，是规划首先要解决的关键难题。规划结合各方需求，按照新时期治水思路，立足当前、着眼长远，统筹谋划供水、灌溉、水生态、水环境、水景观、水文化、发电、航运、提升沿岸土地价值和城市整体形象10项目标，并建立多目标水资源优化配置模型，通过模型优化配置水资源，很好地统筹协调了各方需求。

（2）问题复杂，基础薄弱，研究论证难题多。规划的息县枢纽是淮干上游第一闸，事关重大、涉及面广，涉及区域水资源配置、移民征地、淮河泄洪排涝、生态环境、地质灾害、工程调度方案和权限以及对上下游防洪排涝、水资源的影响等众多敏感复杂问题，而以往流域规划研究范围集中在上游山区防洪水库和淮河中下游，而本项目涉及的近200km河段和区域研究资料几乎空白。规划经深入研究和系统论证后破解了一系列难题，并编制《工程调度运行方案及影响分析专题报告》，对保障规划顺利通过各级审查和水利部批复起到了至关重要的作用。

（3）区域条件复杂、人多地少，规划布局难度大。本项目区域处淮河上游山区向平原过渡带，囊括了山区、丘陵、平原、洼地、河道、湖泊等多种地形，淮河入息县后河底比降又骤然变缓，弯道及支汊多，区域地形地貌、河势比降、水文地质等条件复杂，且人多地少，面临供水及灌溉范围抉择难、枢纽选址难、蓄水兴利与淹没移民征地统筹难等，规划布局难度大。规划经多层次比选论证，构建多目标的水资源综合利用工程布局，不仅填补了淮河上游水资源配置体系的空缺，也成为淮河流域落实 新时期"十六字"治水思路的典型项目。

（4）灌区点多面广、地形复杂，规划布置难度大。灌区面积35.7万亩，涉及到老区广大农户，对粮食增收和群众脱贫致富至关重要。灌区跨息县、淮滨两县以及淮河两岸，仅干支渠就需布置渠线200多公里和建筑物1000多座，灌区地形地貌复杂，取水、输水方式、渠线布置，以何种形式穿过河道、湖泊、高速公路、国省道、众多县乡村道、管线等和建筑物类型均需细致研究，规划布置难度大。针对灌区渠线长、点多面广、地形复杂的特点，创新进行灌区规划网格化，做到因地制宜、分区施策，实现了减少工程占地、节约投资和降低灌溉成本的目标。

2.3 项目创新点与先进性

本项目主要创新技术体现在以下几个方面。

（1）多目标协同创新。遵循"十六字"治水思路，以《淮河水量分配方案》中省界断面控制指标为先决要素，统筹供水、灌溉、水生态等10项目标需求，基于水资源合理配置理念、系统优化及控制理论及最严格水资源制度要求，创新建立多目标水资源优化配置模型。模型将省界断面控制指标作为最优先级，各水源规划来水、经济社会指标、节水指标等作为边界条件。通过模型优化的水资源配置方案，不仅满足《淮河水量分配方案》，也很好协同了10项目标要求。

（2）规划布局创新。息县枢纽论证坚持"民生为本、保护耕地"理念，经多方案比选，采用正常蓄水位39.2m的方案淹耕地1556亩，且不搬迁人，作为平原水闸挡水高度达10.2m、库容1.2亿 m^3，淹耕地却如此少且不搬迁人，同类项目罕见；考虑空间均衡在淮河两岸均布置供水和灌溉工程，采用多措施节水3574万 m^3，并创新构建以淮干息县枢纽为龙头、以城市供水和灌溉渠系为骨干的工程布局，不仅填补了淮河上游水资源配置体系的空缺，也成为淮河流域落实新时期"十六字"治水思路的典型项目。

（3）灌区规划网格化创新。本项目规划灌区面积35.7万亩，区内包括山区、丘陵、平原、洼地等多种地形，地形地貌复杂，且村庄、道路、河沟等设施较为密集。针对灌区渠线长、点多面广、地形复杂、规划布置难度大的情况，本项目规划创新将灌区范围结合村庄、道路、河沟等设施和行政区界进行网格概化，并将依地形布置的渠系套绘入网格后反复优化，做到因地制宜、分区施策，实现了减少工程占地、节约投资和降低灌溉成本的目标。

（4）生态库容和生态基流智能调控设施创新。为维护淮河健康，提高河道生态用水保障程度，确保枯水期息县枢纽下泄生态基流，创新性的在息县枢纽设置生态库容 2771 万 m^3，并在两侧翼墙内各置 1 套带自动调流阀、流量计和传感器的生态基流智能调制设施。当枯水期闸上水位低于生态水位 33.0m、来水流量小于枢纽下泄生态基流时，启用生态库容补充生态基流下泄，实现从无控到有控、从粗放到均匀、从人控到智能的转变，生态基流旬保证率从无工程的 85.4% 提高到工程后的 97.2%。

（5）强扰动砂基水闸综合消能防冲措施创新。工程区位于浅丘到平原过渡带，河道比降大；枢纽处于强扰动砂基河段，下游河道下切严重，扰动后的沉积粉细砂抗冲能力差。规划工况下下游淹没度低，上、下游水位落差大，消能防冲工况恶劣。创新性的采用挖深式消力池＋局部波状辅助消能工＋大糙率海漫的综合消能防冲措施，解决了低淹没度、高水位落差规划工况下的浅丘～平原地区强扰动砂基建闸的消能防冲难题。

2.4 项目创新技术与国内外同类技术比较

经安徽省科学技术情报研究所对《河南省大别山革命老区引淮供水灌溉工程规划》的科技查新结果（报告编号：2021C1202836）表明，本项目创新建立多目标水资源优化配置模型，对水资源进行多目标优化配置；创新构建以淮干息县枢纽为龙头、以城市供水和灌溉渠系为骨干的工程布局，填补了淮河上游水资源配置体系的空缺；息县枢纽工程作为平原水闸，正常蓄水位时挡水高度 10.2m，同类项目罕见；创新在淮河流域首次设置生态库容和设计生态基流智能调控设施，并首次实行灌区网格化规划设计；创新在强扰动砂基地基采用挖深式消力池＋局部波状辅助消能工＋大糙率海漫的综合消能防冲措施。

从所查国内文献看，本项目提出的在淮河流域工程规划中进行生态库容的设置和生态基流智能调控设施的研究，以及在淮河流域实行灌区网格化规划设计，国内未见文献报导。项目采用平原水闸挡水高度 10.2m，国内未见达到上述参数规格的平原水闸应用研究。

3 项目成效及推广

（1）《河南省大别山革命老区引淮供水灌溉工程规划》立足当前、着眼长远，根据区域发展需求，进行前瞻性的规划部署，统筹谋划供水、灌溉、水生态、水环境、水景观、水文化、发电、航运、提升沿岸土地价值和城市整体形象 10 项目标，并创新构建以淮干息县枢纽为龙头、以城市供水和灌溉渠系为骨干的工程布局，进一步完善了淮河上游和大别山革命老区水资源配置体系，也成为淮河流域落实新时期"十六字"治水思路的典型项目。

（2）本《规划》研究成果一方面已在河南省大别山革命老区引淮供水灌溉工程建设中得到应用，息县枢纽工程、城市供水工程和灌溉工程均已基本建成，水电站也即将建设；另一方面也为息县枢纽上下游沿淮防洪堤、淮河上游通航、码头建设、水系连通以及水网建设等创造了有利条件。这些工程建设后，将进一步完善淮河上游防洪减灾和水资源综合利用体系，提高水资源质量及河流健康状况，为打造淮河生态经济带提供重要支撑，对促进革命老区脱贫致富和经济社会可持续发展具有重要而深远的意义。

（3）本项目虽尚未完全建成，但提升沿岸土地价值和城市整体形象和品位的效益已十分显著。近年来，以息县枢纽工程为龙头的河南省大别山革命老区引淮供水灌溉工程为依托，息县城区面积快速向东拓展，高起点、高标准建设的东部淮河新区已形成一定规模，吸引了大量外来投资及人员创业兴业，信阳师范学院也已在此建成淮河校区办学。

（4）近年来，依据本《规划》研究成果，项目有关人员已撰写并发表《息县枢纽工程正常蓄水位论证》《淮河干流息县枢纽工程防洪影响分析》《息县枢纽工程泄流规模分析》《息县枢纽闸室设计研究》等多篇论文，同时研究成果对国内外类似工程规划也具有重要的参考价值和借鉴作用。

4 工程运行情况

2018 年 1 月，水利部批复工程规划（办规计函〔2018〕107 号）；2019 年 5 月，河南省发展和改革委员会批复工程可行性研究报告（豫发改农经〔2019〕299 号）；2019 年 10 月，河南省水利厅批复工程可行性研究报告（豫水许准字〔2019〕176 号）。2019 年 9 月工程开工建设，2020 年 10 月 26 日工程成功截流，2022 年 5 月工程阶段验收（息县枢纽工程水下部分），计划 2023 年年底完工。息县枢纽下部工程建成通水见图 2。

图 2　息县枢纽下部工程建成通水

4.1　经济效益

本项目通过建设息县枢纽调蓄淮河水，并在两岸建设城市供水工程和灌区工程，创新构建多目标水资源综合利用工程体系，向城市供水和农田灌溉合计年供水量 1.65 亿 m^3，彻底扭转沿淮老区靠着淮河没水用的困局，解决城市 103 万人民生产生活用水及工业用水难题，惠及 35.7 万亩灌区，供水灌溉直接经济效益 9.11 亿元，经济效益显著，对促进革命老区脱贫致富和经济社会可持续发展具有重要而深远的意义。

4.2　社会效益

本项目进一步完善了淮河上游和大别山革命老区水资源配置体系，破解工程性缺水问题突出、城市长期超采地下水、农业灌溉设施薄弱、水资源供需矛盾突出等区域发展的制约瓶颈和民生难题，保障城市供水和粮食生产安全，并显著提升沿岸土地价值、城市整体形象以及区域生态环境，为区域振兴发展奠定坚实基础，具有显著的社会效益。依托该项目，近年来息县城市面积快速向外拓展、在建的淮河新区已初具规模，吸引了大量外来投资及人员创业兴业。

4.3　生态效益

本项目构建以淮干息县枢纽为龙头、以城市供水和灌溉渠系为骨干的工程布局，息县枢纽工程正常蓄水位 39.2m 时闸门挡水高度 10.2m，蓄水形成回水长度达 35km、水面面积 21km^2、蓄水库容 1.2 亿 m^3 的河道型水库，将显著改善区域的水生态环境，营造水景观和承载水文化；用淮河水替代开采地下水，并对地下水起到一定回补作用，能有效涵养地下水源，具有显著的生态效益，为打造淮河生态经济带提供重要支撑。

尹殿胜　执笔

宁夏固原地区（宁夏中南部）城乡
饮水安全水源工程

（宁夏水利水电勘测设计研究院有限公司　宁夏银川；

黄河勘测规划设计研究院有限公司　河南郑州）

摘　要： 宁夏固原地区城乡饮水安全水源工程是将水资源相对丰沛的泾河流域的地表水，经拦截、调蓄后输送至固原部分干旱缺水地区的区域性水资源配置工程。本工程的建设，从根本上解决了宁夏六盘山集中连片贫困地区 110 万城乡居民生活用水问题，为宁夏西海固地区如期实现脱贫攻坚和与全国同步建成小康社会发挥了不可替代的重要作用，对维护民族团结稳定、促进区域经济社会协调发展具有十分重大的意义。

关键词： 宁夏中南部；城乡饮水；水源工程；截引工程；水库

1　工程概况

1.1　自然概况

宁夏固原地区（宁夏中南部）城乡饮水安全水源工程位于宁夏南部的固原市原州区和泾源县，是将宁夏南部六盘山东麓雨量较多、水量相对较丰沛的泾河流域地表水，经拦截、调蓄，向北输送到固原中北部干旱缺水地区的区域性水资源配置工程。

本工程调出区位于固原市泾源县泾河流域，流域面积 1113km²，多年平均降水量 639mm，引水断面以上集水面积 482km²，多年平均径流量 1.154 亿 m³，占调出区地表水资源量的 56.7%。调入区包括固原市原州区、西吉县、彭阳县和中卫市海原县，涉及泾河、清水河、葫芦河、祖厉河四个流域。

本工程始于宁夏泾源县境内的泾河干流源头龙潭水库，由南向北经泾源、什字、大湾、青石咀、二十里铺止于固原市原州区南郊，线路总长 74km，沿线主要地貌形态为侵蚀剥蚀低山及河谷，出露地层有白垩系下统马东山组（K_1m）、第三系始新统寺口子组（E_2s）、第四系下更新统三门组（Q_1s）、第四系上更新统冲积层（Q_3^{al}）、冲洪积层（Q_3^{al+pl}）、第四系全新统坡残积层（Q_4^{dl}）及冲积层（Q_4^{2al}）。工程区构造复杂，区域构造稳定性较差，地震基本烈度Ⅷ度。

1.2　工程任务和规模

本工程建设任务为：从泾河源流区引水，为干旱缺水的宁夏中南部地区固原市原州区、彭阳县、西吉县和中卫市海原县部分城镇居民生活和农村人畜饮水安全提供水源保障。设计水平年 2025 年供水总人口 131 万人，其中城镇人口 54 万人，农村人口 77 万人，年供水量 3720 万 m³，年引水量 3980 万 m³，引水管线设计流量 2.25 ～ 3.75m³/s，供水管线设计流量 1.6m³/s。主调蓄水库（中庄）总库容 2564 万 m³。

1.3 工程总体布置及建设内容

1.3.1 工程等别及建筑物级别

本工程为Ⅲ等中型工程，首部取水枢纽龙潭水库、中庄水库、输水主管道及其主要永久性水工建筑物级别为3级，其他永久性水工建筑物级别为4级。

1.3.2 工程总体布置

水源工程由龙潭水库改造工程、输水管道、输水隧洞、调蓄水库、补水泵站及截引工程等组成。以泾河上游源区为水源地，从泾河干支流多条河流分散取水，输水总干线以加固改造龙潭水库作为首部取水枢纽，沿途纳入从策底河、泾河其他支流、暖水河、颉河等河流7处截引工程截引水量，向北穿越泾河与清水河分水岭，经中庄水库调节，自流引水至固原市南郊。输水线路总长75.24km，其中输水压力管道长39.49km，输水隧洞长35.75km。沿线布置主要建筑物190座，其中隧洞11座，路涵63座，管桥10座，过沟防护工程29座，穿高速公路及铁路防护工程4处，阀井等其他建筑物73个，在暖水河新建秦家沟水库，新建输水线路末端处的中庄调节水库；新建截引工程5处，截引支管线总长17.55km，加压泵站3座。

1.3.3 工程建设及运行管理

工程永久占地4361.54亩，其中旱地2811.75亩，林地877.89亩，其他草地456.75亩，农村道路等其他用地215.15亩。施工临时占地3211.10亩，其中，旱地1272.41亩，林地1089.28亩，其他草地849.40亩。基准年搬迁安置人口1075人。

工程采用建管合一的管理体制，宁夏水务投资集团有限公司为项目法人，2012年11月开工，2016年6月主体工程建成，2016年10月正式通水，2019年12月13日通过竣工验收。

2 工程特点及关键技术

2.1 工程特点

（1）地形地质条件复杂。输水线路基本上平行六盘山山脊走向近南北向布设，穿越多条走向近东西的河流深沟，穿越区域地面相对高差150m左右，属低中山地貌，地形起伏较大。穿越的地层主要为白垩系、第三系软岩和第四系松散层，属极软岩或软岩，岩体亲水性强，具有重塑性、胀缩性、崩解性、流变性和大变形等特点。工程沿线存在不同程度的腐蚀性水土，其硫酸根离子含量普遍偏高，部分地段达到强腐蚀程度，并具有成因复杂、腐蚀介质多样，以及影响因素多变等特殊性。

（2）为保障河道生态流量和下游用水采用多截引点分散取水。本工程调出区泾河干流及其支流策底河、暖水河、颉河均为跨境河流，其下游为甘肃省平凉市，本工程上游引水除了考虑当地经济社会发展用水和河道生态用水外，还要考虑对下游甘肃省平凉市的影响，取水量必须限制在黄委会制定的总量控制指标以内。经水利部、黄河水利委员会与宁夏回族自治区、甘肃省协调，本工程可调水量按取水河段出境断面宁夏多年平均用水比例不超过40%控制。取水点以泾河干流为主，另外在策底河、暖水河、颉河等泾河支流布设了6处截引工程，分散取水。

（3）主输水工程采取无压隧洞与重力流管道交替布置。输水工程由龙潭水库坝上1911m高程引水，引水口底板高程1911.80m，设计引水水位1916.00m，至中庄调蓄水库的入库水位1878.34m，平均比降约1/1800，采用无压隧洞与有压管道结合的重力流输水方式，布置隧洞11座，单洞长度540～10710m。

（4）小断面软岩隧洞钻爆法施工。输水隧洞最大埋深48～310m，围岩地层岩性以白垩系下统乃家河组（K_1n）泥岩夹泥灰岩为主，占66.3%，马东山组（K_1m）泥页岩、泥灰岩占28.3%；第三系始新统寺口子组（E_2s）砾岩夹泥岩占1.2%；第四系上更新统（Q_3）黄土、壤土占3.9%。岩石的饱和单轴抗压强度

2.26 ～ 13.4MPa，一般多在 5MPa 以下，属于软岩，且易于软化。围岩类别以Ⅳ类为主，局部 V 类，围岩条件总体较差。输水隧洞设计流量 2.25 ～ 3.75m³/s，采用钻爆法施工，马蹄形断面，最大净宽 3.2m，净高 3.24m。

（5）中庄水库总库容 2564 万 m³，最大坝高 58.1m，均质土坝，河床覆盖层为 12m 厚的角砾层，属于强透水层，其中表层 2m 厚的 Q_4^{2al} 角砾具液化。左岸Ⅱ级阶地上部的 Q_4^{1al} 壤土 4 ～ 7m 为Ⅳ级自重湿陷性场地，右岸Ⅱ级阶地上部的 Q_4^{1al} 壤土 1.5 ～ 3.0m 为Ⅱ级自重湿陷性场地。左坝肩 Q_3^m 黄土湿陷性厚度为 12 ～ 19m，右坝肩 Q_3^m 黄土湿陷性厚度为 9 ～ 17m，均属Ⅳ级（很严重）自重湿陷性场地。输水塔结构高度 50.3m，基岩为第三系渐新统清水营组（E_3q）泥岩、砾岩、砂岩等体型结构、边界条件和受力情况复杂，所处区域地震基本烈度为Ⅷ度。

（6）工程区地处宁夏六盘山区，涉及国家级六盘山自然保护区，工程布置和施工布置的环境制约因素多。

2.2 关键技术

（1）输水干线布设 5 处截引点，采用明水沉沙池 + 浅流底栏栅的截引方式。输水系统采用 11 段重力流管线和 11 座无压隧洞交替布置的输水方式，重力流管道首次采用管径 2.0m 的钢筋缠绕钢筒混凝土压力管（BCCP）。

（2）开展了工程环境水土腐蚀性研究，查明输水线路沿线环境水土腐蚀类型、时空分布规律，确定了腐蚀性分级标准，确定输水建筑物宏观和微观环境类型，提出了干湿交替作用和冻融交替作用环境下的环境水硫酸盐型腐蚀性评价标准，通过大量碱活性骨料和抗侵蚀试验研究，提出了通过掺加剂、优化混凝土配合比等方式，同时遏制骨料碱活性和抗环境水腐蚀措施，优化工程相关设计，确保工程安全可靠。

（3）开展了龙潭水库溢流坝整体水工泥沙模型试验研究，较好地解决了龙潭水库改造引水、排沙和狭窄河道的泄流消能问题。针对龙潭水库坝前泥沙问题，开展工程溢流坝整体水工泥沙模拟试验研究，调整并优化进行了五种不同平面布置的试验，最终科学、合理确定了龙潭水库最终建设方案：2 孔表孔泄流 +1 孔底孔泄流、排沙和侧向取水，简化了龙潭水库建设内容，保证了取水可靠性；通过模型实验研究使闸前泥沙"门前清"，溢流坝外边墙高度满足校核洪水泄流要求，较大地提高了下游消能效果，减少了山体开挖量，保证了工程的安全运行。

（4）针对本工程的主调蓄水库中庄水库地处Ⅷ度地震烈度区，两岸大厚度、Ⅳ级自重湿陷性场地，开展了大坝渗流控制三维有限元研究，建立大坝三维有限元模型，进行三维渗流场反演分析，确定岩体渗透参数和计算模型水力边界，模拟分析复核坝体、反滤排水层和防渗墙等结构设计参数，将大坝坝内排水方案由初设的水平褥垫排水优化为垂直 + 水平褥垫组合排水方案，使坝体后区的干燥区更大且更有保证，取得了较好的坝体排水效果。中庄水库取水塔塔高 49.3m，其中塔体下部嵌固在第三系砂质泥岩岩体内深度 21.2m，地面外露高 28.1m，一般的结构分析难以反映输水塔基岩变形、体型复杂、截面突变、刚度随高度变化等因素对其力学性能的影响，不能准确反映各部位的应力状态，设计中开展了三维有限元静动力分析，建立三维有限元模型，针对取水塔设计方案进行动力分析，对取水塔的整体抗滑稳定、抗浮稳定、抗倾覆稳定以及塔底地基的承载力进行验算，输水塔结构形式优化为采用倒锥形嵌入岩体的输水塔方案，同时在嵌岩上部增加锁口以保证开挖的安全，并增加塔体的承力面积。为复杂的塔体结构设计提供了技术依据，解决了塔体结构的抗震安全问题。通过对泄流出口消能问题的研究分析，对消能方式采取的新型式、新工艺进行了新尝试，优化了非常泄空出口性能，即采用多喷孔无控制泄流的消能方式，结构简单，消能效率高。

（5）较好地解决了软岩地区小断面输水隧洞的开挖、支护和洞外水压力控制问题。输水线路隧洞 11 座，其中，单洞最长 10.73km，围岩地层岩性以抗压强度很低的泥岩、泥灰岩为主，属于软岩和极软岩，围岩以Ⅳ类为主、局部Ⅴ类，围岩条件总体较差。隧洞按钻爆法施工设计，马蹄形断面，现浇钢筋混凝土衬砌，顶部设置毛细透排水，降低隧洞衬砌所承受的外水压力。针对第三系、白垩系地层岩性的软弱围岩成因机制、水理特性、崩解性、胀缩性、流变特性、力学特性、围岩变形特征及随环境的变化规律等方面进行专题研究，建立小断面洞室软弱围岩分类标准，确定适合本工程特点的软弱围岩开挖方式、保护时机及支护技术等设计和施工方案，保证工程的安全、顺利实施，并节省投资。

（6）在工程设计中，充分尊重自然、顺应自然、保护自然，贯彻"节能、生态、经济"的设计理念，打造人水和谐相处的自然生态景观。

3　已获科技成果情况

工程设计坚持科技创新，积极采用新技术、新工艺、新设备、新材料、新产品，较好地解决了工程设计、施工技术问题，提升了工程建设的整体水平，取得了很好的效果，多项成果获奖，其中，获得多个科技成果奖和优秀设计奖10项，其中，全区优秀工程勘察设计奖4项，宁夏水利科技进步奖3项，水利部各类奖3项。

《输调水工程钢筋缠绕钢筒混凝土压力管道（BCCP）创新与实践》获大禹水利科学技术一等奖，龙潭水库、中庄水库分别获得宁夏回族自治区优秀工程勘察设计一等奖，4号（白家村）隧洞工程获自治区优秀工程设计二等奖，中庄水库土坝渗流控制三维有限元研究与实践等6项成果获自治区水利科技进步一、二、三等奖。

4　实施效果评价

4.1　工程运行情况

2016年6月投入运行以来，水库、隧洞及管道工程和截引工程运行均正常，装置、设施和设备的运行达到设计能力和技术指标，全面实现了项目的预定目标。中庄水库已按照蓄水方案完成了四个阶段的蓄水运行，主体工程运行安全可靠，至2021年年底累计引水量11836万 m^3，供水量10733万 m^3；2021年引水量2430万 m^3，供水量2760万 m^3，受益人口110万人，取得了巨大的社会、经济、生态效益。

4.2　社会效益

本工程的建成，从根本上解决了宁夏六盘山集中连片特困地区资源性、工程性、水质性缺水问题，农村自来水入户率达到95%以上，农村家家户户卫生间装上了浴霸、热水器、坐便器，使用水冲式卫生厕所成为时尚，生活习惯明显改变，生活质量明显提高，因饮水水质致使的肠道病感染率和菌痢等疾病发病基本消除，为宁夏西海固地区如期实现脱贫攻坚和与全国同步建成小康社会发挥了不可替代的重要作用，对维护民族团结稳定、促进区域经济社会发展具有重大意义，荣获中国民生发展论坛组委会2017年民生示范工程。

4.3　经济效益

本工程为宁夏中南部干旱缺水地区110.8万城乡居民提供生活用水安全保障，农村饮水安全效益主要为提高人民生活和健康水平而减少医药费支出、再不用远距离拉水而解放劳动力用于生产的省工效益、替换集雨窖水发展庭院经济增收效益等，为固原市区及3个县城、44个乡镇提供生活供水2282万 m^3。一般年份供水效益19833万元，特大干旱年份35283万元。

5 附图及工程照片

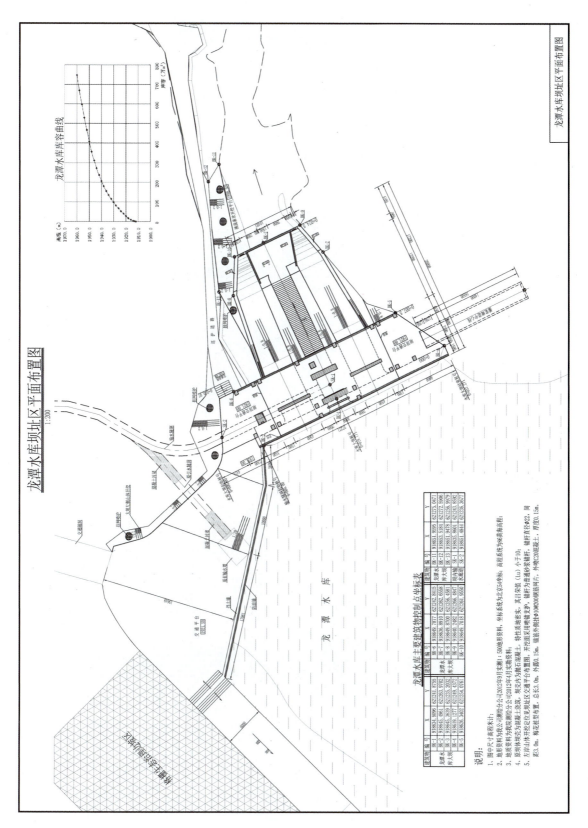

图 1 龙潭水库坝址区平面布置图

图 2   压力管道（PCCP）安装

图 3   输水隧洞衬砌施工

图4 龙潭水库上游实景

图5 中庄水库建成后实景

哈岸英 陈炀 云涛 执笔

许昌市清泥河流域综合治理工程

（河南省水利勘测设计研究有限公司　河南郑州）

摘　要：2013 年 5 月，许昌被纳入全国首批水生态文明城市建设试点，构建了"五湖四海畔三川、两环一水润莲城"的水系格局，明确了实现"河畅、湖清、水净、岸绿、景美"的建设目标，清泥河流域综合治理工程作为城区水系"三川"的重要组成部分，承担防洪排涝功能的同时，也是市区西部的生态廊道，建设内容包括清泥河、运粮河、连同渠、灵沟渠和幸福渠河道疏挖治理及滨河节点生态文化绿化工程，治理河道长 38km，治理总面积 350 万 m²，水体 145 万 m³，总投资 15 亿元。项目建成后，顺利通过水利部和河南省政府水生态文明建设试点验收，呈现出林水相依、城水互动、人水和谐的景象，许昌市水生态文明建设的"许昌模式"已经叫响全国。

关键词：河道治理；防洪排涝；生态护坡；生态修复

1　工程概况

1.1　区位情况

许昌市地处河南省中部，西部为山丘区，中部、东部为平原区，全境总面积为 4996km²，区位优势和交通条件优越。

1.2　流域概况

清泥河是小泥河左岸的一大支流，属淮河流域沙颖河水系，全长 30.95km，流域面积 165km²，南北纵贯许昌市区西部边缘，河道比降 1/1333 ～ 1/2500，清泥河是许昌市主要的防洪排涝河道，是小泥河洪水的主要来源，50 年一遇洪水洪峰流量 271 m³/s。清泥河及其支流现状防洪标准均在 10 年一遇以下，特别是运粮河，其部分河段内淤积较严重；清泥河城区段河道比降较缓，加之长期运行，致使泥沙淤积，河床断面缩小，降低了河道防洪排涝能力，涝灾严重。中华人民共和国成立以来，清泥河有记载的涝灾就有 9 次，给沿岸百姓生产生活带来严重影响。

1.3　工程地质

工程场内地层为土岩双层结构，上部为第四系全新统（Q^4）、上更新统（Q^3）和中更新统（Q^2）洪积物，岩性主要为中、重粉质壤土，下部为上第三系中新统洛阳组（N^{1l}）软岩，岩性主要为黏土岩，地层分布比较稳定。

1.4　工程建设任务及设计标准

清泥河流域综合治理工程建设任务为保障城市防洪排涝安全，提高河道生态修复能力，改善区域滨水环境。工程治理河道总长度 38km,包括清泥河、运粮河、灵沟河和连通渠。其中清泥河按 50 年一遇防洪、10 年一遇除涝标准设计,堤防等主要建筑物级别为 2 级,其余支沟按 20 年一遇防洪,10 年一遇除涝标准进行设计,堤防等主要建筑物级别为 4 级。

1.5 项目建设过程

工程于 2014 年 9 月开工建设,2015 年 9 月河道蓄水,2018 年 6 月完工验收。

2 工程特点及关键技术

2013 年许昌市被列入全国水生态文明试点城市,许昌市人民政府组织编制了《许昌市水生态文明城市建设试点实施方案》,构建了"五湖四海畔三川、两环一水润莲城"的水系格局,明确了实现"河畅、湖清、水净、岸绿、景美"的建设目标,赋予清泥河的主要功能为防洪除涝和河流生态修复。

清泥河流域综合治理工程作为城区水系"三川"的重要组成部分,承担防洪排涝的同时,也是市区西部的生态廊道,建设内容包括清泥河、运粮河、连同渠、灵沟渠和幸福渠河道疏挖治理及滨河节点生态文化绿化工程,治理河道长 38 km,治理总面积 350 万 m²,水体 145 万 m³。

项目建设在保证防洪排涝的前提下,结合现状河道所面临的诸多问题与经济社会的发展间的矛盾逐渐加强,由传统防洪减灾的单一治理过渡至水污染防治、水生态系统构建、滨水建设、水资源短缺等的综合治理,系统的解决河道中存在的问题,体现人水和谐的新理念。围绕河湖水系及滨水绿地所构建的水绿共同体,按照"节水优先、空间均衡、系统治理、两手发力"的治水新思路和"城乡水务一体化"技术体系,将河湖水系所承担的水安全、水资源、水环境、水生态、水景观、水经济等水功能进行融合,通过水绿共同体水功能的系统融合和价值提升,结合水生态文明建设和海绵城市建设,使河道治理有效拉动城市发展。设计理念先进、思路清晰、创新点突出、技术保障体系完善,达到了同期国内领先水平。

2.1 融入最新的治水思路,体现系统治理思路

围绕河湖水系及滨水绿地所构建的水绿共同体,按照"节水优先、空间均衡、系统治理、两手发力"的治水新思路和"城乡水务一体化"技术体系,将河湖水系所承担的水安全、水资源、水环境、水生态、水景观、水经济等水功能进行融合,通过水绿共同体水功能的系统融合和价值提升,结合水生态文明建设和海绵城市建设,使河道治理有效拉动城市发展。

2.2 采用多种软件分析行洪流场及洪水淹没范围进行方案比选论证,保障城市防洪除涝安全

在防洪排涝体系设计中,从解决区域防洪和城市内涝需要考虑,提出了三方面的设计考虑:
(1)满足城市河道防洪排涝要求,构筑科学合理、安全可靠的防洪排涝体系。
(2)考虑与城市雨水管网衔接,减少除涝水位对城市雨水管网的负面影响,缓解城市内涝风险。
(3)兼顾河道生态修复与滨水环境建设需要,考虑生态化治理。

为保证防洪除涝安全选取两种方案:筑堤方案和扩挖主槽方案进行比选。利用 MIKE URBAN 城市管网模型、MIKE 21 地表坡面流模型和 MIKE 11 河道水动力模型耦合的 MIKE FLOOD,通过搭建清泥河流域河道行洪排涝及城区淹没模型来计算在河道行洪的同时,城市排涝及淹没的状况。由于城市雨水管网的规划设计要求为 2 年一遇,本次设计选择 2 年一遇 2 小时暴雨强度的雨情作为城区降雨的边界,分别计算筑堤方案和扩挖主槽方案两种情况下,当河道出现 10 年一遇洪水时,受河道水位顶托下城区雨水管网排涝情况和道路淹没情况。

经模型验证,扩挖主槽方案与筑堤方案相比,可大大改善城区的积水影响。各地区改善效果不一,积水深度下降 0.05 ～ 0.45m。其中以永昌西路以南、天宝路以北的清泥河东岸地区改善最为明显,积水

深度下降 0.2 ～ 0.45m。特别是对于积水超过 0.5m 区域，淹没面积较少可以达到 67.2%。模型分析结果表明，扩挖主槽方案与筑堤方案相比，可以明显地减少涝灾对城区的影响。

2.3 通过多种生态营造措施，提高河道生态修复能力

为保证河道生态多样性，在建设前对流域内生态本底进行了调查，治理前河道淤积，水资源缺乏，污染严重，边坡长满杂草，滩地种植有树木，种植品种单一，多为杨树，受人类活动干扰严重，生境多样性及生物多样性退化严重。

基于清泥河现状，通过查阅文献了解清泥河历史上的河流生态状况和生态格局，采取工程措施和非工程措施，恢复河道连通性，改善水质，在充分发挥生态系统自组织功能的基础上，促使河流生态系统恢复到较为自然的状态，改善其生态完整性和可持续性。通过河道的连续整体性，河流生态系统的结构和功能与流域的统一性及其物理环境的连续性，保证生物物种和群落随上中下游河道物理条件的连续变化而不断地进行调整和适应。

为保证河道的生态多样性，在设计中基于恢复的指示性物种生境需求，按照水流形态和水文条件，将水面分为静水水面和溪流形态，两类水体修复的措施各有不同。

（1）静水水体生境修复。水下采用生态材料构筑护坡和衬底，岸边采用挺水植物 + 灌木 + 乔木建设植被缓冲带，创造多样性的生物栖息地。为伪蜻科、春蜻科等物种营造适宜的产卵环境，同时设置鱼巢砖，为适宜于静水生存的鱼类提供生产、生活环境。

（2）溪流生境修复。针对确定的指示型物种，分别营造适宜性溪流生境；针对鲢鳙鱼等指示物种，利用弯曲型河流形态与小型堰坝等内部构造物结合的方式营造适宜性流态，包括急流、缓流、静水、深潭－浅滩等水流地貌特征及流速、水深等水力特征变量。针对蜻蜓等指示物种，利用芦苇、荷花等草本、木本、灌木多层次植被结构营造适宜性岸边植被群落。针对田螺等指示物种，利用砂石、复合土（石灰 + 黏性土 + 膨润土）、沉水植物等营造适宜性河床底质特征，满足指示物种底质需求及减渗等多种目的。针对鱼类及小型水生生物避难所，主要是利用鱼巢砖、抛石护岸与挺水植物的结合，营造适合鱼类产卵的生境。同时可以将水泥管暗藏在抛石护岸中，为鱼类及小型水生生物提供避难所，增加生物多样性。其中抛石护岸与水泥管结合的鱼类避难所主要设置在溪流状河道上。

根据 2016 年 8 月的调查，清泥河水生态系统发生改变，河道断流、水体污染和水生生物多样性退化问题得到有效改善，鱼类、底栖动物和水生植物群落多样性均得到了有效的恢复，水生态系统处于次生演替（恢复初期）的重要阶段。

2.4 结合河道生态生境需要，提出枝捆护岸、干抛毛石、立插木桩、木质沉床、等生态护岸形式

生态护岸典型设计图见图 1。

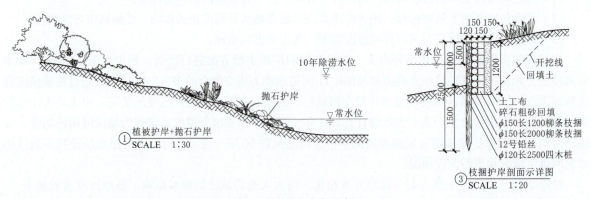

图 1　生态护岸典型设计图

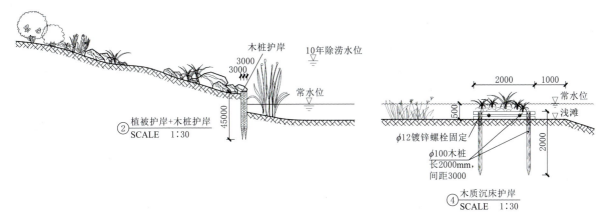

图 1　生态护岸典型设计图（续）

（1）枝捆护岸：用木桩当做栅栏，在其背后用柳条捆作竖捆排好，再在其后面填入土、砂（图2）。适合用在土压力不太大，不需要高强度防护的梯形、复式断面河道常水位以上坡面。

（2）干抛毛石护岸：适用于冲刷程度较高，岸坡角度不大的地段。在护脚处铺设土工布，在上面随意堆放块石，堆放的边缘弯曲而自然。之后再在上面覆盖一层种植土，使之填充石与石之间的缝隙（图3）。

图 2　枝捆护岸建成实景图

图 3　抛石护岸建成实景图

（3）立插木桩护岸：常用杉木桩、柳树桩、毛竹等，适用于剖度较陡的地段（图4）。

（4）木质沉床护岸：适用于流水冲刷中等或者严重的地段，对土壤要求不高，利用木头作为框架，内填卵石或碎石的结构设施，石头之间留有较多的空隙（图5）。

图 4　立插木桩建成实景图

图 5　木质沉床护岸建成实景图

173

2.5 采用数字孪生技术，赋能流域生态修复治理

对防洪除涝体系、水环境治理体系及水生态修复体系进行分析论证，从一维到二维，从水动力到水生态、水环境，系统的构建了许昌清泥河流域数字模型，对生境营造、生态措施的布置等关键技术进行了专题研究，辅助指导了工程设计，对工程的规划、设计、施工、运维提供了全生命周期的技术支撑。

2.6 整合河道滨水环境资源，融合当地历史文化，提升滨水环境质量

通过河道治理整合滨水环境资源，改善滨水环境质量，为周边居民提供一个良好的生态环境，将河道空间融入到城市整体环境中，发挥对城市发展、文化展示以及休闲体验等的综合性服务功能（图6）。

清泥河流域综合治理工程中的滨水环境体系为"一环、两翼、四区、十一节点"，节点设计以生态景观型为主，通过文化的融入使清泥河成为弘扬悠久历史文化的载体，从不同角度展示许昌市的悠久历史文化、人文文化以及当今创新精神。通过合理的植物配置，营造多样绿地空间，为周边居民提供一个良好的生态环境。

2.6.1 一环：魅力水环

由清泥河三国文化城与运粮河组成的环形水系为载体，通过拓宽改造，体现历史观光、展示生态河道效果、营造怡人滨水空间，提升环境质量的同时带动滨水空间地块的开发建设。

2.6.2 两翼：现代田园之翼、科技生态之翼

现代田园之翼：以打造城市生态河流形象为主，通过多用的生态技术，使之成为城市生态的廊道、城市绿地系统的重要组成部分。保护生物多样性，突出环境的开放性与生态性。

科技生态之翼：以体现健康运动、科技生态、绿色环保为主题，应用新型技术与材料，对现状河道进行生态修复，营造健康运动游线，形成南部科技发展的生态之河。

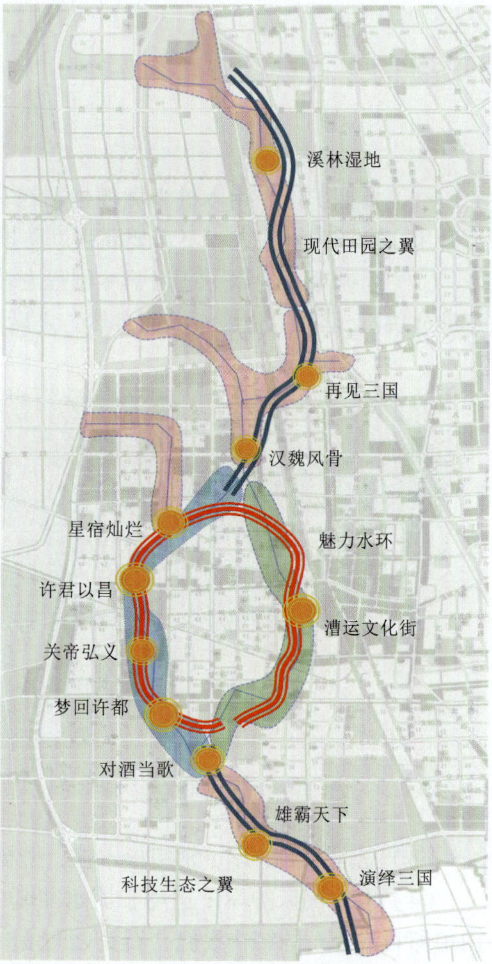

图6 滨水体系图

2.6.3 四区

林溪高致、田园牧耕、城植昌源、水娱莲舞四个特色滨水环境区，分别体现"林"、"田"、"水"三种自然元素与人文之"城"交融，生态共生，自然和谐。

林溪高致区：林木高耸，水流潺潺，宁静致远，营造良好的生态基底。

田园牧耕区：因许由牧耕于此，洗耳于颍水之滨，营造花田流水，欣欣向荣之境。

城植昌源区：体现汉魏古城、历史文化等元素，有城"昌于许"之意。

水娱莲舞区：以科技时尚元素演绎三国文化，人莲共舞，生态和谐。

2.6.4 十一节点

分别为：溪林湿地、再见三国、汉魏风骨、星宿灿烂、许君以昌、关帝弘义、梦回许都、对酒当歌、漕运文化街、雄霸天下、演绎三国。

3 项目效益

3.1 科技成果、专利、奖项

3.1.1 科学技术成果 "基于二维水动力水质模型的河流生态修复工程技术研究"

通过采用数学模拟来探索水文循环、河道水动力特征、污染物运移降解等过程是一种行之有效的办法，不仅适用于河流生态修复技术研究，也适用于水库、河流、河口、海岸及海洋的水动力模拟。

3.1.2 科学技术评价成果《城市河湖综合治理生态景观设计及融合关键技术研究》

基于生物多样性保护与修复的角度，将水利、生态、景观三者的专业要求与工程设计相融合，指导工程设计及施工。通过城市河湖生态治理标志性水生生物的工程设计边界条件，为水利与生态的融合设计及治理成效评估提供技术支撑。采用水利、景观、生态专业在实践层面的融合设计方法与关键技术，建立了河湖综合治理生态成效评估方法。

3.1.3 水利技术专著《城市生态河流规划设计》

从河流的形态与结构、生态保护与修复、水文化传承、水景观塑造等方面设计健康的城市生态河流。河流的生态保护与修复内容包括水系形态和连通性、生态廊道、生态需水、水质维护与改善、生态岸缘构建等设计内容。水文化从河流起源、形态、核心等方面指导城市河流治理与滨水景观塑造，包括景观总体设计、景观分区、滨水活动、可视景观、植物种植、交通组织等内容。

3.1.4 专著《城市滨水区生态保护与景观规划设计研究》

滨水城市空间环境作为城市公共开放空间和城市生态平衡中的重要部分，其景观的设计在满足城市防洪安全需要的基础上，结合生态，以滨水空间的自然人文环境特性为基础，充分利用自然河流、湖泊的流动性，通过丰富的动植物景观资源和地域人文景观，对滨水空间进行设计，创造出一个多样的亲水空间，从而使公众能够得到美好的体验。

3.1.5 核心论文《基于数值模拟的清泥河鱼类水力生境评价》

为了对清泥河鱼类水力生境适宜性进行评价，通过建立二维水动力模型获取典型洪水过程的水力学指标值，进而采用模糊评价方法计算不同历时的栖息地的适宜性指数，最后利用 ArcMap 可视化工具绘制栖息地适宜性分布图，得到栖息地适宜性评价结果，进而指导生态修复工程设计。

3.1.6 实用新型发明专利 "用于拦河工程的生态流量下放装置"

为保障本工程设计的拦河工程生态流量下放，采用新型拦河工程生态流量下放装置技术，在于位于蓄水区的排水管管段上设置有安装部和漂浮组件，漂浮组件能够提供较大的浮力，进而保证抽水泵悬浮在核蓄水区内；同时安装部具有多个固定架，可根据蓄水区的水位高度调整漂浮组件的安装高度，进而保证抽水泵始终处于悬浮状态，有效避免抽水泵沉入河底，保证正常的生态流量抽水下泄作业，保持下游生态环境，维持下游的生态平衡。

3.1.7 实用新型发明专利 "河道生态治理用水质处理装置"。

为解决清泥河水质污染问题，采用新型河道生态治理用水质处理装置及技术，将该装置安装在各河道排污管出水口处，排污管内的污水首先通过设置在过滤箱内的初级滤网、二级滤网和三级滤网的三级过滤再排入河道，有效解决了河道水质污染问题；配合置于过滤箱底部的杂质回收箱，可将过滤出的杂质及污染物及时进行收集，可大幅提高净化效果。

3.1.8 实用新型发明专利 "行洪河道二级边坡生态防护结构"

为提升清泥河抗洪水冲刷能力，丰富河道二级边坡生态景观效果，采用新型行洪河道二级边坡生态防护技术，在河道二级边坡上采用 "预制钢筋混凝土框格梁 + 植草" 防护，即可保证边坡稳固，耐洪水冲刷，又可增添河道两岸的生态景观效果。

3.1.9　实用新型发明专利"三维生态护坡网垫"

为提升清泥河生态边坡稳定性，采用三维生态柔性护坡网垫技术，本技术是一种三维开孔结构的柔性护坡网垫，其多孔的三维空间结构可为植物生长提供足够的空间，并在植物成熟之后对护坡起到固土加筋的作用。

3.1.10　实用新型发明专利"一种景观水形布置用河道护坡"

为保证河道景观水形，采用景观水形布置用河道护坡技术，该技术将装置的固定机构插入河道坡上，将连接柱贴在河道坡上，根据护坡的角度，将连接柱折弯，使装置更加的贴合河道坡的弯度，可以根据不同的河道弧度，进行弧度改变，前期需要加营养液，营养液仓内部的营养液通过出液孔内部的吸水棉加入到花草中。

3.1.11　实用新型发明专利"多级生态景观溢流堰结构"

为了改善清泥河水生态环境质量，增加河流曝气性，提升生态景观效果，采用多级生态景观溢流堰技术，通过多级溢流堰堰顶三角交替差动设置形成落差变化的多级溢流人工瀑布，增加了河流曝气性能，另外各级溢流水池底部为生态复合防护结构，用以溢流消能同时做景观水池，同时多级溢流堰之间设多条仿自然型鱼道作为生物洄游通道。

3.1.12　软件著作权"水生态修复模型数据预处理程序软件"

为提高清泥河生态综合模型的建模效率，采用水生态修复模型数据预处理技术，将水生态修复模型原始数据中的等高线及多段线的坐标及高程值自动提取出来并转换成水生态修复模型软件要求的文件格式，可为工程规划设计人员提高建模及分析效率。

3.1.13　软件著作权"水资源优化调度系统软件"

为了优化工程的水资源调度，采用水资源优化调度系统软件技术，通过监测数据维护、通讯值守、远程调度调试、指令编辑等模块，实现真正有效的满足工程水资源优化调度管理需求。

3.1.14　来源于软件著作权"分布式水文模型预处理工具软件"

为了提高分布式水文模型的建模效率，采用分布式水文模型预处理技术，基于开源城市暴雨径流开源代码SWMM、二维水动力代码Anuga、Arcpy的GIS数据处理库及python的其他开源库等。采用模块化建模的思想，只需提供模型运行需要的各个文件，即可进行模型运算，并生成相应的数据文件。

3.2　项目效益

3.2.1　综合效益

本项目以水生态文明建设为目标，践行新时期治水方针和治水理念，在保证防洪排涝安全的前提下，结合现状河道所面临的诸多问题与经济社会的发展间的矛盾，由传统防洪减灾的单一治理过渡至水污染防治、水生态系统构建、滨水建设、水资源短缺等的综合治理，系统的解决河道中存在的问题，体现人水和谐的新理念。

工程项目建成后，顺利通过水利部和省政府水生态文明建设试点验收，呈现出林水相依、城水互动、人水和谐的景象，许昌市水生态文明建设的"许昌模式"已经叫响全国。

3.2.2　经济效益

工程项目实施以来，经济效益、社会效益及生态效益十分显著。以水循环利用为起点，结合水环境开发，为适宜的水经济发展与管理提供契机，广阔的水面、优美的水环境是促进经济增长的一个重要因素。而通过科学合理的管理模式，其本身也能带来客观的经济收益。可作为城市水经济持续发展的基础，通过研究其合理的开发模式，控制前期投入规模，减少水运行成本进一步减少运行成本等，为许昌市的建设和发展提供保障。

3.2.3　生态环境效益

从城市长远发展的角度来讲，水系建设可从根本上解决未来城市发展中遇到的生态用水紧张问题，是提升城市品位，改善居民生活质量，塑造亲近自然，人与自然和谐相处的重要举措；工程项目实施后对局部小气候的调节、环境的净化美化，通过维护区域生物多样性，增强区域防灾抗灾能力，有效提升生态环境安全，形成生态安全格局，促进生态环境的良性发展。

本项目完成以后，还将对清泥河的水环境起到显著的改善作用，将有效净化水质、补充蒸发渗漏及城市生态用水。为人民群众创造良好的生产和生活环境。对缓解地区水环境污染状况，改善周边水体水质和景观有积极的促进作用。

4 附图集工程照片

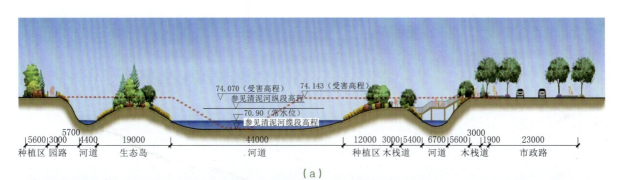

（a）

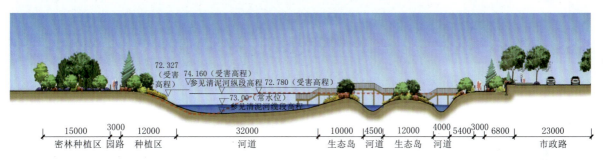

（b）

图 1 典型断面图

图 2

177

图 3

图 4

图5

孟垚　李甜甜　执笔

三峡水库开县消落区生态环境综合治理
水位调节坝工程

（长江勘测规划设计研究有限责任公司　湖北武汉）

摘　要：开县水位调节坝工程是解决三峡库区开县消落区生态环境问题的重要水利工程，工程建成后，调节坝以上消落区面积由建坝前的 24km² 降为 3.06km²，同时形成面积为 14.5km² 的人工生态湖前置库（汉丰湖），从根本上解决了开县新县城及其周边消落区的不利影响。该工程在国内外首次提出平坝型消落区调节坝结合库周生态措施的综合治理体系，形成以调节坝为基础，以库周生态措施为补充，全方位的综合治理构架。解决了水库消落区生态治理这一国际性技术难题，创建了国内外首个高落差、大面积水库消落区生态治理成套技术体系，是我国首例消落区生态治理成功的案例，极具代表性和战略价值。

关键词：消落区；生态环境；水位调节坝；综合治理；文化景观；生态调度

1　工程概况

1.1　项目背景

　　三峡水库每年 10 月至次年 5 月水位以 173.22m（黄海高程）运行，6—9 月以 143.22m 运行，因而库水位逆自然洪枯变化形成垂直落差达 30m "荒漠化"消落区。开县消落区是三峡库区面积最大且集中分布的县，占全库区消落区总面积的 12.3%。开县段地势开阔、平坦，其中乌杨桥上游区域消落区面积达到 24km²，最大落差达到 18.5m，并主要集中在移民新城附近的浅丘平坝区域。消落区面临生物结构改变、环境景观恶化等严峻的生态环境问题，极易诱发疫情，对开县新县城及其周边 50 多万人的身体健康、居住环境、生产环境、投资环境等造成严重影响。

　　水库消落区生态治理是一项国际性的技术难题。国内外科研工作者主要从生态学、动植物学、地质等多方面对库区消落区开展一些研究，在库区管理及库岸整治方面提出一些策略及建议，但未能形成系统的解决方案。一些已建水库等对农业、林业土地利用进行尝试探索，但在城市消落区生态治理方面没有开展过工作。在本项目之前，国内外无现存的成功模式可以借鉴。

1.2　项目历程

　　长江勘测规划设计研究有限责任公司从 2001 年开始，针对开县消落区生态治理关键技术问题开展系统研究，提出了水位调节坝控制消落水位、水生植物调控水质和岸坡生态打造截污等水库消落区综合治理技术。2006 年国家发改委对《三峡水库开县消落区生态环境综合治理水位调节坝工程可行性研究报告》进行批复，2007 年，水利部水利水电规划设计总院以"水总〔2007〕117 号"文审查通过了项目初步设计报告。三峡水库开县消落区生态环境综合治理水位调节坝工程（以下简称水位调节坝工程）于 2007 年 8 月开工建设，2012 年 5 月通过蓄水安全鉴定，2014 年 5 月项目建成，因库区建设的需要，2017 年 3 月正式试验性蓄水，2018 年 8 月通过投入运行验收。

1.3 建设内容

水位调节坝工程设计在国内外首次提出平坝型消落区调节坝结合库周生态措施的综合治理体系，形成以调节坝为基础，以库周生态措施为补充，全方位的综合治理构架。调节坝工程采用闸坝型式，闸坝最大坝高 24.34m、坝顶高程 176m、闸坝轴线总长 507.03m、最大过闸流量 8437.68m³/s。闸坝从左至右分别为：非溢流坝、鱼道、溢流坝、泄水闸、土石坝。水位调节坝工程的建成，开县新县城区域的消落高度由建坝前的 18.5m 降为 4.72m。余下 4.72m 深的消落区采取护岸、生态防护林、湿地及多塘系统、敞水区动植物措施等生态建设工程治理。通过水位调节坝和生态工程的建设，调节坝以上消落区面积由建坝前的 24km² 降为 3.06km²，同时形成面积为 14.5km² 的人工生态湖前置库（汉丰湖），使开县新县城成为具有杭州西湖 2.5 倍大小的人工湖滨景观城市，从根本上解决了开县新县城及其周边消落区的不利影响。

2　工程特点及关键技术

2.1　工程特点及难点

2.1.1　高落差、大面积消落区对城区生态环境影响的治理难题

三峡水库每年 11 月至次年 5 月水位以 173.22m 运行，6—9 月 143.22m 运行，在开县乌杨桥以上形成面积 24km²、最大落差 18.5m 的消落区。开县消落区是三峡库区消落区面积最大且集中分布的县，占全库区消落区总面积的 12.3%。开县消落区具很强的特殊性和典型性：形成面积广、水位落差大、影响人口多、地势条件特殊、生态环境承载力弱、水位涨落节律逆反自然枯洪规律、生境类型复杂。消落区开县新城至河口云阳县的中、下游河段长 76.4km、落差仅 95.5m，河道比降十分平缓（仅 1.25‰），极易孳生病菌、寄生虫和蚊蝇等，易引发水体污染、水土流失、地质灾害、生物结构改变、环境景观恶化等严重的生态环境问题，将对开县新城区及其周边 50 多万人的身体健康、居住环境、生产环境、投资环境、旅游环境等造成严重影响。因此，解决开县新县城及其周边消落区可能产生的严重环境问题是一项非常必要和迫切的任务。

本项目之前，国内外尚无消落区生态治理的成熟技术。在无任何经验借鉴的背景条件下，系统地研究平坝型消落区污水滞留生态恶化机理，以及采取合理有效的治理措施降低或消除消落区对生态环境的影响，是本工程首要解决的关键技术难题。

2.1.2　深覆盖层大单宽流量闸坝技术的难题

由于水位调节坝修建在深覆盖层（砂砾石层厚度达 36m）基础上，最大过闸流量 8437.88m³/s，对应单宽流量 84.4m²/s，远大于王甫洲枢纽（单宽流量 62.4m²/s）和西霞院枢纽（单宽流量 59.6m²/s）等国内知名河流上的土基闸坝，同时坝址下游水位变幅差达 15.8m，因此，消能防冲设计具有难度。

计算分析显示，水位调节坝闸坝在水荷载作用下，竖直变形达 9～12cm，而基础混凝土防渗墙与闸坝接触部位的止水结构应满足以上基础大变形的要求。因此，调节坝工程防渗止水系统设计难度较大。

受工期及投资限制，右岸土石坝施工采用取消围堰，直接水下抛投填筑，由于水中抛填坝体相对密度较低，仅为 0.55～0.65，坝体相对密度不满足规范不小于 0.75 的要求，坝体变形、稳定安全难以保证，有必要研究特殊的抛填砂砾石料加密技术。

综上，深覆盖层大单宽流量的调节坝在消能防冲、防渗止水、水下抛投填筑方面均需要开展系列创新技术研究。

2.1.3　生态环境治理与文化景观融合的难题

在三峡库区开县消落区面临的重要问题之一是如何保持水库消落区库岸稳定、水土流失、生态环境和景观效果等。随着各国对水环境问题日益重视，景观生态学理论开始广泛应用于河道整治工程、堤防工程、生态修复工程以及蓄滞洪区建设等水工程规划设计中，不局限于单一水生态的保护与修复，而是着眼于生态景观尺度的整体恢复和塑造，规划设计中融入人文、社会经济、区域规划、建筑、景观等要素。

在消落区生态环境治理仍处于初探阶段，采用水生态结合水文化、水景观及人文因素治理理念超前。因此，在建立库区健康生态系统的同时兼顾库周生态环境建设的自然性、空间多层次性和景观性，是本工程的关键技术难题之一。

2.1.4　消落区生态调度及多源异构信息集成的难题

调节坝工程具有建筑物型式多样，水位调节、生态调度要求高，监测项目多等特点，之前已建有水雨情、安全监测、水质监测、洪水调度、闸控、视频监控等自动化系统。受建设时期、开发厂家和体系架构不同的影响，各系统平台、界面、数据、管理和维护相互独立，造成数据碎片化、功能低效化和建设重复化，严重制约了整体效益的发挥；亟须厘清工程现状、梳理业务需求、优化顶层设计、整合已有系统、完善数据采集并开发功能模块，进而形成系统性、科学性、逻辑性和专业性的一体化综合架构，为水位调节坝管理提供高效的大坝安全管理及生态调度模式，充分挖掘水位调节坝工程的生态潜力。

因此，建立调节坝工程智慧管理及消落区生态调度于一体的云平台系统为本工程的关键技术难题之一。

2.2　关键技术及创新点

2.2.1　水位调节坝结合库周生态措施的综合治理体系

（1）揭示了平坝型消落区污水滞留生态恶化机理。结合资料调研与实地勘察，提出平坝地形消落区置留杂物与水坑交错汛期易滋生疫情，明确消落区水土流失将影响生态景观并加重水库水质恶化，揭示上游水流带来污染物对消落区环境水质的较大影响，为全面准确地治理消落区的生态环境提供了详实的基础。

（2）首次提出消落区调节坝结合库周生态措施的综合治理体系构架。结合开县消落区的特点，采用调节坝形成平湖库面，将坝址以上消落区高度由 18.5m 降为 4.72m，极大地改善了消落区生态环境；通过库周多层次阶梯生态圈治理及文化景观技术，治理余下的消落区域，并深度融合水生态、水文化、水景观，打造宜居湖滨环境，形成生态岸坡截污、水生植物调控水质和风雨廊桥文化景观等系统治理方案，消落区面积由建坝前的 24km² 减少至 3.06km²；研发调节坝智慧管理及消落区生态调度一体化云平台系统，实现了调节坝工程安全管理、生态及运行调度的信息化、标准化和现代化。以上技术的研发与综合集成应用，形成了首个高落差、大面积水库消落区生态治理的成套技术体系，使水库消落区生态治理取得重大技术突破。

2.2.2　深覆盖层大单宽流量水位调节坝技术

（1）大流量水闸复合消能控流突破性技术。水位调节坝覆盖层基础深达 36.0m、单宽流量达 84.38m³/s，是当时单宽流量最大的土基闸坝。为此工程设计中开展多次水力学模型试验等研究工作，提出采取消力池内设置前趾、后设差动式尾坎、海漫设加糙墩及柔性铰链等复合消能技术，使海漫始端流速由 7.2m/s 减小为 5.7m/s，海漫末端流速减小为 3.3m/s，防冲槽下游冲坑由 26m 减小为 14m，成功解决了深覆盖层大单宽流量闸坝消能防冲难题。

（2）发明了深覆盖层闸坝大变形止水结构。深覆盖层基础的调节坝防渗墙与闸坝存在协调变形大、易渗漏的安全隐患，经过数值分析和模型试验验证，采用大变形量 U 形铜止水和 U 形塑料止水、超高弹性聚乙烯闭孔泡沫板填充等综合技术，使得防渗墙顶部止水结构能够适应高达 12cm 的闸坝变形，成功解决了闸坝底板混凝土与防渗墙变形不协调引起的连接安全问题，经 10 多年的检验，运行良好。

（3）水中抛填砂砾石料液压振冲与水气联动加密筑坝关键技术。受工期及投资限制，调节坝右岸土石坝施工需要采取水中抛填砂砾石料振冲加密技术。土石坝抛填砂砾石以粒径 20 ～ 80mm 为主，最大粒径 150mm，要求加密深度达到 25m，国内外未见相应技术，为此开展大量现场试验研究。试验研究表明，当时国产大功率的电动 ZCQ130kW 振冲器最大振冲加密深度仅为 3 ～ 5m。最终研究采用大功率 200kW 液压振冲器与新型的水气联动工艺，即主水道由 1 台多级清水泵供水，两支旁通"水气联动"管由两台大风量空压机和 1 台多级清水泵通过专门的分水盘实现，通过振冲器底部的大水气量和较高的风压，有效地提高振冲器的穿透能力，最大处理深度达到 25m，抛填砂砾石振冲加密的相对密度达到 0.75，满足了设计要求，有效解决了水中抛填砂砾石筑坝加密的技术难题。该筑坝技术的振冲深度为国内最大，且首次应用于枢纽工程永久建筑物，经 10 多年的运行检验，大坝工作性态稳定。

2.2.3 城市环库周多层次阶梯生态圈治理及文化景观技术

2.2.3.1 消落区多层次阶梯生态治理与陆生—湿生—水生全系列生态系统构建

根据三峡水库运行调度，按梯阶式布置，创建了基于韧性生长基的库岸型式与多塘系统，构建了基于变水位条件下消落区分层生态治理与陆生—湿生—水生全系列生态系统。在实现消落区生态环境综合治理目标的前提下，建立库区健康生态系统，实现前置库水环境质量的持续改善，同时，前置库区域生态环境建设兼顾自然性、空间的多层次性和景观性。生态治理工程主要由沿岸带生态防护林工程、湿地及多塘系统建设工程、敞水区生态建设工程 3 部分组成。

2.2.3.2 敞水区生态系统构建技术

研发了变水位条件下的敞水区生态系统构建技术，集成应用控源截污、水质净化技术，创建了针对季节性入库污染物总量变化的水龄控制策略与库内水质长效维护、生态系统良性维持的生态调度新模式。

主要措施有：①截污纳管，通过沿河沿湖铺设污水截流管线，并合理设置提升（输运）泵房，将污水截流并纳入城市污水收集和处理系统；②面源控制，采用各种低影响开发 (LID) 技术、初期雨水控制与净化技术、地表固体废弃物收集技术、土壤与绿化肥流失控制技术，以及生态护岸与隔离（阻断）技术；③敞水区生态系统构建以改善水质防止水体富营养化为主，采用自然修复和人工栽植相结合的形式，在水深 0.5 ～ 1.5m 的范围内重建沉水植物，通过放养滤食性（鲢、鳙、鲴）鱼类及底栖动物（螺、蚌），形成"藻—草—鱼"相对完善的网链关系；④基于水龄控制的季节性入库污染控制与水质长效维护生态调度机制。

2.2.3.3 缝孔结合与水声诱鱼系统新型鱼道

（1）竖缝式鱼道技术。根据鱼类洄游的习性、流域内白甲鱼、青波鱼等适应的水流速度、水深流态，创造性采用了带潜孔竖缝式鱼道结构，利用单边的竖缝结构以及导水板，结合底部开孔方式，使水流从上一级池室竖缝进入后，继续沿靠近窄隔板边顺水槽边壁下泄，水流分布较均匀，使鱼道内流速满足本流域内鱼类的洄游速度，增加鱼道的过鱼效果。同时在鱼道池室内设置低流速区，既可使洄游鱼类休息调整，又不至鱼道水流紊乱、鱼类迷失洄游方向。

（2）补水诱鱼技术。为解决鱼道因入口高程较低、水深较大、池室内水流流速较小导致鱼类不易找到鱼道入口的问题，研究发明了补水诱鱼装置，利用额外的水流汇到鱼道入口内，在不增加鱼道池室整体流量流速的情况下，增加了鱼道入口的流量及流速，并产生水流声响，增加入口水中含氧量，吸引鱼群前往鱼道入口，顺利进入鱼道上溯洄游。

2.2.3.4 具有明清风雨廊桥建筑风格的闸坝文化景观

为融汇水文化，打造水景观，以水位调节坝坝顶为路基，依势建起具明清风格的仿古长亭，即风雨廊桥。廊桥两侧栏杆上雕刻有诗句、楹联，记载了开州的古城风貌、民间风俗和乡村风情，"明清风雨廊桥"的建筑风格、古开州的历史记忆和乡愁使得生态调节坝成为开县一座水文化地标，为环湖八景之一，并跻身于水利部水文化与水工程有机融合的十大典型案

2.2.4 水位调节坝工程智慧管理及消落区生态调度云平台系统

2.2.4.1 调节坝多目标生态调度规则研究

调节坝工程生态调度服从三峡水库防洪调度。汛期维持库水位在 168.50 ～ 169.00m 运行。非汛期，当坝下游水位高于 168.50m 时，泄水闸闸门全开与三峡水位同步运行；当坝下游水位低于 168.50m 时，泄水闸闸门关闭控制下泄流量，维持库水位在 168.50 ～ 169.00m 运行。

（1）以水质为目标的生态调度。调节坝库区水质监测系统根据不同监测点数据确定水质超标水体体积，结合水雨情监测及上游来水预报确定置换水体体积，以此确定泄水闸闸门的开度大小，通过闸门远程控制系统实现闸门启闭，完成污染水体的置换，最终实现以水质为目标的生态智慧调度。

（2）以水生生物为目标的生态调度。生态调度需保持鱼道过鱼时段过鱼畅通，鱼道运行方式为汛期开启鱼道闸门过鱼，并开启鱼道补水管闸阀。鱼道运行过程中，下游水位低于 155.60m 时，关闭 5 号、6 号侧向进鱼口；下游水位低于 155.00m 时，关闭 3 号、4 号侧向进鱼口；下游水位低于 154.50m 时，关闭 1 号、2 号侧向进鱼口；下游水位上升时，则根据水位高程依次反向打开侧向进鱼口。

2.2.4.2 多源信息感知和异构信息融合方法

协调使用多传感器，将不同位置的多个同质或异质传感器提供的局部不完整观测量及相关联数据库中的信息加以综合，解决非结构化数据理解、多源信息融合等问题。从数值融合、特征融合与决策融合三个层面，采用混联型数据融合结构，组合得出信息合理性的最终融合诊断分析结果。结合调节坝监测数据特点和多源信息融合分析方法，采取比较法、特征值统计及统计模型等方法进行监测数据合理性的分析诊断。

2.2.4.3 调节坝智慧管理及消落区生态调度一体化云平台系统

采用以元数据管理为核心，分层式、模块化开发，支持不同用户类型和不同角色的整体设计思路，统筹考虑硬件资源、网络性能、存储空间、系统性能等支撑条件，在充分梳理业务需求的基础上，研发了集调节坝水库水质与生态监测、水雨情监测，以及调节坝工程闸门控制、安全监测、运行和生态调度于一体的基于 4G（5G）技术智慧管理云平台，实现了调节坝工程安全管理、生态及运行调度的信息化、标准化和现代化，具有一定的独创性。

3 科技成果、专利、奖项

3.1 科技成果及奖项

本项目共获得 9 项国家专利和 3 项软件著作权，发表核心期刊论文 23 篇，其中 SCI 两篇，获得2011 年水利系统优秀 QC 成果发布一等奖。

3.2 推广应用价值

水位调节坝工程形成了首个高落差、大面积水库消落区生态治理的成套技术体系。研究成果对于水库库区及河湖生态治理工程、新建闸坝工程、闸坝工程智慧管理等具有典型示范意义，已成功应用于岷江干流金马河段 1 级、2 级、7 级、8 级闸坝工程、大竹河水库、夏家寺水库等大中型水利工程，经受住了实践检验。

研究成果中"闸坝智慧管理及调度云平台"已经在我国的湖北、安徽、四川、重庆、内蒙古、广东等省

（自治区、直辖市）成功应用，典型工程包括湖北陆水水库、安徽花凉亭水库、四川大竹河水库、湖北夏家寺水库等，为水库的安全管理以及防洪、发电、灌溉等科学调度提供技术支撑，为以上应用的水库每年产生的经济效益约5000万元，得到项目业主的一致认可和高度评价。

4 工程运行及效益

4.1 工程运行情况

水位调节坝工程2017年3月正式试验性蓄水，目前已安全运行5年。通过水位调节坝和生态工程的建设，调节坝以上消落区面积由建坝前的24km²降为3.06km²，同时形成面积为14.5km²的人工生态湖前置库——汉丰湖，开县新县城及其周边形成巨大人工湖滨湖景观群，构成"城在湖中，湖在山中，意在心中"的美丽画境。

4.2 社会效益

项目的建成，调节坝以上的消落区面积由24km²减小到3.06 km²，有效改善了消落区的环境景观和人居环境，改善了移民安置条件，保障了开县及周边地区50万人民安居乐业，对三峡水库库区的顺利建设具有十分重要的意义。

项目将调节坝形成的人工生态湖前置库打造成独具特色的汉丰湖水文化地标，将调节坝工程水利化身为明清风雨廊桥，跻身于水利部水文化与水工程有机融合十大典型案例。项目的建成营造了城市的最佳投资环境和最适宜的居住环境，塑造了地方品牌，促进了当地产业结构升级，提供了大量就业机会，实现了开县新县城到开州区的升级转变，以及经济腾飞式的发展。

4.3 经济效益

（1）工程设计、建设中采用的先进技术为项目投资节省约2亿元。本工程在调节坝的设计中采用创新的大单宽流量的闸坝结合型式，闸坝轴线总长507.03m，仅中间153m为闸，相对于常规单宽流量的全闸型式，节省投资约2亿元。本工程在建设中所采用的水中抛填砂砾石料液压振冲与水气联动加密筑坝关键技术，节省投资约2200万元。闸坝智慧管理及调度云平台系统每年可为本项目管理单位节约经费260万元。

（2）工程建成后为开县新县城的经济发展带来巨大的经济效益。水位调节坝工程的拦蓄作用形成的前置水库——汉丰湖，周边环境得到极大的改善，周边土地增值为地方发展提供了上千亿元的经济效益。汉丰湖景色宜人，成为开州区形象名片，每年产生旅游经济效益约47亿元。同时，旅游业带动相关产业的发展，产生巨大的经济效益，为开县县城经济腾飞式发展做出了重要的贡献。

4.4 生态效益

（1）优化生态布局，提升了消落区生态系统的质量和稳定性。水位调节坝的建成，使汉丰湖内水位常年保持在168.50～173.22m，形成了水位相对稳定的人工湖泊，结合库周生态工程，优化生态布局，建立了稳定、健康的消落区生态系统。

（2）促进了开县消落区恢复生物多样性。水位调节坝的建成使汉丰湖自然环境得到修复，植物数量由工程修建前的548种增加到608种，动物种类由工程修建前的207种增加到227种。优化的生态系统恢复了湿地生物多样性，汉丰湖现已成为珍稀冬候鸟的西南重要越冬地，候鸟到来不仅是开州区从未有过的靓丽风景线，更成为人们口口相传的美谈。

5 工程照片

图1　开县消落区问题受到世界舆论关注，其治理属世界性难题

图2　水位调节坝工程建成后的环库景观

图3　水位调节坝工程近景

图 4 水位调节坝工程远景

图 5 湿地及生态防护林

图 6 水生态、水文化与水景观融合的"明清风雨廊桥"与库岸绿道

高大水 杨舒涵 执笔

太湖流域水环境综合治理——新沟河延伸拓浚工程

（江苏省太湖水利规划设计研究院有限公司　江苏苏州）

摘　要：作为沟通太湖与长江的骨干工程，新沟河引排双向运行可提高流域、区域防洪排涝能力，改善河湖水环境；本项目中江湖河网多模型耦合、干线通江双线入湖干支组合布局、大型通江与平立交多类型工程、河湖水网生态环境修复与治理、大直径顶管穿越京杭运河和城际高铁、水泵S型叶片与变极双速电机、T型高支挡护岸与易冲刷软土岸坡防护、BIM平台开发与水力数模优化、移民与城镇化进程影响等创新和关键技术的研究与应用，经济、社会和生态效益显著，对推动水利、航运技术进步，助力长三角一体化高质量发展具有重大意义。

关键词：长三角；太湖治理；江湖河网；引排沟通；防洪排涝；水环境；通航

1　工程概况

太湖流域地处长三角核心区域，平原水网密布、经济快速增长，水环境问题成为制约长三角区域高质量发展的关键因素；流域降雨汇水集中，洪涝外排出路不足，灾害频繁（1991年、1999年、2020年，太湖流域相继发生超标准洪水）。2008年，国务院"国函〔2008〕45号"文批复实施《太湖流域水环境综合治理总体方案》，新沟河延伸拓浚工程是该总体方案确定的太湖水环境综合治理的重点工程，列入"十三五"国家172项重大水利工程和治太骨干引排工程。

1.1　工程水文及地形地质特点

新沟河南连太湖，北通长江，地处长江冲积平原及苏南水网地区，跨越太湖流域和内部平原河网区域，联通长江下游入海段，通江口江潮动态多变，沿江地形和水文、软土地质条件复杂，工程场地内地质变化大，软土分布广泛，普遍为层状软弱土河床或地基，地下水丰富，土层含水量高（伴有承压水），高压缩低弹模特性，地基承载力低(70～150kPa)、抗变形能力差，普遍需要进行地基处理，也遇有局部基岩，需要爆破处理；内陆河网密布，地貌地势平缓，地形高差和水网比降小，易于旱涝成灾。

1.2　工程任务与功能

新沟河延伸拓浚工程引排双向运行沟通太湖与长江，通过对直武地区入湖口门控制，提高区域洪涝水北排长江能力；配合引江济太其他工程的运用，促进太湖水体有序流动，提高梅梁湖水环境容量，改善太湖水质；提高流域、区域防洪排涝能力等。

1.3　工程位置与总体布局

工程位于江苏省常州（天宁、新北、武进）和无锡（滨湖、惠山、江阴）两市六区境内，北起长江，向南沿现有新沟河拓浚至石堰，分成东、西两支，东支接漕河—五牧河，地涵穿京杭运河，在北直湖港西侧平地开河，再地涵穿锡溧漕河与南直湖港相接，疏浚南直湖港与太湖相连；西支接三山港，平交京杭运河，疏浚武进港至太湖。

1.4　工程规模、建设标准与内容

本工程属大（2）型规模；工程等别Ⅱ等，主要建筑物级别2～3级。江边枢纽防洪（挡潮）标准为100年一遇设计洪水，300年一遇校核洪水；河道堤防及其他枢纽、口门防洪标准为区域50年一遇；北排长江排涝标准为区域5年一遇。建筑物抗震设计烈度Ⅵ～Ⅶ度。

工程由河道、堤防、护坡护岸、闸站涵枢纽、跨河桥梁、口门控制和水系调整等组成。河道长97.47km，堤防111.84km，堤顶道路83.35km，护岸79.17km；新建闸、站、涵等枢纽建筑物8座；跨河桥梁105座；口门控制28处；水系调整的河道疏浚59.14km，护坡、护岸6.81km，排涝、灌溉闸站25座，桥梁2座，排水管道500m。

（1）河道工程。河道由干支新沟河，东支三山港、漕河、五牧河，西支西直湖港、南直湖港、武进港等河段组成。其中，新沟河长11.41km，底宽60m；三山港长15.06km，底宽30m；漕河—五牧河长21.41km，底宽30m；直湖港长20.35km，底宽20～30m；武进港长29.24km，底宽15～20m。河底高程0～-1.0m（吴淞高程），边坡1：2.5～4。

（2）8座主要建筑物。① 江边枢纽位于新沟河入江口，节制闸5孔总宽48m，设计流量460m³/s；泵站排江180m³/s、引水90m³/s，6台套立式轴流泵，总装机10800kW（一台变极双速电机）；船闸尺度16m×180m×3m；鱼道宽2m。② 石堰节制闸位于西支三山港上，两孔总宽24m，设计流量150m³/s。③ 西直湖港北枢纽为东支穿京杭运河地涵，设计排水90m³/s、引水65m³/s，6孔箱涵接6道顶管，箱涵3.6m×3.6m，顶管内径为国内最大4m。④ 西直湖港闸站枢纽位于东支直湖港穿锡溧漕河立交地涵北侧的西直湖港上，节制闸两孔总宽24m，引水60m³/s；泵站排水90m³/s（4台套竖井贯流泵，总装机4000kW）。⑤ 西直湖港南枢纽位于东支西直湖港与锡溧漕河交汇处，地涵3孔（3×5.2m×4.3m），北排90m³/s、南引50m³/s；节制闸单孔15m，南排太湖61m³/s；船闸尺度12m×180m×3.1m。⑥ 遥观北枢纽位于京杭运河以北的西支三山港上，节制闸两孔总宽24m，北排110m³/s；泵站北排80m³/s，4台套竖井贯流泵，其中两台为新型S型叶片双向贯流泵，总装机3060kW。⑦ 遥观南枢纽工程位于西支京杭运河以南武进港和采菱港交汇处北侧的武进港上，节制闸单孔12m，南排太湖30m³/s；泵站北排60m³/s，4台套竖井贯流泵，总装机1600kW；船闸尺度16m×130m×3m。⑧ 采菱港节制闸位于京杭运河以南永安河和采菱港交汇处北侧的采菱港上，单孔16m，设计流量37m³/s，与永安河马杭泵站（20m³/s）合并建设为马杭枢纽工程。

（3）其他配套工程。① 支河口门：新建22座；其中，江阴3座、常州3座、武进5座、无锡11座。② 桥梁工程：共105座；其中，加固58座，新建3座，拆建41座，接长改造3座，合并拆除7座。③ 水系影响：无锡市境内新建排涝闸站5座、灌溉站2座、涵闸2座、疏浚河道4条；常州市境内疏浚河道8条、护岸1条、管道1项、桥梁2座、排涝站11座、闸站4座以及澡港河江边泵站扩容（60m³/s）等。

1.5　工程设计及建设情况

本项目前期勘察设计工作从2008年开始，2013年2月，国家发改委以"发改农经〔2013〕288号"文批复可研；2014年7月，江苏省发改委以"苏发改农经发〔2014〕808号"文批复初设，批复总概算57.40亿元。项目按所在行政区划分标段组织实施，2013年11月，项目开工建设；2013—2016年，各枢纽和各区段河道及其配套工程陆续开工建设并完成水下工程，分区段拆坝通水（下闸蓄水）；2016—2018年，继续实施水上工程并陆续完工；2018—2019年，各工程陆续建成投入初期运行；2020年12月30日，新沟河全线竣工验收，竣工决算总投资56.68亿元，鉴定本项目实施质量为优良等级。

2 主要创新及关键技术

本项目通过一系列设计优化与创新，使工程布局、结构与设备选型科学、合理且经济、适用，提高了工程性能，节省了工程投资，最大限度地满足工程各项功能需要。建设与运行实践证明，工程项目经济社会效益显著，生态环境友好，为"重现太湖碧波美景"提供了保证，为太湖水环境综合治理后续工程，提供了丰富的技术储备与宝贵的建设经验，对开拓平原河网引排规划设计思路、推动科研与建设实践高度融合、推动水利、航运行业技术进步、助力长三角一体化高质量发展具有重大影响。

2.1 工程特点、难点

工程处于全国经济最发达地区，工程占线长，跨多个行政区划，穿越多个城市乡镇，涉及无锡、常州 6 个区 20 个乡镇 97 个村，人均耕地少、亩均经济当量大，土地资源紧缺、宝贵；水陆干支路网与水网交织发达，水陆空多维分布的油、气、水、电、通信等各类高等级管线星罗棋布；工程主线须穿越沪宁铁路、沪宁城际铁路和沿江高速以及京杭运河、锡溧漕河等高等级航道，且部分河段与沪宁城际铁路并线；工程选线穿越矛盾多，选址用地紧张，河线和建筑物布置条件局限，限制性约束因素复杂多变；工程内容几乎涵盖了平原河网全部常见水利工程类型，主要有水闸、泵站、倒虹吸、地涵（现浇类、顶管类、预制类等）、道路、桥梁等。工程规模种类多、现场条件复杂，涉及水利与交通、防洪与供水、资源与环境、城乡与农村、占地与地方发展、分区段实施与地方协调等技术、行政和社会各种矛盾和复杂关系的综合权衡与处理。

2.2 主要创新点

结合本工程项目建设，在工程的科学选线、复杂高等级水陆交通干线平立交叉、沿线河湖的生态环境保护、引排泵站群等方面开展规划、设计技术和工程建设的关键技术研究及应用方面，开发研究取得了全链条、多要素的主要重大创新成果如下。

创新点 1：为有效应对流域防洪、区域排涝水安全问题，改善河湖水质，提出防洪、引水、排涝、通航、生态等多功能协调的江湖河网协同治理模式，形成通江达湖骨干引排河道建设方案；针对平原水网密布、土地资源紧缺、产业布局密集、城镇发展迅猛等特点，创新提出两线行洪、一线兼顾引水的总体河线布局，以及行洪、引水与通航相互协调的沿线控制枢纽立体连通模式，解决清污分流、高低分排等功能需求。

创新点 2：针对长三角核心区域土地资源短缺、河网水系复杂等特点及长江大保护对入江水体水质要求，创新提出适应于河网水域的"一片、两端、一线"生态环境系统治理模式，以及"河口—骨干河道—毛细支河—湖泊"河网式生态环境修复技术，保障了新沟河北排长江水质与流域水生态健康。

创新点 3：新沟河干线水立交（西直湖港北枢纽）采用 6 根国内最大内径 4m 的钢筋混凝土顶管群相继穿越京杭运河、京沪铁路，发展了大直径顶管群施工过程精准控制技术及施工工艺；研发应用了新型 T 型地连墙高悬臂复合护岸结构，利用截面变形协同土体共同作用，结构刚度和抗弯承载力显著增大，悬臂支挡高度从 4 ~ 5m 提升到 8m 以上；解决了新沟河穿越河网软土地基与水陆立体交通网的沟通与衔接难题。

创新点 4：针对平原河网区域泵站低水头、大流量、双向引排特点，研发了新型 S 型叶片的双向贯流泵和双向进出水流道，攻克了超低扬程双向泵装置运行水力效率提升的难题；采用变极技术研发了大功率双速电机，提高了宽变幅扬程工况下的水泵机组效率，有效降低了新沟河泵站机组运行能耗。

创新点 5：基于新沟河主要建筑物石堰节制闸、江边闸站、下穿顶管等工程设计，开发了水利工程三维协同设计可视化平台 (BIM) 技术，构建了在 Revit 平台上进行二次开发标准构件、模板工具库、计算模块和多类型族库设计与管理以及相关软件互联互通接口等，以实现快速建模、计算分析、定制配筋和出图等输入、输出实施路径，填补了在三维软件平台中设计分析模块空白，提高了工作效率，保证设计成果合理性。

创新点6：针对新沟河工程移民安置及其对当地城镇化进程的影响，提出了对当地城镇化进程影响的路径机理；建立了移民安置影响城镇化进程的评价指标体系，并对影响程度进行定量分析，填补了影响路径分析及影响程度评价方法的空白；对工程移民安置提供了新的思路和方法，为后续类型工程提供了宝贵的借鉴与参考价值。

2.3　主要关键技术

（1）基于规划功能的关键技术。规划阶段开发了"感潮河网地区洪、潮水位推算""太湖流域降雨径流模型拓展""太湖流域河网水动力学模型拓展"等模型软件，采用降雨径流、河网水动力及水质等多模型及其耦合技术，高效实现本项目多任务目标。太湖流域河网模型拓展与应用，实现对工程不同运行工况、尤其是特定工况下调度运行的模拟，同时，对不同计算方案目标效益的综合分析和比较，保证规划成果科学性，经实践验证取得了预期效果，后续太湖流域同类项目可借鉴和推广应用。

（2）河道选线与布局关键技术。针对平原水网、路网、多行业管线网复杂边界条件，本项目在选线布局上创新提出了"干线通江、两支沟通太湖的干支组合"技术，东支河道采用短距离穿越京杭运河、锡溧漕河两条高等级航道下穿路线，西支河道平交京杭运河接力泵站对接处理路线，局部河段与高铁并行等关键技术。实践证明，本工程选线与布局关键技术，满足本工程多任务综合功能的需要，科学合理、经济可行。

（3）通江大型水利枢纽工程关键技术。针对通江工程特殊的水文、地形和地质条件，利用课题研究、建模分析和优化，依托成熟的控制运行方式，优化了工程布局以及不同孔径组合的多孔挡潮闸、单双向泵联合布置的多层泵站结构，双廊道组合主孔底流对称输水的空箱廊道式闸首、松软透水复合地基上经变截面技术处理的整体闸室、长槽依附型双竖缝多隔仓双向鱼道结构，以及大体积混凝土结构抗裂、上部大跨径后张预应力结构、动态潮位下非常规机泵安装等关键技术，在复杂大体量水工结构和大面积升卧式钢闸门、大流量低扬程双向机泵制造与安装等方面，经施工和运行检验，满足工程生产和使用功能要求，可在沿江大型水利工程中广泛推广使用。

（4）复杂环境下河道岸坡防护技术。针对不同河段特点和条件，考虑水利、航运、生态、水土保持、环境等多重复杂因素，引入无人机航拍、物探和管道机器人技术，因地制宜，创新岸坡防护结构型式有T型地连墙复合型护岸、囊式扩大头锚拉钢板桩、连续灌注排桩护岸、预制桩板式挡墙、U型板桩、生态组合型护岸、生态网箱挡墙、单—双排桩式护岸、老挡墙支护、景观挡浪墙、模袋混凝土护坡、生态护坡等多达几十种，用于不同边界条件下，形式多样、变化多端。不仅满足河道引排基本功能需要，而且兼顾地方多行业发展和水运功能需要，尊重人文风俗，结合生态美丽河湖、美丽乡村建设，力求亲水生态、人水和谐、经济环保、环境友好、融合共享，很好地与已有建构筑物互利共存，取得了经济效益显著、生态环境友好的平原水网软土河床岸坡防护成果，可继续助力、推广应用于后续长三角一体化高质量发展和生态美丽河湖建设中。

（5）多类型建筑物布置及水力数模优化。为更好发挥各项功能，对本项目多个主要控制建筑物进行多个专题优化研究：江边枢纽工程中，水流数模研究进一步优化水力衔接和工程布置；针对过鱼种类特性，数模研究进一步优化形成沿江鱼道通用结构；多泵型泵站水泵装置模型优化试验与研究成果应用于通江大型单、双向立式轴流泵站和遥观北枢纽大型单、双向竖井贯流泵装置模型优化，提高各类机泵运行效率；遥观南、北枢纽引河与运河平交整体模型试验和遥观南、北枢纽及西直湖港闸站水流数模研究，进一步优化河道平交水力衔接、工程接力和水工建筑群布局及其单体布置；西直湖港南枢纽水流数模研究成果应用于立交地涵与水网水力衔接和布局优化，效果显著。新沟河江边枢纽中，数模优化验证采用闸站和船闸分建、鱼道依附节制闸布置方案，大大节省用地；闸站按"浅基础靠岸、深基础居中、阶梯型高差"布置原则，采用单向泵近岸、双向泵远岸的布置型式，近岸岸墙高度减小，远岸进出水池进一步降深，将单、双向泵基础与岸墙之间的衔接高差呈阶梯型分级控制，大大节省连接段工程量，通过布设隔水、导流及截渗设施，工程区域各工况水流流态良好，引排和航运安全指标均符合规范要求，分期基坑防渗安全可靠，总体布置经济合理、安全可行。

（6）其他关键技术。在抗冲、防渗方面，针对砂性土防冲能力差、渗透性强的特性，以及长江潮起潮落、水位变幅频繁的水文特点，本工程项目分期基坑防渗和地基永久防渗均采用"抓斗法"和水下灌注混凝土的地下混凝土连续墙进行防渗处理，经济、可行且安全、可靠；河堤坡脚及河底防冲范围末端均设置防冲设施（防冲槽、防冲桩），有效解决砂性土河床岸坡防冲问题；在工程降排水方面，场地多为透水地基，地下水含量丰富，本工程项目采用小管径大间距井点降水，效果显著，对工程顺利推进十分有利。

3 项目科研成果

3.1 研究项目成果及推广应用价值

本工程项目累计完成 20 多项科研或课题项目，研究成果应用于本工程项目，效益显著。

（1）"长三角核心区骨干引排新沟河工程建设关键技术及应用"科研成果应用于本工程，经济、社会、生态效益显著。中国水利学会对该科技成果综合评分 92.7 分。

（2）"长三角复杂河网大型引排通航工程建设关键技术及应用"应用于本工程，经济、社会、生态效益显著，达到国际领先水平，获 2021 年中国航海科学技术一等奖。

（3）"大型调水工程泵装置理论及关键技术研究与应用"基于江边和西直湖港北枢纽竖井贯流和立式轴流泵 CFD 优化泵装置模型试验，获 2017 年大禹科技进步二等奖。

（4）"江苏水闸工程技术研究"应用于本工程，并推广应用于江苏水闸工程设计和建设实践，获 2013 年度江苏省水利科技优秀成果一等奖。

（5）"T 型钢筋混凝土地连墙结构研究与应用"（省水利科技项目，合同编号 2015014），获"2019 年江苏省水利科技进步三等奖"。已在本项目和其他多个项目得到推广应用。

（6）"双速同步电动机在大型泵站的应用"（省水利科技项目，合同编号 2015015），"变极调速同步节能电动机"新技术获"2019 水利先进实用技术推广证书"。

（7）"新沟河大直径顶管关键技术研究"（省水利科技项目，合同编号 2013013），应用于本工程实现了顶管群全过程实时精准控制，保障了水立交与铁路安全运营。

（8）"新沟河移民安置对当地城镇化进程影响研究"（省水利科技项目，合同编号 2016075），应用于本工程移民安置及其城镇化影响评价，具有推广应用价值。

（9）"水利工程（闸站）三维协同设计可视化平台开发"（2018—2021 年），基于本工程开发三维协同设计可视化平台，填补了设计计算分析模块的空白。

（10）"太湖流域与长江河网水动力及水量水质耦合一体化模型优化研究"（2009—2011 年），应用于本工程节省用地 3500 亩、投资 13.4 亿元，效益巨大。

（11）"新沟河江边枢纽工程水流数值模拟研究"（2013—2014 年），应用于本工程总体布局和水力衔接优化与验证，节省用地 134.3 亩、投资 1.75 亿元，效益显著。

（12）"新沟河遥观北枢纽水泵 S 型叶片开发与研究"（2015—2016 年）应用于本工程，最高效率正向 81.65%、反向 71.25%，双向效率高于同期最好水平 6%～7%。

（13）"新沟河遥观南、北枢纽引河与运河平交整体模型试验研究"（2012—2013 年），应用于河道平交水力衔接及其建筑物接力和布局优化，效果显著。

（14）"新沟河遥观南、北枢纽及西直湖港闸站水流数模研究"（2013—2014 年），应用于平交多个建筑物工程水力衔接与布局优化，效果显著。

（15）新沟河江边泵站、遥观北单向、双向泵以及泵装置 CFD 数值等五项专题研究成果应用于本工程多个泵站模型验证与优化，提高机泵运行效率，节能降耗。

（16）"新沟河西直湖港南枢纽工程水流数值模拟研究"（2013—2015 年），应用于西直湖港南枢纽立交地涵与水网水力衔接和工程布局的优化，效果显著。

（17）"新沟河江边枢纽鱼道过鱼对象资源调查与数值模拟研究"（2014—2015 年），应用于通江过鱼对象调查、鱼道布局和结构优化，具有通用性，沿江可推广应用。

（18）"T 型组合式钢筋混凝土地连墙结构现场监测及数模分析"（2015—2018 年），应用于 T 型地下结构的变形与应力应变分析，为新型地下结构研究提供技术支撑。

3.2 知识产权及获奖情况

经统计，自 2011—2020 年设计与服务期间，本工程项目设计与研创累计获得国家授权知识产权共 45 项（发明专利 10 项、新型实用专利 18 项、软件著作权 14 项，行业工法 3 个），发布行业技术标准 3 部，发表科技或学术专著 3 部、论文 42 篇。基于以上成果，本项目已获和在报奖项共 11 项（在报大禹奖 1 项）编列如下：

（1）在报 2021—2022 年度中国水利工程优质（大禹）奖（新沟河江边枢纽工程）。

（2）中国航海科技一等奖（长三角复杂河网通航工程关键技术及应用）。

（3）全国优秀水利工程勘测设计银质奖（太湖流域新沟河延伸拓浚工程）。

（4）江苏省第十九届优秀工程设计一等奖（新沟河江边枢纽工程）。

（5）大禹科技进步二等奖（大型泵装置理论及关键技术研究与应用）。

（6）江苏省水利科技优秀成果一等奖（江苏水闸工程技术研究）。

（7）江苏省水利科技进步三等奖（T 型地连墙结构研究与应用）。

（8）江苏省优秀咨询成果一等奖（新沟河工程可行性研究）。

（9）江苏省优秀水利工程勘察设计一等奖（新沟河江边枢纽工程）。

（10）江苏省优秀水利工程勘察设计二等奖（新沟河遥观南枢纽工程）。

（11）江苏省优秀水利工程勘察设计二等奖（新沟河西直湖港北枢纽）。

4 工程运行情况及效益

2018—2019 年，工程全线陆续建成投运，截至 2021 年年底，累计引排 26.95 亿 m³（引江 3.19 亿 m³，排江 23.76 亿 m³）。2018 年汛后应急调水 5600 万 m³，有效改善河网水质，试验效果显著；配合望虞河、新孟河引江济太，将有效改善太湖流域及河网水环境。2020 年梅雨汛期，长江、太湖流域发生历史罕见特大洪水，太湖防汛升级至一级响应（长江二级），长江大流量高潮位行洪，太湖连续超保证水位 24d，新沟河累计北排长江 13.9 亿 m³（泵排 6.14 亿 m³），有效控制太湖水位，明显降低河网水位（下降 15cm），工程经受住了超历史特大洪水考验，防洪保安作用巨大。具体效益如下。

（1）经济效益。项目设计阶段，通过优化创新，节省投资 13.4 亿元，减少用地 3500 亩；设计推算多年平均经济总效益 6.49 亿元（水环境 2.80 亿元，防洪 2.51 亿元，供水 1.18 亿元）。建成投运后，2020 年汛期，太湖、长江流域偶遇历史罕见洪水，根据他方评价，按 2016 年水平推算，工程仅防洪减灾效益已达 10.3 亿元（常州 9.2 亿元，无锡 1.1 亿元），防洪除涝受益面积达 5980km²，经济效益巨大，远超预期。

（2）社会环境效益。项目成果有效提高了区域洪涝水北排长江能力，改善工程沿线水质，促进太湖水体有序流动，具备应急引水解决梅梁湖突发水污染事件问题的能力，明显提升了长三角核心区水安全保障能力；同时也提升了地区航运功能，完善了苏南区域水运网，有效改善了人居环境，促进产业结构优化和城镇化发展,助力建设美丽中国、"强富美高"新江苏及长三角区域高质量发展。项目已全面投运,必将对高度发达的太湖流域和"长三角"地区经济社会高质量发展产生积极的、重大的影响。

（3）生态效益。新沟河引水调度,可提升太湖水环境改善能力和治理效率,在较短时间内显著改变湖区浮游植物群落结构,降低蓝藻数量和比率,减小水华分布范围。直武地区水流调向,可提高浮游植物多样性和群落结构稳定性,提高底栖生物量和物种多样性。2018 年应急调水实验期间,新沟河东支干流水质由 IV 类改善为 III 类,直湖港阳山大桥水质指标改善至 III 类,湖山桥断面水质稳定在 III ～ IV 类;配合望虞河、新孟河引水,太湖平均总氮浓度下降 8.0%。工程配合引江济太,生态效益显著。

5　工程照片

5.1　创新与关键技术附图

图 1　干支东西两线交汇

图 2　渭径分明（左－直湖港,右－西直湖港）

图3 东线河道穿运河、锡溧漕河工程方案

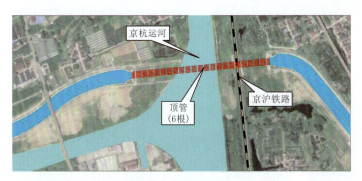

图4 东线穿越京杭运河、京沪铁路位置图

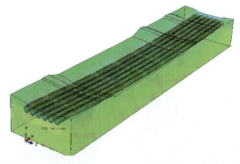

图5 三维动态数字仿真模型图

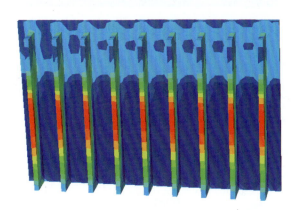

图6 T型结构三维模型分析

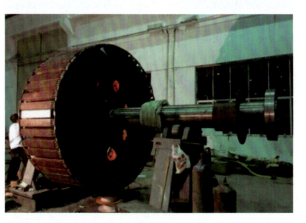

图7 双速电机转子

195

图 8　新型高效 S 型叶片

图 9　大型泵站非常规安装

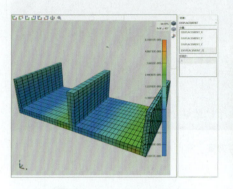

图 10　石堰闸 BIM 三维可视化模型

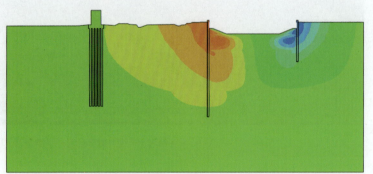

图 11　高铁并行段数值分析模

图 12　生态砌块护岸

图 13　锚固型钢板桩护岸结构及施工

5.2　工程布局和照片

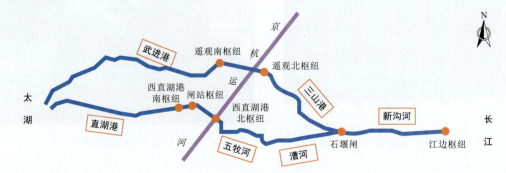

图 14　新沟河工程布局示意图

196

图 15　新沟河江边枢纽

图 16　典型口门——东支玉祁西闸

图 17　新沟河干支通江段

图 18　东、西两支分流

图 19　东支漕河－郭家大桥下穿京沪高铁

图 20　西支三山港－桥梁密集段

图 21　东支西直湖港北枢纽工程

图 22　东支西直湖港南枢纽工程

图 23 西支遥观北枢纽工程

图 24 西支遥观南枢纽工程

图 25 沿江高铁并行段

图 26 河湖水面浮动湿地

高兴和　李灿　执笔

水利水电信息化成果奖

BIM+GIS 技术在珠江三角洲水资源配置工程建设管理中的应用

（广东粤海珠三角供水有限公司　广东广州）

摘　要：珠江三角洲水资源配置工程智慧水利建设从工程全生命周期出发，按照"总体规划、分步实施"的原则，从"感知、监控、应用、展示"四个层面进行建设实施。实现工程"人、机、料、法、环"的全面感知，服务工程安全、质量、进度、投资、廉洁等五大控制，推动工程建设管理过程数据的全面汇聚，最终达到组织科学、技术先进、过程可溯。通过搭建工程全生命周期 BIM+GIS 支撑平台，实现跨区域的空间信息、模型信息以及相关工程数据集成，建立起与 GIS、二维图纸、文档及业务系统的多维度数据的融合，实现对 BIM 几何信息、非几何信息、属性信息和过程信息的动态管理。

关键词：水利工程；信息技术；电子签章；BIM+GIS 融合

1　工程概况

珠江三角洲水资源配置工程（以下简称珠三角工程）是国务院批准的《珠江流域综合规划（2012—2030 年）》提出的重要水资源配置工程，是国务院确定的全国 172 项节水供水重大水利工程之一，是解决珠三角水资源供需矛盾，广州、深圳、东莞等地生产生活缺水问题，全面保障粤港澳大湾区供水安全的国家级水利工程。工程总投资 353.99 亿元，建设总工期 60 个月，输水线路总长 113.2km，主要采用地下深埋盾构方式，穿越水文地质条件异常复杂的珠三角地区。新建鲤鱼洲、高新沙和罗田 3 座提水泵站，泵站总装机容量 14.4 万 kW；新建广州市南沙区高新沙水库，总库容 482 万 m³，依托已建成的东莞市松木山水库、深圳市罗田水库和公明水库。工程 2019 年 5 月正式启动全面建设，预计 2023 年年底通水。

基于工程点多线长、技术复杂、工期长、协调难的特点，以全生命期 BIM+GIS 系统平台为核心的珠三角工程智慧建管系统，充分应用 BIM、GIS、电子签章、区块链、"云大物智移"等新型信息技术，融合创新、协同共享，打造了，包括一套信息化标准体系、一个工程大数据资源池、一个 BIM+GIS 支撑平台、一套电子签章应用体系、一个多元信息感知预警与可视化分析平台、一套基于 BIM+GIS 工程全景的态势辅助决策应用。智慧水利是珠三角工程的重要组成部分，与工程建设同步实施，服务于上级监管、工程建设、设计、监理、施工、安全监测等全部参与单位，全方位赋能工程安全、质量、进度、投资、廉洁管理，为珠三角工程"打造新时代生态智慧水利工程"总体目标提供有力支撑。

2 总体架构与标准体系

2.1 总体架构

围绕"打造新时代生态智慧水利工程"建设目标，广东粤海珠三角供水有限公司（以下简称珠三角供水公司）按照"需求牵引、应用至上、统一规划、分步实施、总体设计、分系统建设、模块化链接"的原则，制定了珠三角工程智慧水利顶层规划（图1）。规划从工程全生命期出发，以实现工程"四预（预报、预警、预演、预案）"能力为目标，搭建了基于BIM+GIS的全生命期智慧系统，规划了两池一中心的智慧水利大数据资源池，实现工程"人、机、料、法、环"的全面感知，服务安全、质量、进度、投资、廉洁五大控制，推动工程建设管理过程数据的全面汇聚，为BIM+GIS的创新应用奠定了坚实的基础。

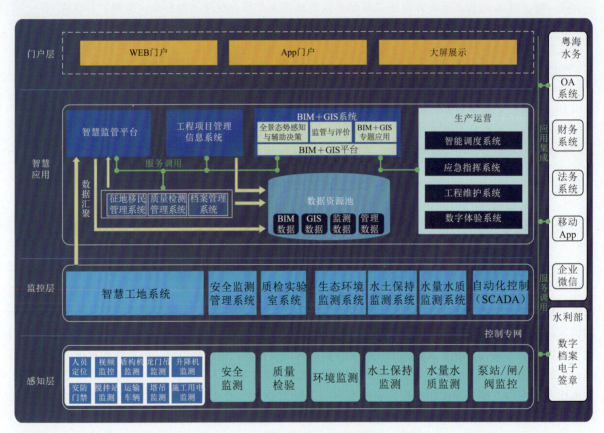

图1 珠三角工程智慧水利总体架构

2.2 标准体系

为进一步规范珠三角工程信息化建设、管理和应用，促进BIM模型和业务数据的融合，在顶层规划的指导下，采取了实践指南先行，理论标准总结的技术路线，构建了包括管理制度、操作规范、技术标准的珠三角信息化标准体系（图2）。编制并颁布了BIM模型创建、应用、交付、分类编码，GIS数据交付等一系列设计标准、数据标准、集成标准和应用标准，编制并发布了计算机及信息系统管理规定、数据中心管理办法、应用指引等37项管理制度，实现了工程信息化建设的风格统一、数据统一、集成统一、管理统一。

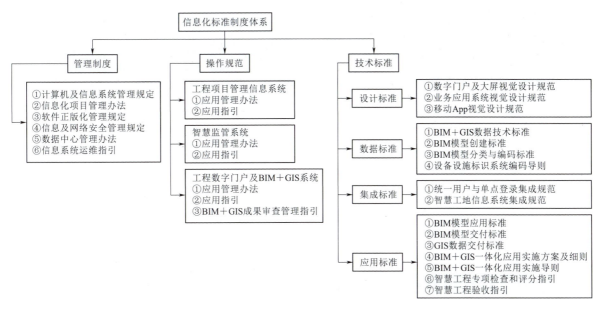

图 2 工程信息化标准体系

3 系统平台构建

3.1 工程数字门户

根据智慧水利技术架构,珠三角供水公司自主开发了珠三角工程数字门户(图3、图4),实现3大平台、8大业务应用系统、4个支撑平台的集成汇聚和认证登录;通过建设看板实现多维度(投资、进度、安全、质量)、多层级(全线、管理部、标段、工区)、多角色(上级监管部门、粤海集团、建设单位、管理部、监理单位、施工单位等)展现珠三角工程建设数字信息全景。

图 3 数字门户首页

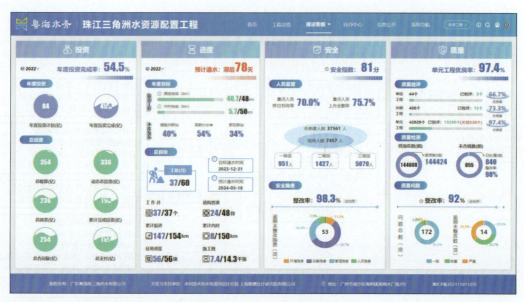

图 4　珠三角工程建设看板

3.2　BIM+GIS 支撑平台

构建了 BIM+GIS 支撑平台，实现了多平台模型轻量化解析，融合不同 BIM 平台构建的 BIM 模型，提升珠三角工程 BIM 模型标准化管理和应用水平。依托自主可控的 BIM+GIS 支撑平台，施工、监理、咨询和建设单位直接线上开展模型数据审核（图 5）、模型交互及剖切、场景漫游、二三维协同等。利用构件库模块，实现各标段通用模型构件的共享与复用，提升模型质量。珠三角工程目前已累计完成 800 余个建筑物和厂商设备 BIM 模型及工程沿线高精度 GIS 数据的采集与管理，为 PC 端、移动端、大屏端、VR/AR 设备端中的各类业务系统提供了统一的 BIM+GIS 场景服务，创新性地实现了"一个平台多方协同，一套数据全过程应用"，为行业 BIM 创新应用提供了借鉴。

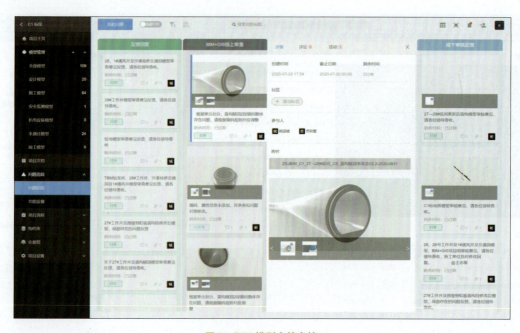

图 5　BIM 模型在线审核

3.3 全生命期工程大数据资源池

在全国水利行业首次系统性地构建了工程全生命期大数据资源池（图6），实现了工程海量多源数据的统一采集、统一治理、统一存储、统一利用。通过打通物联监测、智慧监管、生态环保、工程管理各个环节，采集业务数据23万余条、智慧监管数据1.9亿余条，安全监测数据420万余条，质量检测、征地移民、水保环保监测等数据20万余条，融合各类工程数据，实现了数据的多元汇聚、可视化管理、综合监控和全面治理，为各业务系统提供统一的数据资源服务。工程数据实时同步传输到上级行业主管部门，成为广东省第一个接入行业主管部门监管平台的水利工程。

图6 工程大数据资源池

3.4 App 门户

珠三角工程 App 门户基于企业微信打造，实现20余个移动应用的单点登录和流程待办、业务数据的集成融合。工程参建单位近3000名管理者可随时随地协同办公、查询工程信息，有效提升了沟通协调效率。

不仅如此，珠三角工程还搭建了移动端数字看板，通过 App 门户可直接进行工程投资、进度、安全、质量四个态势的统计查询。龙虎榜、巅峰榜等智慧应用，充分体现了珠三角工程你追我赶、百舸争流的良性竞争局面；移动端还可线上查考勤、调监控、看模型、审图纸等，真正做到了"一机在手、信息全有"（图7）。

3.5 电子签章应用体系

首次在水利工程建设管理全过程中采用电子签章技术开展电子文件签署工作，为工程参建单位和个人提供实名认证和证书颁发服务，打造具有"真实身份、真实意愿、防篡改、司法存证"特征的电子签章应用体系，实现设计图纸审批、合同审批、施工质量验评、施工技术方案审批、工程档案归档等工程全阶段、全业务、全流程的电子文件签署。

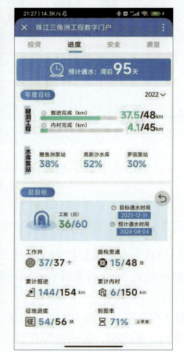

图 7 App 门户应用

4 构建态势感知与专题应用

4.1 全面感知可视

　　构建工程数字化全景，通过融合 BIM、GIS 及业务数据，从全线、标段、工区、构件四个层级，以安全、质量、进度、投资四个视角，构建了珠三角工程数字全景。

安全态势方面,构建工程安全指数评价模型,绘制工程安全"一张图",实现工程"地上地下,多场景,多视角,多层级"全面监管,直观洞察全线、标段、工区安全动态,实时安全预警(图8)。

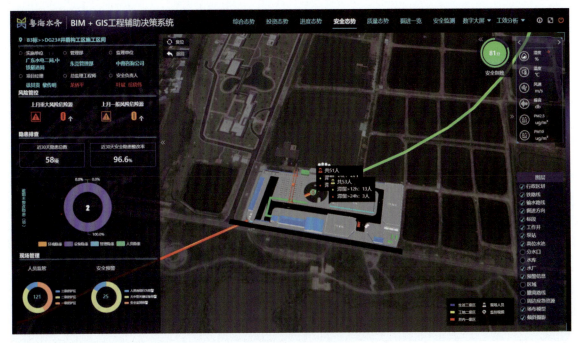

图8　安全态势分析

　　质量态势方面,以单元工程为最小管理维度,通过规范BIM与质量验评编码体系,工程原材料、质量问题、质量验评等数据与BIM模型自动挂接,实现工程质量多维度展示、可视化追溯,辅助工程质量管理分析决策(图9)。

图9　质量态势分析

进度态势方面，基于 BIM+GIS 场景与进度数据的深度融合，预演工程进展趋势；基于工程四级进度计划的上传下达，预警滞后线路，推演关键线路，实现全线工程施工进度计划实时动态管控（图 10）。

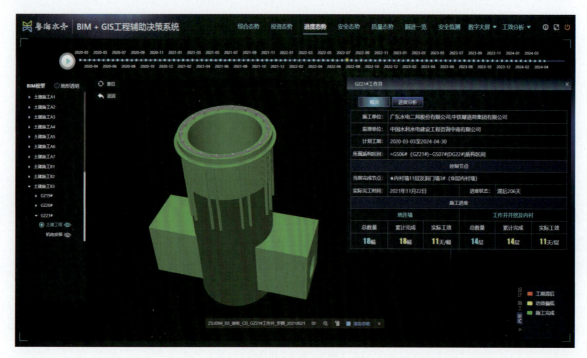

图 10　进度态势分析

投资态势方面，基于 BIM 模型，融合贯通投资管理的概算、预算、合同、计量支付、变更、结算等各环节，实现工程全线、标段、工区的全方位，总投资、年度投资、月投资全过程实时可视化监管（图 11）。

图 11　投资态势分析

4.2 专题应用

掘进一览专题，通过搭建工程掘进可视化场景，采集工程全线 48 台盾构机、5 条钻爆隧洞的掘进状态、进度、危险源等数据，实现风险预警、进度预测，为全线隧洞的安全、高效掘进提供辅助决策。

在工程 BIM+GIS 平台上，建立可视化应用场景，分为全线级、标段级、工区级向工程各参建方实时展现项目隧洞掘进状态、进度、风险等（图 12）。实现总、年、月度的掘进进度分析柱状体展示，通过 BIM 编码将每日掘进环和风险源环跟模型进行关联渲染（图 13）。以 BIM 和 GIS 为载体，实时展示隧洞掘进概况。

图 12　BIM+GIS 与盾构掘进的融合应用

图 13　BIM 模型与掘进数据的挂接

安全监测专题，对全线 37 个工作井，154 公里隧洞，7 个水工建筑物，141 处地表建筑物进行实时数据监测，利用物联网、BIM+GIS 技术实现秒级的数据更新。建设全线级、标段级、工区级的场景展示。通过 BIM 模型对测点的空间信息、报警信息进行可视化展示，实时预警地质风险（图 14）。

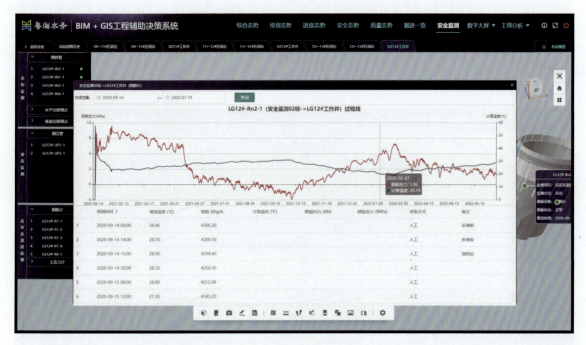

图 14　工程安全监测专题应用

工区全景专题，通过构建 BIM+GIS+720 的全要素可视化场景，以"时光机"的形式对工程发展历史进行追溯，将不同的 720 全景数据对应发布至 GIS 场景中，实现可视化数据环境与真实 720 全景的全场景、全要素的交互浏览，为项目管理人员直观感受项目关键工区的历史空间场景，为全线资源总体宏观调控提供了辅助决策支持（图 15）。

图 15　工区全景展示

VR/AR 应用专题，通过 BIM+VR 应用，实现沉浸式安全教育培训、工艺交底；通过 AR 技术，实现现实工区场景和规划建筑场景的对比（图 16）。

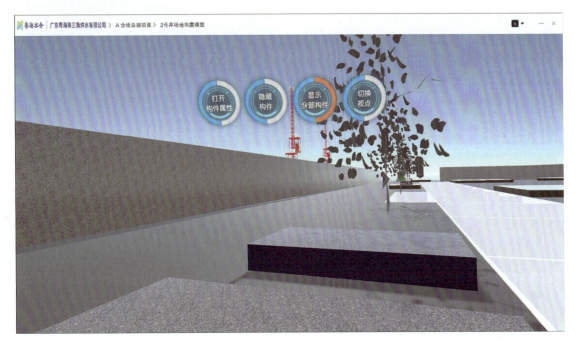

图 16　BIM+VR 展示

4.3　助力施工管理

在工程建设期，利用采集的 GIS 倾斜影像数据，开展施工场地临设、进场道路等布置及优化工作，通过对场布模型的漫游模拟，开展巡检路线预演、安全应急演练等应用（图 17、图 18）。

根据 QBS 和 WBS 进行施工阶段各专业模型的深化、拆分与编码工作，利用全线统一的 BIM 分类编码体系，确保模型构件与单元划分的对应关联。

基于 BIM 模型，开展三维有限元仿真分析，进行施工方案比选，如优化了 SD10 号工作井环梁结构，节省了施工工期，消除了高空拆除安全隐患。

工程施工前利用 BIM 轻量化平台，开展多专业碰撞检测，发现多处机电设备与土建结构的碰撞，优化了设计方案，避免了工程返工，降低了工程成本。

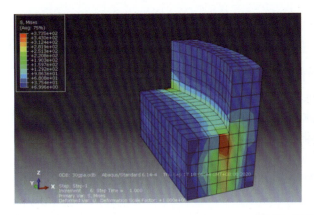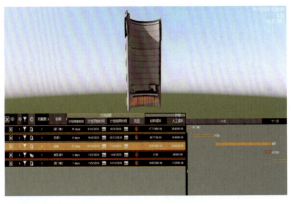

图 17　环梁结构优化

图 18　巡检线路预演

利用工程模型进行深基坑开挖、盾构机吊装、盾构机掘进、预应力混凝土浇筑等模拟应用,为施工人员提供可视化交底,保障施工安全,提升施工质量与效率。

通过深化后的建筑物模型,可快速统计每个构件混凝土方量,并与设计概算进行对比,为现场物料管理及结算提供依据。

5　获奖情况及创新应用

5.1　获奖情况

珠三角工程智慧水利建设过程中累计获得 26 项软著,5 项团体标准,3 篇论文,1 项专利;2020 年《基于 BIM+GIS 的大型水利工程全生命期数据集成解决方案(技术)》列入《2020 年度水利先进实用技术重点推广指导目录》;2021 年"智水杯"BIM 大赛获金奖建管与施工组第一名;2021 年第六届建设工程 BIM 大赛获一类成果奖;2021 年获全国优秀水利水电工程勘测设计奖金质奖;2021 年完成水利部 BIM 应用先行先试任务并获评"优秀"。

5.2　创新性及先进性

通过与国内外同类工程的建设管理数字化应用对比,本成果在技术路线、技术创新、数据集成、应用范围、产生效益等方面达到了国际先进水平,对推动水利水电行业信息化技术发展具有重大影响。

(1)技术路线先进。率先制定珠三角工程智慧水利顶层规划,融合国内外成熟、先进、实用、安全的信息化技术手段,采取"实施指南先行,理论标准总结"的推进路线,利用先行先试标段试点,进一步总结与提升,发布完善的企业级标准制度体系。

(2)多平台模型轻量交互创新。利用自主的 BIM+GIS 支撑平台,实现跨平台模型的轻量交互及对模型的在线审核与管理。

(3)数据汇集,融合创新。系统性地构建工程大数据资源池,实现对工程建设中的各项数据的多源汇集和全面治理。

（4）线上签署，合法可溯。首次在水利工程建设管理全过程中应用电子签章技术进行工程电子文件签署，功能完善，效益显著，影响深远，为水利行业电子签章技术的应用提供有益探索。

（5）全面感知，专题应用。通过开展掘进一览、安全监测、工区全景、VR/AR 等专题应用，构建了项目建设过程中全方位、全要素的可视化场景，为项目的可视化辅助决策提供了技术保障，高效发挥了 BIM+GIS 系统在项目管控中的作用。

（6）态势分析，辅助决策。通过融合 BIM+GIS 模型信息，从全线、标段、工区、构件四个层级，以安全、质量、进度、投资四个视角，构建了珠三角工程数字全景，为工程建设管理提供决策支撑。

5.3 创新亮点应用

5.3.1 构建引调水工程大数据资源池

系统性地构建工程大数据资源池，制定统一的数据标准规范，通过打通物联监测、智慧监管、生态环保、工程管理各个环节，集成工程建设管理全过程的业务数据、监测数据、管理数据、质检数据等，融合各类工程数据，实现数据可视化管理与监控，为各业务系统提供统一的数据资源服务，为珠三角智慧水利大数据的建设和未来的数据决策提供基础。

5.3.2 构建大型引调水工程 BIM+GIS 标准体系

在全国水利工程中首次系统性地构建了大型引调水工程信息化标准体系，开展企业级 BIM+GIS 标准编制，编制完成 BIM 模型创建、应用、交付、分类编码，GIS 数据交付等标准规范，为工程建设、设计、施工、监理等各参建方提供了企业级标准。

5.3.3 在大型引调水工程中的 BIM 轻量化技术应用

基于自主的 BIM+GIS 支撑平台，实现线上线下相结合的数据审核、模型轻量化交互及剖切、场景漫游、二三维协同等，利用构件库模块，实现各标段通用模型构件的共享与复用，为各参建方搭建 BIM+GIS 场景提供统一的服务平台，创新性地实现了"一个平台多方协同，一套数据全过程应用"。

5.3.4 打造工程建管全过程线上签署的电子签章应用体系

国内首次在水利工程建设管理全过程中采用电子签章技术开展电子文件签署工作，集成实名认证、证书管理、电子印章、文件签署、文件存证功能，为工程参建单位和个人提供实名认证和第三方数字证书颁发，深度融合业务文件审批系统和电子签章系统，结合区块链技术，打造具有"真实身份、真实意愿、防篡改、司法存证"特征的电子签章应用体系，实现设计图纸审批、施工质量验评、单元工程验收、合同支付审批、上级监督检查、竣工档案归档等工程全阶段、全业务、全流程的电子文件一键签署和一键归档功能，为实现未来水利工程建设管理的无纸化办公、工程质量溯源以及电子化归档奠定了坚实基础。

5.3.5 大型引调水工程多元信息感知预警与可视化分析

利用 BIM、GIS、物联网等新一代信息技术，结合珠三角工程全线视频、监测、设备状态、风险等多元信息，从掘进状态、安全监测、工区全景、VR/AR 应用等角度，实现多模式信息展示、多角度数据分析、多层级风险实时预警和闭环管理。

5.3.6 构建基于 BIM+GIS 技术的工程态势辅助决策

基于 BIM+GIS 技术的态势辅助决策采用分级分场景的设计模式，从工程"安全、质量、进度、投资"四个视角，融合工程业务属性与空间属性。通过"管理中心驾驶舱""地下工程概化图"及"工程一张图"，在全线、标段、工区、构件四个层级，用数字、GIS 渲染及 BIM 模型描绘了工程的数字画像。安全态势中可进行人员监管及视频实时监控，通过构建综合评价体系，评估预警各标段安全风险；质量态势中BIM 模型可根据质量验评结果进行颜色区分标识，实现工程整体质量多维度展示、可视化追溯与分析决策；进度态势中以红、黄、绿，展示进度滞后、工效低或正常完工的节点状态，预警滞后线路，推演关键线路；投资态势中通过数据报表加 BIM 模型渲染的方式展示投资完成概况。

6　项目经济效益及社会效益

6.1　项目经济效益

截至 2021 年 12 月底，珠三角工程利用信息化手段进行工程数字化、智慧化管理，初步统计已节约人工、机械、材料等直接费用和间接成本达 10186 万元，具体如下：

（1）工程项目管理系统应用。实现 2000 多管理人员在线沟通，累计执行业务流程近 30 万个；按照全线 16 个施工标、6 个监理标及 4 个安全监测标估算，每个标段至少可以节约 2 个人工，直接节约成本 5616 万元。结合电子签章的应用，原规划需要打印 4 份的纸质资料减少至 1 份，预估可减少纸质资料 289 万张，每页 0.5 元计算，预计可累计降本 144 万元，减少碳排放 170t。

（2）视频监控应用。珠三角工程全线 50 个工作井工区，按照每个工区减少 1 名人工计算，4 年累计直接降本达 4000 万元。

（3）BIM 应用。SD02 号工作井通过 BIM 及有限元软件分析，取消一道环梁结构，工期节约 10 天；原计划需投入钢筋工 60 人、模板工 10 人、混凝土工 10 人、45t 龙门吊 1 台、码头吊 1 台、400 镐头机 1 台、PC300 挖掘机 2 台、PC80 挖掘机 1 台，取消一道环梁结构后直接节约成本 96 万元。高新沙泵站利用 BIM 模型检查出进水肘管与基坑支护支柱碰撞，进一步模拟干涉位置，确定设备切割方案；工期节约 30 天；提前 3 个月发现，避免设备到货后现场无法安装，施工暂停情况。初步预估设备返厂处理需约 30 天，设备返厂处理运费约 30 万元，施工单位人员、设备窝工闲置 30 天约 300 万元，直接成本节约 330 万元。

珠三角工程智慧系统在工程建设管理中发挥了巨大的经济效益，不仅包括以上的直接效益，还体现在监管工程高质量完工和防范安全、质量风险等不可估量的隐性价值。

6.2　项目社会效益

珠三角供水公司敢为人先，圆满完成水利部 BIM 应用先行先试任务并获评优秀，获批成为全国水利行业首个电子签章应用试点，入选全国第三批建设项目电子文件归档和电子档案管理试点。

珠三角工程智慧水利建设以需求为导向，以实用为目的，以技术为驱动，依托 BIM+GIS 技术，实现珠三角工程全部数据深度感知融合能汇聚，所有业务线上协同办理可追溯，重大决策系统智慧预演有依据，形成基于 BIM+GIS 的智慧水利整体解决方案，技术先进、部署便捷、功能实用，为国内乃至世界水利工程信息化建设提供了成功的、可复制、可借鉴的成熟方案。

7　展望提升

基于珠三角工程建设进展情况，后续将重点推进 BIM、数字孪生等技术在泵站建设和机电安装方面的应用，并以 BIM 为载体，实现施工阶段与运营阶段数据融汇贯通。确保珠三角工程全生命周期感知数据能汇聚、业务协同可追溯、辅助决策能预演。

BIM+GIS 技术运用在工程项目建设全生命周期中都有着十分重要的作用，接下来的技术应用工作重心是把运维阶段作为 BIM+GIS 技术运用的核心目标，使用好、维护好和建设好本项目运营阶段的工程数据资产，建设周期中所有有关 BIM+GIS 技术的筹备与实际工作都是为了服务于运营维护阶段，都是为了在运营维护阶段将相关的建设、使用信息属性进行流通、增值。

本项目既有综合属性类的泵站园区建筑物，还有单点离散型分布的工作井构筑物，以及连接两者的输水管道，共同组成跨度百余公里的线性输水工程，管理运营阶段涉及单位众多，并且在运营过程中每天都会产生数量巨大、需要同各家单位共享流通的数据。为了保证数据在流通中达到最小的信息流失以及保证以最高效、最准确地流转至每一个管理人员手中，珠三角供水公司计划在接下来的工作以及技术开发中建立完备的基于 BIM+GIS 系统平台的信息储存管理使用方案。将一个个相对独立的泵站工程、工作井，不同使用属性的运维个体集成、融合，再将这些独立的个体之间发生的信息流通增值与交流，进而形成一个汇集了整个输水工程中地上地下、室内室外、包含了过去的和现阶段发生的以及未来规划发展的信息，融合出一个囊括多维多尺度的信息模型数据和感知数据集合，形成数字孪生空间信息有机综合体。

杜灿阳　朱晓斌　邓鹏　执笔

215

东庄水利枢纽工程数字一体化勘察设计应用

（黄河勘测规划设计研究院有限公司　河南郑州；

陕西省东庄水利枢纽工程建设有限公司　陕西咸阳；

陕西省水利电力勘测设计研究院　陕西西安）

摘　要：东庄水利枢纽工程是黄河流域生态保护和高质量发展重大国家战略实施以来第一座开工建设的大型节点水库。项目 BIM 应用实施过程中，搭建了基于达索 3D Experience 云平台的协同设计环境，建立了三维地形地质模型；并在数字勘察成果的基础上，实施了各专业间基于流程化的正向设计，构建了精细化模型，实现了数字勘察与数字设计的协同融合；自主研发了工程勘察数字采集信息系统、工程勘察综合信息平台和拱坝设计可视化平台，大大提升了工程勘察设计品质与效率；同时开展了数字交付、仿真计算、沉浸式体验等方面的研究，拓展了BIM 技术应用的价值和维度，为施工运行期"数字东庄"的构建奠定了模型基础。

关键词：BIM；协同设计；数字勘察；数字设计

1　工程（项目）概况

东庄水利枢纽工程（简称东庄工程）是国务院确定的 172 项节水供水重大水利工程之一，枢纽主要建筑物由混凝土双曲拱坝、坝身排沙泄洪建筑物、水垫塘、进水塔架、引水发电系统、库区防渗工程等组成。水库总库容 32.76 亿 m³。工程开发任务以防洪减淤为主，兼顾供水、发电和改善生态等综合利用。东庄工程是目前陕西省在建库容最大、坝高最高的水利枢纽工程。枢纽工程布置见图 1。

图 1　东庄水利枢纽工程布置图

东庄工程坝址区河谷为 V 形谷,两岸基岩裸露,岸坡陡峻,自然坡度 60°～75°,局部达 75°～85°。混凝土双曲拱坝最大坝高 230m,坝顶高程 804m,厚高比 0.221,最大中心角 88.959°(690m 高程)。坝体结构复杂,泄洪排沙建筑物全部布置在坝身(包括 3 个表孔、4 个排沙泄洪深孔、2 个非常排沙底孔),河床坝段底部布置了 2 个导流底孔,坝体内还布置了 4 条水平交通廊道、2 条爬坡廊道和一个电梯井。工程除具有一般高拱坝"高水头、大流量、窄河谷、陡岸坡"的共性特点外,还具有高含沙、厚淤积的水库水流特性。上述工程特性给勘察设计工作带来了新的机遇和挑战,勘察设计单位践行新时代水利工作方针和新阶段水利高质量发展要求,积极采用基于 BIM 的新技术和新方法,为勘察设计品质与工作效率的提升做出了积极的探索。

2 技术路线与应用情况

2.1 总体应用线路图

东庄工程 BIM 实施的技术路线是:项目组建、制定目标、实施相互衔接融合的数字勘察与数字设计、进行 BIM 应用拓展研究,见图 2。

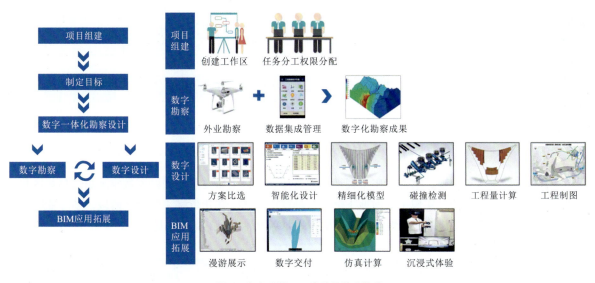

图 2 东庄工程 BIM 实施的技术路线

(1)项目组建:组建东庄工程 BIM 实施小组,确定小组负责人与具体设计人员。在达索 3D Experience 云平台上创建工作分区,进行任务分工和权限分配,对项目 BIM 实施进行整体策划与组织。

(2)制定目标:结合东庄工程特点,制定数字勘察设计流程可视化、专业链条可协同、工程方案可优化、实施效果可模拟、设计成果可出图的目标。

(3)数字勘察:运用无人机、钻孔成像、平洞摄影等技术,进行东庄工程的外业勘察;并通过综合信息平台对外业勘察数据进行分析管理,构建地形地质 BIM 模型,完成勘察成果的数字化转换。

(4)数字设计:以数字勘察成果为基础,以正向协同设计为手段,进行方案比选、智能化设计、精细化建模、碰撞检测、计量制图等基于 BIM 技术的数字设计。

(5)BIM 应用拓展:进行漫游展示、数字交付、仿真计算和沉浸式体验等方面的研究,拓展 BIM 应用的维度,开发 BIM 应用的潜在价值。

2.2 BIM 应用

东庄工程数字一体化勘察设计应用主要包括基于 BIM 技术的七项应用：

（1）协同设计。东庄工程搭建了基于达索 3D Experience 云平台的协同环境，借助设计管理实现了勘察和工程设计多专业间时数据级别的协同生产，完成了单点效率向整体效率的过渡，解决了沟通瓶颈和信息孤岛，实现了勘察设计效率和质量相互促进提高的良性循环，东庄工程协同设计模式，见图3。

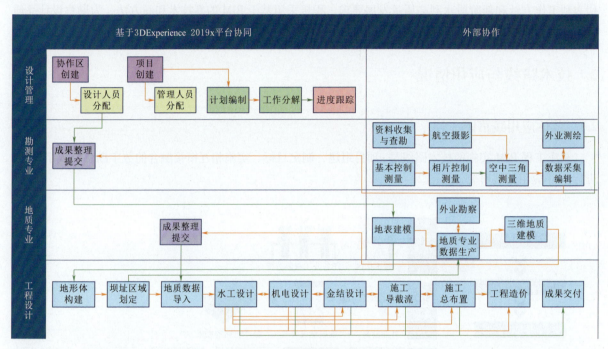

图3　东庄工程协同设计模式

（2）数字勘察成果构建。结合东庄工程地形地质特点，自主研发了工程勘察数字采集信息系统和工程勘察信息综合管理平台，实现了地面地下全要素勘察信息的一体化数字采集和多阶段、多专业勘察信息的一体化集成管理，构建了地形地质数字模型，为数字设计提供了支撑，见图4。

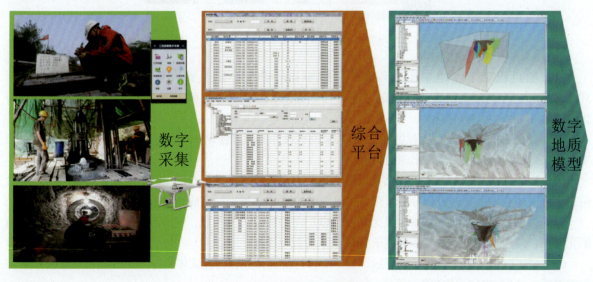

图4　东庄工程数字勘察成果构建

（3）设计方案比选。东庄工程基于数字勘察成果，充分利用知识工程和模板技术，快速生成各比选方案的信息模型，自动提取方案关键指标，为工程项目建议书阶段坝址方案的比选、可行性研究阶段坝型方案的比选、初步设计阶段坝轴线的方案比选提供直观、准确的决策支持。可行性研究阶段坝型方案的比选，见图5。

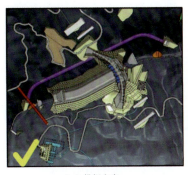

（a）拱坝方案

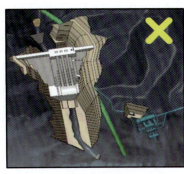

（b）重力坝方案

（c）面板坝方案

图5 可行性研究阶段坝型方案的比选

（4）复杂结构优化布设。运用BIM精细化建模技术，对开孔众多、空间有限的东庄工程混凝土抛物线双曲拱坝的横缝、坝内廊道和混凝土分区等复杂结构进行数字模拟，实现了复杂结构的优化布设，确保了交叉建筑物设计的合理性，减少了二维传统设计的盲区，见图6。

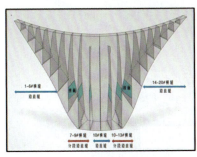

（a）横缝

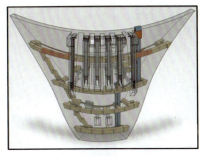

（b）廊道

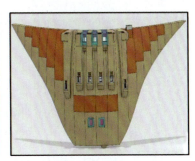

（c）分区

图6 复杂结构优化布设

（5）算量制图。通过东庄工程BIM模型计算得到的工程量是以三维模型为基础的几何尺寸，因此保障了工程量计算的准确性。同时采用"先模型，后出图"的正向设计方式，一方面确保了图纸和模型的一致性，减少了施工图的错漏碰撞；另一方面产品的三维化，降低了专业协调次数，提高了专业间设计会签效率，能更加高效地把控项目设计的进度和质量。东庄工程的工程量计算与制图，见图7。

C_{180}35工程量：383232.9m³

图7 东庄工程的工程量计算与制图

219

（6）数字交付。研发了东庄数字交付平台，实现了基于模型的工程定位剖切、信息查询、实时批注、漫游定制、图纸关联等功能，提高了沟通效率，提升了交付成果的品质，见图8。

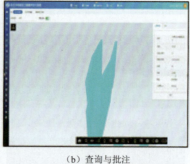

（a）剖切　　　　　　　　　　　　　（b）查询与批注　　　　　　　　　　　（c）漫游

图8　东庄工程数字交付平台

（7）沉浸式体验。运用BIM+VR技术，构建了东庄工程的虚拟地下电站厂房，进行了工程场景的展示，通过VR设备可直观地感受真实工程的使用境界，助力推动方案的选择与评估，见图9。

（a）　　　　　　　　　　　　　　　　　　　　（b）

图9　东庄工程的虚拟地下电站厂房

2.3　创新点

创新点一：建立了空地融合数字工程勘察应用技术体系，突破了GNSS与工程地图实时关联等技术，研发了工程勘察数字采集系统、基础信息综合管理平台及跨平台数据接口，实现了工程勘察全流程数字化应用，见图10。

创新点二：建立了基于BIM模型构架的拱坝体形优化设计流程，研发了拱坝设计可视化平台，实现了拱坝体形设计、BIM模型构建、计算分析的流程化、智能化、标准化，见图11。

创新点三：建立了基于STEP格式交换的BIM模型与有限元分析的传递方法，研发了拱坝施工进度和温控仿真程序，实现了大坝生长过程的动态化与可视化，提升了BIM模型应用的价值，拓展了BIM模型应用的维度，见图12。

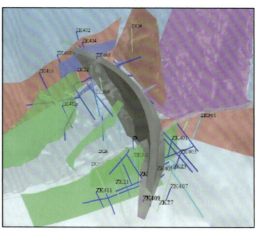

（a）外业勘察　　　　　　　　（b）移动采集　　　　　　　（c）数字勘察成果

图 10　空地融合数字工程勘察应用技术体系

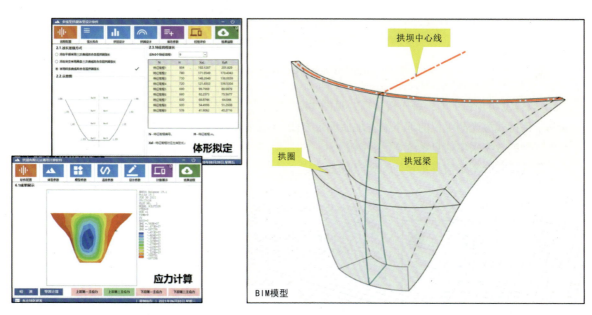

图 11　拱坝设计可视化平台

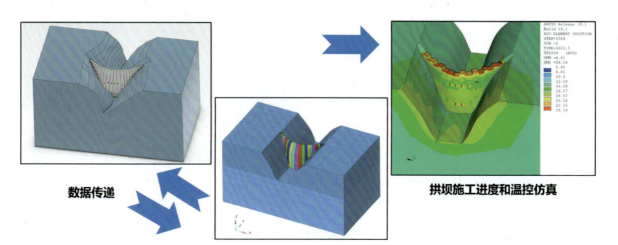

图 12　拱坝施工进度和温控仿真程序

3 已获工程项目的科技成果、专利、奖项等。

3.1 数字勘察获得的科技成果、专利、奖项

（1）《工程数字采集信息系统》获全国优秀水利水电工程勘测设计金质奖，见图13。

图13 全国优秀水利水电工程勘测设计奖金质奖

（2）取得发明专利1项，著作权2项，见图14。

《基于手持式激光测距仪的地下洞室地质编录方法》（发明专利）；

《工程勘察数字采集信息系统》（著作权）；

《工程地质综合基础信息平台》（著作权）。

图14 数字勘察获得的专利与著作权

3.2 数字设计获得的科技成果、专利、奖项

取得发明专利1项，著作权5项。

《拱坝横缝优化设计方法》（发明专利），见图15。

《拱坝横缝优化设计软件》（著作权），见图16；

《黄河勘测抛物线拱坝体形设计软件》（著作权）；

《对数螺旋线双曲拱坝体形设计软件》（著作权）；

《大体积混凝土温控仿真设计软件》（著作权）；

《椭圆线双曲拱坝体形设计软件》（著作权）。

图 15　数字设计获得的发明专利

图 16　数字设计获得的著作权

4　工程运行情况

东庄水利枢纽工程正处在大坝及水垫塘开挖、防渗帷幕工程的洞挖施工的高峰期，工程建设进入转序之年。东庄工程数字一体化勘察设计的应用，为工程建设提供了数字和技术支撑，并创造了显著的应用价值：

（1）采用相互融合的数字勘察与数字设计方法，提升了勘察设计效率和精度，有效地节约了人力成本。

（2）打通设计数据的传递通道，实现了数值分析与 BIM 模型的同步耦合，提升了设计效率。

（3）BIM 技术助力复杂异形结构设计，实现了成果的精细化与可视化，显著提升了成果质量和沟通效率。

5 附图及工程照片

工程 BIM 模型与建设现状见图 17 和图 18。

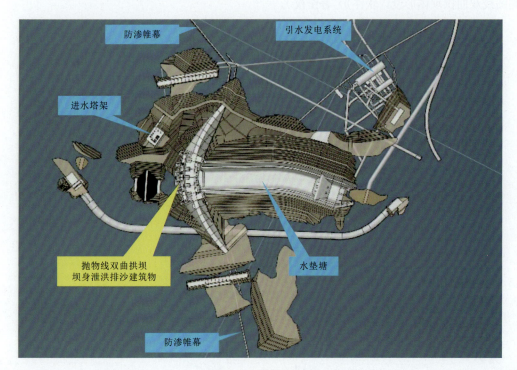

图 17 工程 BIM 模型

图 18 工程建设现状

董甲甲　王惠芹　杨军义　执笔

引江济淮工程（安徽段）建设管理期 BIM 技术应用

（水利部水利水电规划设计总院　北京；安徽省水利水电勘测设计研究总院有限公司　安徽合肥；
黄河勘测规划设计研究院有限公司　河南郑州；安徽省引江济淮集团有限公司　安徽合肥）

摘　要：本文主要基于 BIM 技术开展对工程建设期全方位的建设管理工作，项目主要包括 BIM
技术标准编制、BIM 管理平台搭建、BIM 应用技术服务、BIM 培训服务、硬件环境建设等。本
项目通过在工程建设期全方位、全参与方、全要素使用 BIM 技术，有效集成了项目设计、施工
所产生的数据信息，提升信息传递效率、降低数据利用损失，从而提升工程建设质量、安全
水平，通过构建统一的 BIM 技术应用平台，使引江济淮项目的参建各方能够基于统一的平台工
作，目前使用平台使用标段达到 43 个，人数达到 1355 个，为工程运营维护和资产管理打好
基础。

关键词：BIM；轻量化；工程建设管理；标准编制

1　工程及项目概况

引江济淮工程（安徽段）由长江下游上段引水，向淮河中游地区补水，是一项以城乡供水和发展江
淮航运为主，结合灌溉补水和改善巢湖及淮河水生态环境等综合利用的大型跨流域调水工程。输水干线
长 723km（其中安徽段 587.4km），自南向北划分为引江济巢、江淮沟通、江水北送三大工程段落，主要
建设内容包括输水（通航）河道工程、枢纽建筑物、跨河建筑物和桥梁、影响处理工程等。工程总投资
875.37 亿元，总工期为 72 个月，2022 年年底前主体工程基本建成，2023 年初开展航运、供水等工程联调
联动，2023 年年底基本具备验收条件。

引江济淮工程（安徽段）建设管理期 BIM 技术应用旨在将引江济淮工程（安徽段）建设范围内施
工管理涉及的进度、质量、安全、资金、合同、设计成果等业务数据从产生、传递到分析反馈各环节实
现可视化、结构化在线集成和发布，形成工程唯一共享数据源为参建各方实施数据服务，同时基于统一
的 BIM 平台开展基于 BIM 模型的碰撞检测、BIM 成果审查、配合精确工程量核算和辅助技术交底等相
关技术服务工作。其主要建设内容包括：BIM 实施办法编制；BIM 技术标准编制；引江济淮 BIM 管理平
台搭建；BIM 应用相关技术服务；BIM 培训服务；水利部水利工程数字档案电子签章接口；硬件环境建
设等。

2 项目特点及关键技术

2.1 项目特点

2.1.1 水利、水运领域 BIM 技术跨界应用

引江济淮工程 BIM 应用建筑物体量巨大、类型众多，总体要求高，涉及参建单位人员数目多，在这种背景下实践探索适合大型水资源配置工程从 BIM 实施应用推广到工程从点到面获益的方式方法是一种创新。

本项目通过 BIM 实施办法政策的强制推行，统一的 BIM 标准体系支撑，轻量化 BIM 平台的打造，基于 BIM 的可视化数据流管理，以及全面系统的基础、技术、使用、管理方面的培训，全新实践水利水运综合领域的 BIM 技术应用方式方法，成为首例跨水利、水运行业的 BIM 应用标志性工程。

2.1.2 自主产权的 BIM 轻量化平台首次在超大水利工程应用

本项目基于具有自主知识产权 BIM 轻量化平台进行开发集成应用，平台以 BIM 数据为核心，满足不同标段工程管理需要，支持将国内主流商用平台 BIM 模型可控地转换为自主设计的结构化和轻量化的加密 BIM 模型格式，通过自主开发的超大体量 BIM 引擎，实现在桌面和移动设备的浏览器中展现、操作、管理 BIM 数据，实现二维 + 三维、模型 + 业务的多维关联，保证了工程数据的安全，在行业具有极高的推广应用价值。

2.1.3 创建适合水利、水运综合领域的企业级 BIM 信息标准体系

引江济淮工程涉及水利、水运两个领域，目前水利行业 BIM 分项标准正在编制中，水运领域尚缺乏相关的 BIM 标准。通过本项目的实践，在充分研究国内外现行 BIM 标准的工作基础上，依据国家及水利水电行业相关标准、规范框架，结合引江济淮工程建设特点，扩展、细化编制符合水利、水运工程建设有关信息结构通则和指标体系的企业级 BIM 应用执行标准，通过项目的实践，不断丰富更新，填补行业水资源配置及航运工程 BIM 标准空白，条件具备时还可以转换升级为行业标准。

2.1.4 基于 BIM 创建管理平台，将管理与 BIM 技术跨界融合

工程项目管理核心是实现进度、质量、安全、资金、合同等综合控制，实现项目既定目标。项目执行过程基础数据的采集和利用是取决管理水平高低的决定因素，当前传统的管理过程数据还是基于文档、表单、隐形数据的流转。本工程提出实施基于 BIM 的建设管理，将 BIM 技术与管理进行融合，BIM 技术的引入，从源头解决了工程基础数据结构化问题，发掘了 BIM 技术应用的最终价值，BIM 也只有与管理深度融合才能创造工程效益，开创新的数字化、可视化管理，引领建设管理的新趋势、开创建设管理的新高度。

2.2 关键技术应用

2.2.1 BIM 与项目的结合度

2.2.1.1 基于 BIM 的沟通与协同

基于 BIM 的沟通与协同，将通过以下几个方面进行展示：

（1）协同管控，图 1 展现了引江济淮工程 BIM 技术应用的各参建单位间详细的协同关系及工作流程。

（2）辅助技术交底，利用三维可视化模型辅助技术交底，实现设计交底的快速性与准确性，使施工人员更形象、直观地了解复杂关键节点，有效提升施工质量和相关人员的沟通协作效率，避免因理解偏差造成工程损失。

（3）指导碰撞检测，建立结构模型和设备模型，通过设定相应碰撞检测规则，进行碰撞检测。根据碰撞检测结果，快速定位碰撞点，提交碰撞检测报告，解决各专业细部冲突，提前进行优化，减少返工，提高施工效率及质量。

2.2.1.2 BIM 信息的集成及传递

（1）根据引江济淮工程 BIM 技术标准体系，将模型几何和属性拆分，形成基础施工 BIM 模型。

（2）对模型进行轻量化处理及属性挂接。

（3）不断将建设期的动态施工信息赋予施工模型，形成动态施工 BIM 模型。

（4）借助 BIM 技术对施工成果进行集中展示。

2.2.1.3　标准化与质量管控

（1）编制引江济淮工程 BIM 实施办法。为有效推进引江济淮工程（安徽段）BIM 技术应用实施，完善引江济淮工程 BIM 技术应用的管理机制，制定了 BIM 实施办法，明确 BIM 技术应用的要求和各方职责，确保工作有序、准确、高效运转。保证工程数据的及时性、有效性、准确性，实现工程的数字化和精细化施工管理。BIM 实施办法是对传统工程建设管理方式的补充和完善，是以信息化、数字化技术管理工程建设过程的决心体现和能力体现。在未来其他工程推广应用 BIM 和数字化管理手段时，该实施办法具备推广、学习的价值。

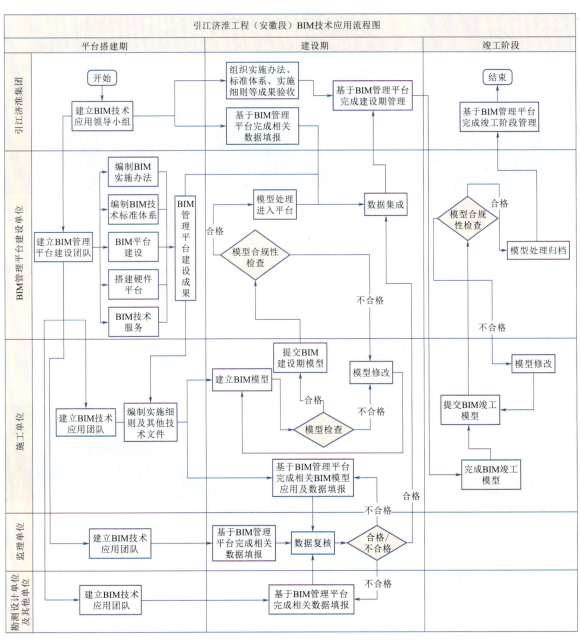

图 1　各参建单位协同关系

227

（2）编制引江济淮工程 BIM 技术标准体系。为保障 BIM 技术应用和工程建设协同展开，在充分研究国内外现行成熟的 BIM 系统管理和技术标准以及相关领域的先进实践，借鉴地方、团体、企业相关标准、规范、规程、导则、指南等相关优秀应用成果基础上，结合引江济淮工程重要枢纽、河渠工程、重点交叉建筑物的相关设计、建设资料，在国家及水利、水运行业相关标准、规范框架下，建立引江济淮工程 BIM 标准体系，可以有效规范 BIM 推广应用行为，实现各方协作和数据共享，保证工程 BIM 模型成果的统一性、完整性和准确性，对模型建立、模型传递、数据格式等进行规范化指导，满足工程全生命周期管理对模型数据的要求。

（a）　　　　　　　　　　　　　　　　　　　（b）

图 2　引江济淮工程 BIM 实施办法及标准体系

（3）BIM 成果审查。BIM 技术应用的实施会产生 BIM 模型成果，需确保这些成果符合实施工作需求，根据引江济淮工程 BIM 技术有关标准对项目建设期 BIM 模型进行合规性检查工作，保证模型成果的完整性、准确性和可用性。

 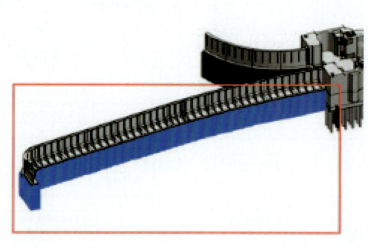

（a）　　　　　　　　　　　　　　　　　　　（b）

图 3　BIM 成果审查

（4）BIM 培训。为推进 BIM 技术在引江济淮工程中的应用，集约使用 BIM 培训资源，提升引江济淮工程全线各标段培训效果，由安徽省引江济淮集团公司 BIM 管理工作组牵头，组织制定 BIM 培训方案。通过技术培训，全面提升项目 BIM 实施人员的技术应用水平、工作效率及工作质量。

2.2.1.4 与项目实际的结合

引江济淮工程各施工单位根据各自项目特点，开展 BIM 技术的应用，解决项目实际中的问题，实例如下：

（1）二维码应用，淠河总干渠渡槽钢结构制作及焊接工程中以 BIM 模型为基础，二维码为信息载体，实现钢结构从原材料采购、加工、运输、拼装等生产的信息化管理。

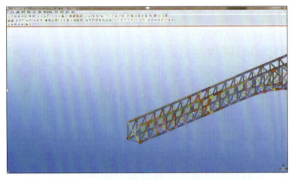 

（a）系统以 BIM 模型为基础　　　　　　　　　　　　（b）二维码为信息载体

图 4　二维码应用

（2）派河口泵站肘形流道钢模板施工工法模拟，建立模板的三维模型，对每套模板分段编号，以便现场安装，提高施工质量。

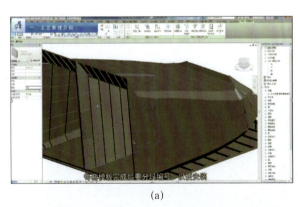 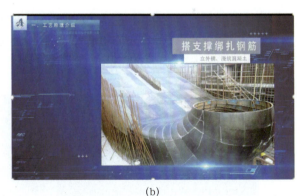

（a）　　　　　　　　　　　　　　　　　　　（b）

图 5　泵站肘形流道钢模板施工模拟

2.2.2　施工建设期 BIM 精细化管理

为实现引江济淮工程数字化、精细化管理，研发了引江济淮工程 BIM 管理平台，主要为工程建设期参建各方基于 BIM 开展进度、质量、安全、资金、合同、设计成果等管理业务，有效集成各类业务数据，实现可视化的数据资源共享。该平台是基于自主研发的水利水电 BIM 数据管理平台进行打造，以单元工程 / 分项工程为精细化管控的对象，进行可视化、集成化、协同化建设管理，推进基于 BIM 技术的工程监测、质量评定、安全检查、远程视频监控等在水利工程建设中的集成应用。

2.2.2.1　BIM 轻量化平台

引江济淮工程 BIM 轻量化平台，以 BIM 数据为核心，满足项目工点、单体及多标段数据管理需要。

平台原生数据转换工具将 BIM 模型可控地转换为自主设计的结构化和轻量化的加密 BIM 模型格式（.PBC 文件），通过自主开发的基于浏览器的超大体量 BIM 引擎、直接加载 PBC 文件。

支持超大体量模型的 BIM 引擎，实现在桌面和移动设备的浏览器中展现、操作、管理 BIM 数据，实现二维＋三维、模型＋业务的多维关联。

BIM 轻量化平台主要包括跨平台 BIM 模型轻量化导入、BIM 模型数据管理、BIM 模型操作、BIM+GIS 场景、二次开发应用等。

2.2.2.2 基于 BIM 的工程数据管理

基于 BIM 的工程数据管理系统包括基础数据管理、工程数据的管理和数据服务等功能。其中，基础数据包括：组织机构、人员、项目、编码等；工程数据包括：进度、质量、安全、资金等施工过程信息；数据管理与服务包括数据发布和数据接入功能。

（1）建立以 BIM 为枢纽的中央数据库。BIM 中央数据库，将各个集成阶段的资源和数据实现有效链接，将复杂的项目信息以数字化的方式表现出来，实现对与项目有关的数据参数进行共享、更新和管理，实现信息的一致性。

（2）建立基于 BIM 技术的工程项目管理模式。通过该模式可以实现对整个项目的动态控制，基于 BIM 技术下的工程项目信息管理模式的实现，能够对项目施工过程中存在的施工进度、工程成本控制、施工安全等管理所涉及的重要数据或信息也同样能实现可视化管理，以保证对整个项目的动态控制。进而提高施工质量、工作效率和科学管理水平，体现信息对工程项目服务的动态优化性。主要包括：机构管理、人员管理、项目管理、编码管理、基础数据服务、工程数据接入、工程数据发布等。

2.2.3 工程建设期的决策辅助分析系统

借助 BIM 的信息整合能力，对引江济淮工程施工过程信息进行统计和分析，充分考虑各业务间的关联和共享，建立各业务数据综合分析体系。基于基础库，对工程建筑物进行三维可视化表达，用户可以根据所选组织机构和所选受益单位检索各类建筑物的基本信息，查询各项目的建设概况。

2.2.3.1 BIM 工程数字门户

引江济淮 BIM 工程数字门户是引江济淮工程数据的集成和展现平台，通过对工程进度、质量、安全、资金等关键性数据和指标进行展示、分析和管理，能够帮助用户全面直观了解工程的总体建设情况，辅助不同用户完成工程建设管理工作。

图 6　BIM 工程数字门户

2.2.3.2 进度管理模块

支持多种格式施工横道图的导入，将施工进度信息集成在 BIM 模型上，可以进行进度模拟，以及计划进度和实际进度的可视化对比，实时展示工程进展情况，实现对工程施工进度的控制与优化。

（1）进度计划管理。在浏览器中采用基于关键路径法（CPM）的进度计算引擎，可通过横道图、网络图、时标概要图等方式直观展现项目进度情况，可以满足不同类型项目对进度管理的要求，模块本身具备完善的进度管理功能，且与 P3、P6、Project 无缝集成，支持快速导入。以 CPM 法生成项目网络图是工程管理中最常用、最有效的方法，是贯穿项目计划编制、跟踪始终的方法。项目计划是根据项目进度动态变化的，只有应用 CPM 算法按照统计周期进行更新，才能保持计划与实际进度的衔接。

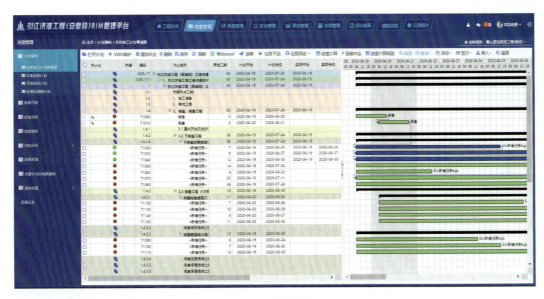

图 7　计划编制

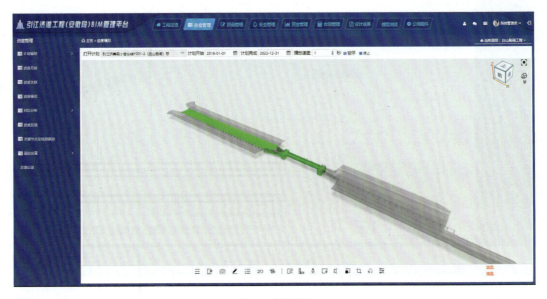

图 8　进度模拟

（2）实际进度管理。在实际进度上报时有两种方式：第一种是通过客户端或手机端根据固有格式填写；第二种方式是在进度管理模块中，直接填写完成百分比或完成量。

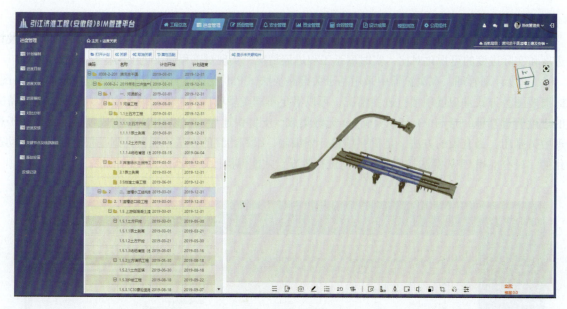

图 9. 进度关联

（3）施工进度对比分析。在实际进度采集之后，可将实际进度和计划进度在模型上进行可视化对比，已施工模型和滞后模型分别用不同的颜色表示，绿色表示超前，红色表示滞后，直观的帮助管理人员判断每个工作面的滞后情况，包括滞后天数和滞后工作量。在关键线路上的工作面，如果滞后天数大于其自由时差，则需要承包商制定赶工措施或调整其紧后工序的资源或进度，如果滞后天数大于其总时差，则对总工期将会带来影响，需要承包商制定赶工措施或调整进度计划，确保工期目标的实现。

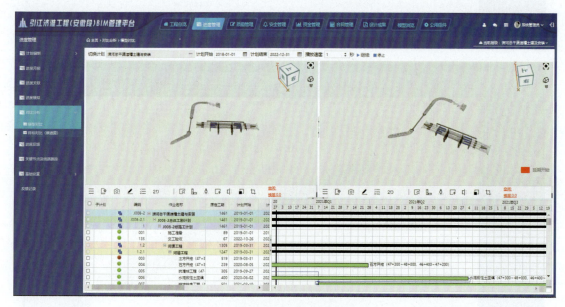

图 10 模型对比（计划与实际对比）

（4）关键节点及关键线路进度跟踪。通过对项目进展及项目关键绩效指标的统计分析，可判断项目执行情况的好坏，特别是关键节点和关键线路，通过不同颜色标识正常、预警、异常情况，分析其滞后风险，自动生成决策层关注的节点监控表。若计划与目标计划发生偏差超出预警值，或即将达到预警值，则自动发起进度警报，可以通过平台对监控的进度问题进行跟踪，在平台通知相关人员进行交流。

2.2.3.3 质量管理模块

根据现场质量管理需要,对部分质量评定表格进行了结构化处理,方便数据的统计、分析及管理应用,同时将质量信息挂接到 BIM 模型上,实现对质量结果进行实时展示,最终实现对现场质量管理的辅助决策作用。

(1)原材料检测管理。原材料检测管理包括材料设备进出场检验、原材料检验等。物资进出场检验即对供应商、承包商的物资进场进行全检或抽检,并记录检测记录、开箱检查记录表和随机文件等。项目部在收到物资进场申请后对需要进行抽检的物资组建抽检小组开展入场检验。原材料检验指将原材料的检验标准提前置入系统,在原材料抽检后将指标数据录入系统进行比对。

(2)质量管理过程文件。基于 BIM 的质量管理既体现在对建筑产品本身的物料质量管理,又包括了对工作流程中过程文件和技术质量管理。

图 11　质量过程文件管理

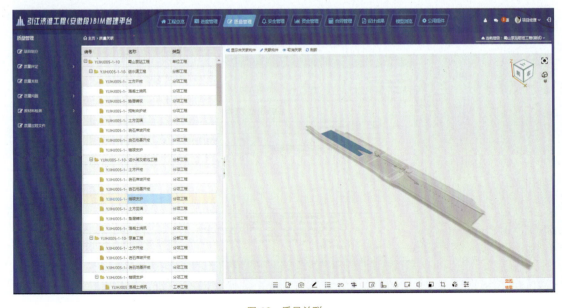

图 12　质量关联

233

（3）质量评定管理。在项目的验收评定过程中需要施工单位、设计单位、监理单位和建设管理单位发包人方共同参与。

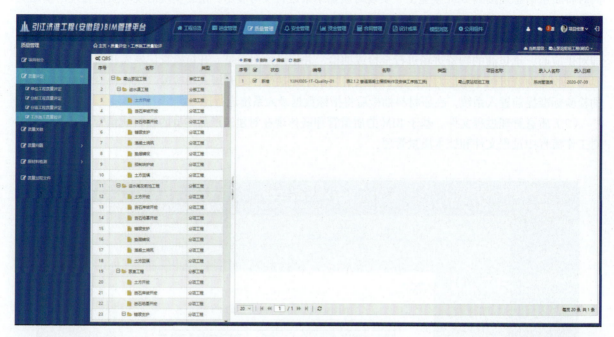

图 13　质量评定

（4）质量问题追踪。质量问题追踪是按照计划针对具体的质量检查项在施工过程中实际情况的全过程记载。发包人、监理在日常巡检或定期检查时都可通过质量问题追踪 APP 对现场的质量问题进行记录拍照并上传到服务器中保存检查记录，对于不合格的质量问题，在保存数据的同时可发送整改通知给监理和施工单位。

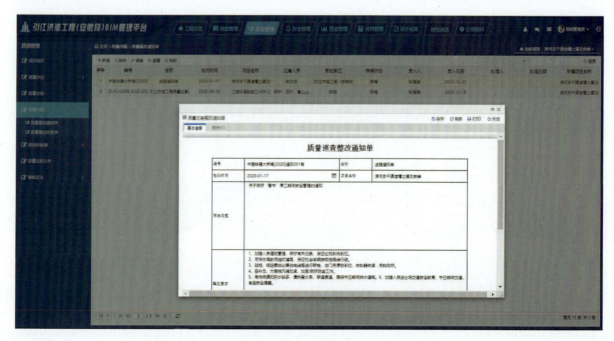

图 14　质量巡查整改通知单

2.2.3.4 安全管理模块

基于 BIM 的安全管理模块，采集录入安全管理相关数据，与 BIM 模型挂接，对工程安全情况进行实时展示，实现监测、监视信息的可视化查询，相关设备、设施位置在三维模型中可直接进行定位和交互式浏览，同时，可直观展现危险源的分布情况。

（1）危险源管理。危险源就是指那些可能会对人体造成危害的根源、状态或者行为。为了有效地控制危险，必须做好危险源的管理工作，根据工程现场情况和安全施工管理规定，设置引江济淮的危险源信息，如危险源类别、危险等级、危险点位置、安全交底信息及应急处置预案，从源头遏制危险的发生。

图 15　危险源信息库

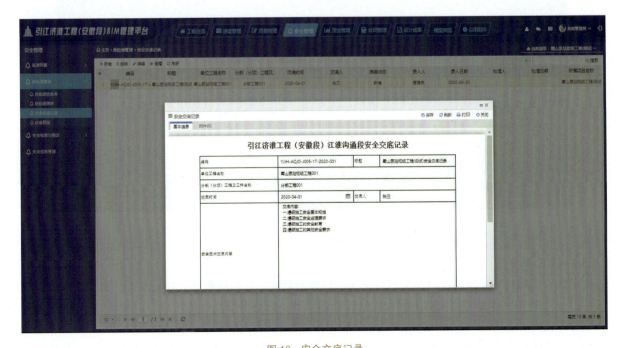

图 16　安全交底记录

（2）安全检查及整改。基于手机 App 和 PC 端的安全检查和整改，实现现场危险源的现场巡检记录、检查、整改、复查全流程管理。

图 17　安全隐患整改通知单

（3）安全文档分类。安全文档分类管理主要是针对前面所述的工程现场各类安全数据，如工程监测、预报预警、危险源等数据，对这些数据进行入库统计，定制开发相关台账记录和报表管理功能，实现相关报表的输出与整编。

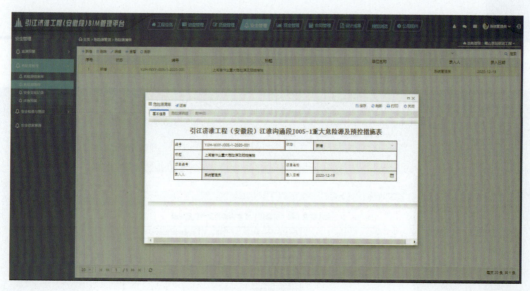

图 18　危险源清单

2.2.3.5　资金管控模块

资金管控模块主要是以项目批复总投资为总体控制目标，以项目概算为执行抓手，实现对项目投资的全过程控制和统计分析项目的工程过程结算费用以及中标合同价款，进行项目的投资完成比例分析，获取总体投资动态。

（1）资金计划。实现资金使用计划的流程化管理，根据引江济淮工程各项目标段，设定月度、季度、年度资金计划，并具备资金计划的调整和偏差分析等功能。模块将提供资金计划数据导入和录入功能，包括月度、季度和年度资金计划，资金计划数据由费控工程师负责按导入格式要求进行整理，导入后，费控工程师可以对概算内容进行编辑，编辑后的概算可以进行审批流转，审核通过后的概算将被锁定，内容不允许再做修改。当资金计划调整时，需要审核人员返回原资金计划，费控工程师重新调整。

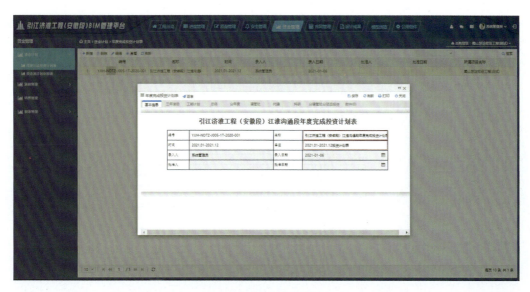

图 19　年度完成投资计划表

（2）变更与索赔。对于变更与索赔管理要固化审批流程，严控工程变更、合理索赔。发起者提出变更时应先对变更的原因、内容进行说明，对项目投资、进度、质量等情况进行评估，再根据审批权限提交监理或发包人进行审批。所有变更与索赔流程基于资金管理模块进行，每次变更索赔都要与结算相管理，可记录所有的变更记录，并能够导出、合并计算，统计各项目标段的变更索赔频次及费用等功能。

（3）报表管理。资金管理模块具有强大的报表管理功能，以资金管理内部相关数据为基础，可以从概算科目、工程分解结构、合同等多个维度汇总多种样式的分析报表，预定义各类资金报表模板库，根据需要自动生成各类资金报表，减轻报表整理的工作量。

图 20　支付情况汇总表

237

2.2.3.6 合同管理模块

合同管理是通过建立包括工程合同、采购合同、其他合同等所有类型的合同基本信息、合同费用对于项目费用的分摊、付款计划、合同付款记录以及合同付款费对项目费用的分摊、变更记录以及变更费用对项目费用的分摊、合同结算信息等实现对合同的全面管理。

图 21　合同管理

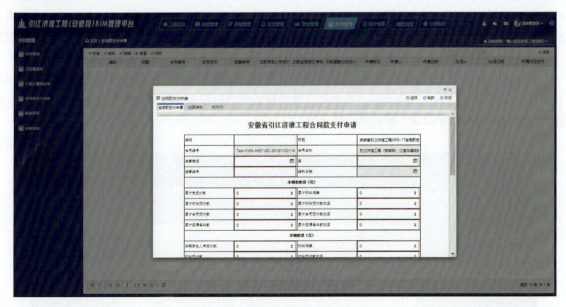

图 22　合同款支付申请

2.2.3.7　设计成果管理模块

将项目各标段的设计文档及图纸、BIM 模型、设计变更等进行统一管理，支持图纸及模型的在线审阅，实现变更申请、审批的线上操作。

（1）图纸及模型在线会审管理。系统支持对图纸和模型的在线浏览功能，且模型支持任意剖切。图纸和模型上传之后，可经过设定的流程进行会审，会审完成之后上传到该系统，且图纸关联相关模型。

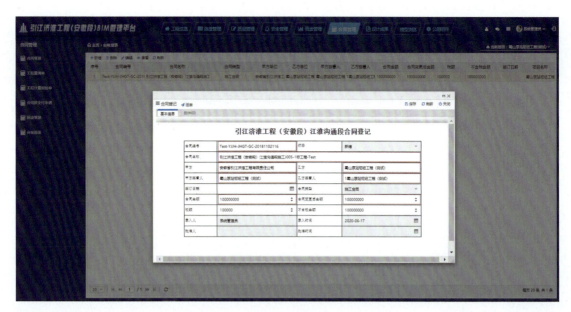

图 23　台账报表

由于可能某些模型对应多个专业的图纸，因此点击模型选择图纸时需要先选择专业，再弹出该专业相关图纸。

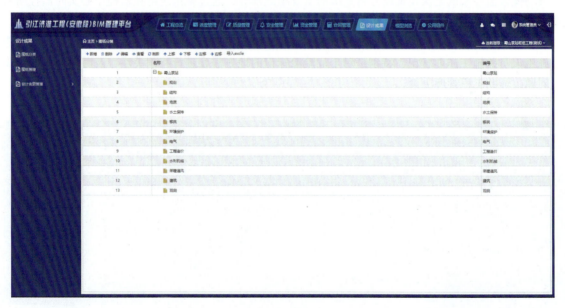

图 24　图纸分类

（2）设计变更管理。将已有设计变更按专业、建筑物、版本等进行归类，并与 BIM 模型关联，能够快速检索、浏览、下载。

（3）设计成果文件归档。所有的设计成果包括不同版本的图纸、变更图纸、变更方案、现场确认单等，参照 OAIS（ISO14721：2002）参考模型规划档案管理业务活动，遵照执行国家颁布的与档案管理有关的现有标准以及《电子文件管理细则》、中国档案著录规则等标准规范，保证电子档案信息在文档阅览、下载、打印、修改方面受到严格的安全保护，既满足用户的合理需求，又有效地防止电子档案信息的扩散、被篡改和恶意利用。支持多种结构与格式的档案数据管理检索。

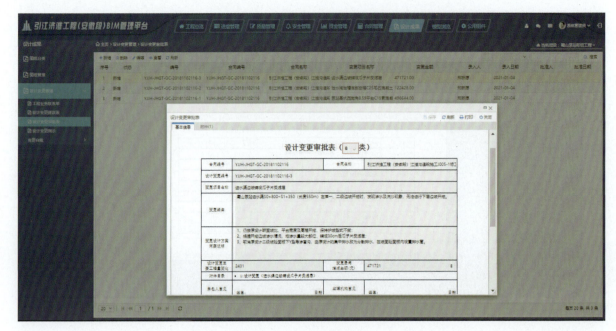

图 25　设计变更审批表

2.2.3.8　现场监控

现场视频监控系统是决策辅助分析系统的重要组成部分，通过该系统可在监控中心实时监控所有河道或泵站的施工情况，并根据空间位置与 BIM 模型进行关联，创建基于 BIM 模型的视频集成场景，可实时展现重点区域或典型区段工地现场的实景，及时跟踪工程现场的突发事件以及安全情况，实时查看现场施工人员的施工作业状况，特别是对于危险源标识的地方需要进行特别关注，及时发现可能出现的安全问题，辅助工程管理决策。

图 26　现场视频监控情况

集成现场人员、防疫物资、现场设备、现场材料、协调事项、工程投资、工程量统计、水雨情信息、设计供图、防汛专题、视频等功能，实现了工程数据实时上报，为各层级机构指挥决策提供了及时、可靠的数据支持。

图 27　移动 App

3　工程运行情况

项目于 2019 年 9 月启动，2020 年 1 月 6 日上线试运行，2020 年 4 月 15 日，完成平台部署，启用域名并正式运行。截至 2022 年 8 月，工程 43 个参建标段、1300 余人注册使用，涵盖业务对象 641 项，涉及业务管理数据 605 类（项），重点工程 BIM 模型 14 个。

4　应用成效及推广价值

4.1　引入 BIM 总体咨询，促进 BIM 技术应用有效、准确、高效运转

引江济淮为大型调水工程，参建单位众多，若不进行总体策划及过程控制，参建各方按照各自的理解进行 BIM 模型创建，将导致模型标准、应用方向、数据格式等结果不统一，这可能导致各方成果无法统一集成在一起应用。因此本项目引入 BIM 总体咨询，内容包括：引江济淮工程 BIM 实施办法编制；引江济淮工程 BIM 技术标准体系编制；BIM 模型合规性检查以及提供相关 BIM 应用的技术支持、咨询和培训服务等。

4.2　BIM 技术助力高效沟通、提高施工质量

引江济淮工程参建单位根据各自标段施工特点开展 BIM 模型应用，利用 BIM 的可视化及所见即所得优势，使参建各方的沟通协调更加高效便捷，施工流程、施工重难点、危险源、安全隐患等现场情

况一目了然，通过 BIM 模型进行直观的"预施工"，避免空间碰撞，保证施工技术措施的可行、安全、合理。

4.3   BIM 技术对建设管理的支撑

通过将单元工程作为精细化管控对象，进行项目进度、质量、安全、投资、合同、设计成果等可视化、集成化、协同化管理，推进基于 BIM 技术的结构风险监测预警、隐蔽工程数据采集、质量安全检查、远程视频监控等在水利工程建设中的集成应用；建立工程数字门户，集中展现工程进度、质量、安全、资金等关键性数据和指标，帮助参与各方全面直观了解工程的总体建设情况，辅助不同用户完成工程建设管理工作，使工程参与各方更加方便地进行工程精细化管理，为类似水利水电工程提供非常宝贵、可借鉴、可复制的实践经验。

4.4   基于 BIM 模型的数字化交付

随着施工进程逐步完善的 BIM 模型，对工程各个部位使用的材料及施工过程管理的全部信息进行集成，到竣工验收时，将形成一整套数据完整、模型一致、信息丰富的数字资产，为以后的工程运维提供海量数据仓库，为运维养护过程提供充足的数据和信息支撑，做到重点工程有对应的模型，模型有丰富的属性信息，为水利工程数字化、精细化管理提供有力支撑。

李藓   费胜   蔺志刚   执笔

滇中引水二期工程数字化协同设计应用

（中国电建集团昆明勘测设计研究院有限公司　云南昆明）

摘　要： 滇中引水二期工程是滇中引水工程的重要组成部分，二期工程将输水总干渠与受水区水源工程相连，形成水源可靠、丰枯相济的"滇中水网"和跨区域 / 流域的水系连通体系，提高区域水资源配置能力。项目构建了"一云一库三端 N 应用"的数字化设计协同平台，功能覆盖、文档协同、资源共享、设计工具、流程管控、产品交付等设计核心环节，形成了可推广应用的引调水工程数字化协同设计产品。

关键词： 数字化；协同设计；引调水工程

1　工程概况

滇中地区是云南省社会经济发展的核心区，同时也是水资源供需矛盾最为突出的区域之一。自 20 世纪 50 年代"引金济滇、五湖通航"的设想提出以来，滇中引水一直是云南人民孜孜以求的奋斗目标。国务院批复的《金沙江干流综合规划报告（2010 年 9 月）》《长江流域综合规划（2010 修订）》明确提出，向滇中引水是金沙江综合利用的任务之一。从金沙江虎跳峡河段引水，通过干支并用、以干强支，彻底解决滇中地区的水资源供需矛盾，改善高原湖泊及河道的水生态环境状况。

滇中引水工程是解决滇中高原经济区水资源短缺的根本途径和战略性水利基础设施，工程建设任务以解决城镇生活与工业供水为主，兼顾农业灌溉和河湖生态补水，是国务院要求加快推进建设的 172 项节水供水重大水利工程标志性工程。

二期工程是构建云南供水安全保障网的骨架性连通工程，将输水总干渠与受水区水源工程相连，形成水源可靠、丰枯相济的"滇中水网"和跨区域 / 流域的水系连通体系，提高区域水资源配置能力。

滇中引水二期工程共布置各级干支线路 170 条，其中干线 33 条，分干线 91 条，支线 46 条，涉及新建扩建调蓄水库 5 座，线路总长 1807.662km。共布置 619 个输水建筑物，其中管道 406 条 1260.915km，隧洞 83 条 204.937km，其余为倒虹吸、暗涵、明渠、渡槽及利用天然河道等。共设置提水泵站 54 座，总装机 222.874MW。共布置调蓄水库 5 座，总库容 5729.2 万 m^3。根据最新设计成果，二期工程动态总投资 436.305 亿元，总工期 70 个月。滇中引水二期工程划分为二期骨干工程和二期配套工程。

二期骨干工程涉及 5 个州市，共布置 9 条干线及 1 条隧洞（大黑箐隧洞），输水线路全长 114.29km，共布置 31 个输水建筑物，其中管道 13 条，长 38.61km，占线路总长的 33.79%；倒虹吸 4 条，长 4.35km，占线路总长的 3.80%；隧洞 11 条，长 69.81km，占线路总长的 61.08%；箱涵 3 座，长 1.52km，占线路总长 1.33%。共布置提水泵站 4 座，总装机 65.50MW。共布置调蓄水库 4 座，总库容 5199 万 m^3。工程静态总投资 105.37 亿元，工程总投资 107.21 亿元，工程总工期 70 个月。

二期配套工程涉及 6 个州市，共布置各级干支线 168 条，其中：干线 31 条，分干线 91 条，支线 46 条，线路全长 1769.052km。共布置 588 个输水建筑物，其中：管道 393 条总长 1222.305km；隧洞 72 条总长 135.127km；其余为暗涵、明渠、倒虹吸、渡槽，利用天然河道或现有输水系统 18 条；共布置提水泵站 50 座（新建 48 座，改扩建 2 座），总装机 157.374MW；新建调蓄水库 1 座，总库容 530.2 万 m^3。工程静态总投资 302.39 亿元，工程总投资 329.09 亿元，工程总工期 59 个月。

2 工程特点及关键技术

2.1 滇中引水二期工程特点

滇中引水二期工程由 33 条干线及其以下的分干线、支线组成，每条干线及其以下的分干线、支线相关的输水建筑物工程均为相对独立的工程，骨干工程相对规模稍大，配套工程以中小型工程为主。工程主要有以下特点：

（1）工程落点多，供水对象分散，受水区范围广，直接供水范围面积达 2.88 万 km^2[共涉及 6 州（市）36 县（市、区）235 乡（镇、街道），涉及改扩建水厂 59 座、新建水厂 53 座]。

（2）输水线路长，建筑物数量多，建筑物种类多 [输水线路总长约 1883km，共布置各类建筑物 600 余个，涉及水库、暗涵（明渠）、管道、倒虹吸、隧洞、渡槽、提水泵站等基本所有水利工程建筑物类型）]。

（3）交叉建筑物多，协调工作量大，与铁路、高速公路、国道、省道、乡村公路、管道（输水、输油、输气管道）、民用通信设施等交叉 760 余处。

2.2 解决方案

2.2.1 数字化协同

为提升设计质量，项目构建了"一云一库三端 N 应用"的数字化设计协同平台，平台功能覆盖、文档协同、资源共享、设计工具、流程管控、产品交付等设计核心环节，为数字化协同设计奠定了基础（图 1）。

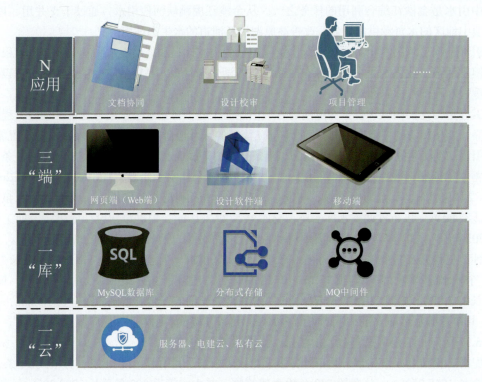

图 1 "一云一库三端 N 应用"的数字化设计协同平台

构建数字化协同平台的初衷是服务设计工程师，提高设计效率和质量。数字化建设是一个系统工程，如果单一从专业功能上进行建设，容易形成碎片化的专业功能应用，无法形成集成的数据应用体系。如果单一进行数字协同数据平台建设，一线工程人员无法享受到工具带来的便利，反而需要花费大量的时间进行数据的填报和流程衔接工作。数字协同平台难以推广应用。面对项目的多类别的需求，如果不对数字化协同平台进行持续的迭代，则无法完成对工程最强的适应性。因此，数字化开发还应该注意数据的融合和功能的结以适应实时的调整和开发的迭代，适应工程的各类需求。

从平台的建设上来看，数字化协同设计平台需要兼顾人、机、料、法、环各个环节（图2）。首先通过构建公共数据管理，打造各专业各部门之间的协同数据基础，消除信息孤岛。其次，数据协同环内的数据流动和文件资源需要遵循一定的标准，通过标准规范化数据和数据交换行为组织数据，保证在数据公共环境内进行流动。

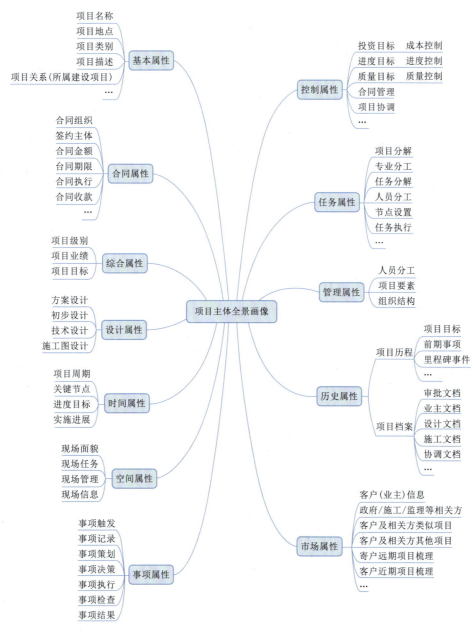

图2　项目主体全景画像

245

数据并不能直接成为设计产品，因此需要构件专业化标准资源，同时开发适应各种类型工具软件的插件，以调用标准化的设计资源和知识完成对工程设计的技术支持。最后需要从人员的角度落实管理培训两条线，以技术赋能设计的同时，完成管理业务流程再造，实现设计协同平台与设计工作的嵌入和赋能。

基于数据协同的方式，实现了从文件级协同到数据级协同的过渡。

数据级协同旨在打造公共数据环境（CDE），在此基础上形成公共数据模型（CDM）。通过找到专业间数据连接点，根据企业数字化标准，形成多元化工程数字化产品体系。

在公共数据环境打造部分，通过汇集基础数据库，包含项目数据、地理信息数据、基础数据，以及知识资源数据形成公共基础数据。公共资源数据是指与软件端功能实现关联的资源，包含模型库、设计插件、技术文件与CAD图集等。公共知识数据是指与设计能力相关的设计资源，包括程序、标准规范、技术要求、报告文档、体系文件、作业指导书、教学视频等。通过构建工程数字化应用企业移动门户和外部端门户，实现基础数据、资源数据和知识数据的用户资源的共享。对于管理的协同，通过嵌入设计校审系统，基于模型进行全流程的信息化管控，通过图纸报告在线浏览图纸与图模型关联实现数字化校审。

数据是贯穿工程建设寿命周期和企业生产管理的唯一互通介质，而数据级协同旨在打造基于我院不同业务板块内具有统一工程数据格式的管理数据库，实现底层数据的存储、转换并在不同设计软件间根据设计工作需要实现数据流转，最终可在开源平台上实现模型重构与集成，实现数据在统一行业领域的直接互通和在垂直领域的深化应用。基于数据级协同的方式可以保证数据的深化应用和快速迭代，是解决工程数字化设计的终极途径。

设计流程协同主要关注设计阶段上下游专业间的数据流转链路。着力于寻找上下游专业间的数据交叉点，实现数据联动，并据此开展并行设计，提高设计效率的同时，保证设计产品质量。

全寿命周期项目数据协同旨在实现数据从设计阶段向建造、运营阶段的流转，为建造系统和运维系统开发提供具有唯一编码的、适应不同需求建模精度的、几何与材料及建造属性齐全的数据基础。

数字化协同管理平台的开发需要明确不同业务板块的需求与行业应用场景，从几个关键技术出发精准发力，帮助工程师提升效率吸引工程师使用，拓展到单行业板块主要专业上下序贯通，最终实现不同业务板块根据自身业务特点和行业需求的数字化设计与项目管理的转型。

2.2.2 自主开发针对多元产品体系的生产工具集

自主研发生产工具集由GIS、GEOKD、AutoCAD、Revit、Inventor、Civil3D、Infraworks等软件构成的多层级、多维度工具软件二次开发，形成由一套数据驱动的多专业并行，数据驱动的数字化设计体系。

在公共插件部分，基于CAD开发了共享图源库功能，可以提供大样图、设计模板、标准化图集、图框、符号标注等的共享图源直接调用。同时将云南省16州市县行政单位的12.5m精度的地形图形成在线发布的数据服务，通过插件，即可发起对数据地形的共享服务。

基于Civil3D开发了协同式管理，即设计工具包含平面图，设计插件，可以控制点的桩号、线段编号、水流符号、控制点坐标自动生成数字库建库，包含挡墙、排水沟、路面、岩石、清水、台阶取水坝，隧洞各类隧洞类型的部件、公共库（图3）。同时实现纵断面的现行标准标签标准栏图例自动生成，以及纵断面图的尺寸标注，剖面填充，图例、工程量的自动生成。

基于Revit开发了构件共享超市、文件链接、虚拟资源、知识资源库轻量化交付等功能，同时将标高轴网图框模板，标注的模块实际意义的标准化，在参数化建模部分开发了隧洞批量建模、开挖支护土、钢筋图等快速出图等功能，通过底层互通功能解耦的开发技术，实现了专业算法对象化。

基于Revit自主开发水工、机电、隧洞、渡槽、桥梁、快速布置、标注、企业构件管理系统等1库7模块数字化设计插件。同时，形成滇中引水工程二期项目全参数化项目模板。通过录入设计关键数据，全局参数可以实现方案—模型—图纸联动生成及修改（图4～图6）。

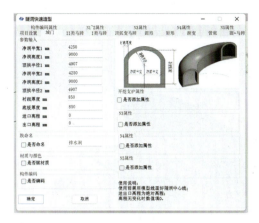
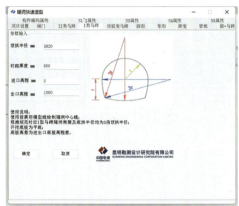

图 3　一键生成隧洞插件开发

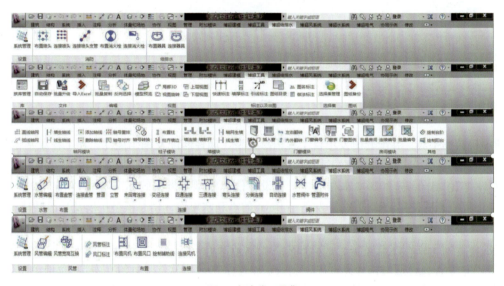

图 4　机电类工具集

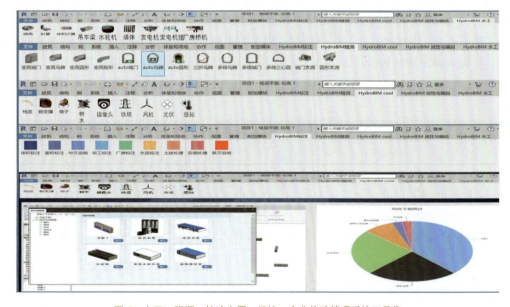

图 5　水工、隧洞、快速布置、标注、企业构建管理系统工具集

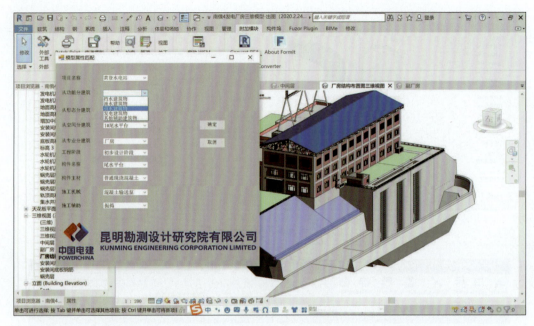

图 6　全参数化设计出图模板

　　构建项目数据字典,并配套研发项目工程信息模型,属性匹配及编码插件。在工程数字化模型的创建之初,进行模型属性匹配,并根据工程生命周期发展实现模型几何和属性的生长。

　　根据 T/CWHIDA 007—2020《水利水电工程设计信息模型分类编码标准》和 T/CWHIDA 009—2020《水利水电工程信息模型存储标准》,开发基于 Revit 的水利水电设计信息模型扩展及导出插件。导出 IFC 模型通过模型轻量化处理,可以实现工程数字化模型数据的跨平台交互应用。

　　针对滇中二期工程输水线路长,管线种类多,泵站数量多的特点,开发了管网恒定/非恒定水力计算模型、PCCP 等各类管道结构计算程序,以及泵站停泵水分析软件等计算工具 20 余项(图 7、图 8)。实现外部端的引水工程输水建筑物设计和结构分析的一体化,搭建了基于 Python 脚本。进行 CAD 模型处理,预计 CAD 接口的结构化设计平台,结合地形地质条件水文条件,将疏水建筑物结构设计、CAE 强度和稳分析,水利学仿真分析,工程量与工程造价概算集成。

　　搭建了基于 Python 脚本进行 CAD 模型处理与建立 CAE 接口的结构优化设计平台。结合地形地质条件、水文条件,将输水建筑物结构设计、CAD / CAE 强度和稳定性分析、水力学仿真分析、工程量与工程造价概算集成。

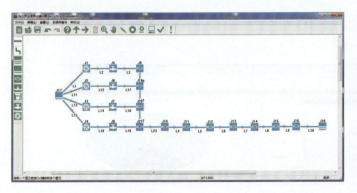
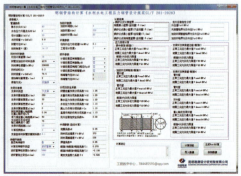

图 7　泵站、消能水力计算插件

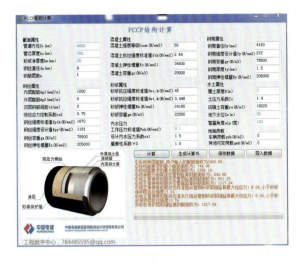
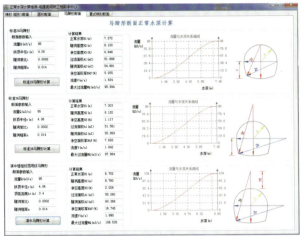

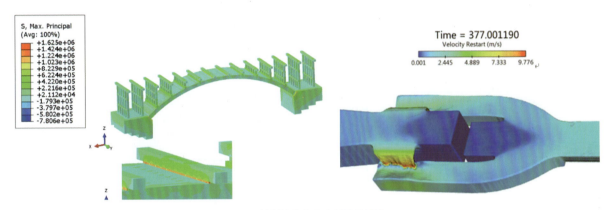

图 8　管材结构应力分析计算插件

生产工具集基于 GIS、GEOKD、AutoCAD、Revit、Inventor、Civil3D、Infraworks 等工具软件进行自主研发，形成由一套数据驱动的协同设计工具体系。通过自主开发数字化设计工具集，设计团队完成了全线，共 222km，81 座各类输水建筑物。

通过将校审意见通过列式回复跟踪一键式电子签名发布安全的电子签名管控与在线出图系统，形成设计过程闭环（图 9、图 10）。

工程所有设计产品全部通过产品信息填报—产品校审—出图章申请—四性检测—归档和模型文件电子归档。实现工程资料、档案、产品等的全过程数字化归档。归档后的数字化产品由企业工程数字中心统一进行汇集、整理、分析、提取，形成专业知识库、标准数字化产品库和典型工程轻量化浏览端，并发布在企业知识资源管理系统。工程所有设计产品全部通过企业信息系统，完成产品信息填报—产品校审—出图章申请—四性检测—归档和模型文件电子归档流程。

企业知识资源管理系统，收集和分析企业工程、管理及数字化产品。同时融合标准、文献、情报系统，通过企业职工专业画像和工程项目画像，为员工推送相匹配的知识资源。

自主开发项目级工程数字化应用 App（图 11），通过业主、合作伙伴、员工 3 个端口。业主端作为企业移动门户，为用户提供板块咨询、看板和板块负责人联系方式。合作伙伴端定期发布企业需求及合作意向，利于企业在项目前期开展合作。员工端融合探勘、设代、文档等功能，为企业数字化提供终端保障。

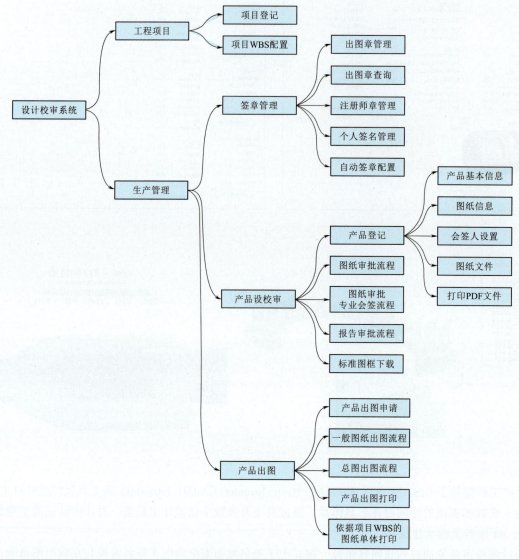

图 9 设计校审系统流程

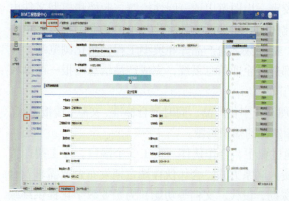

图 10 设计校审系统流程、二三维图纸校审

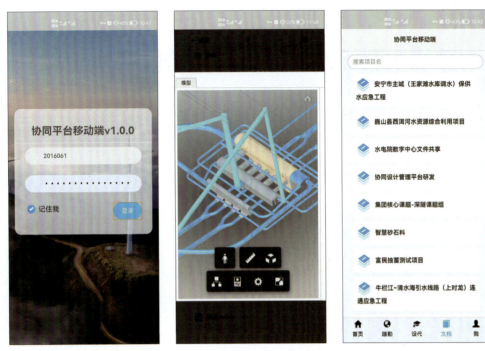

图 11 水利水电数字云 App

3 结尾

设计团队综合运用数字化设计手段，完成滇中引水二期工程设计任务，并将项目成果提升为以 BIM 为核心、数据驱动和网络协同为手段的面向应用的数字化设计体系和综合解决方案。

刘涵 王超 徐建 执笔

大藤峡水利枢纽工程大江截流数字孪生应用

（江河水利水电咨询中心有限公司　北京；广西大藤峡水利枢纽开发有限责任公司　广西贵港；

中水东北勘测设计研究有限责任公司　吉林长春；中国电建集团昆明勘测设计研究院有限公司　云南昆明）

摘　要：采用 BIM 技术对大藤峡水利枢纽工程施工截流方案进行建模，搭建模拟演示系统，实现虚拟环境下多种边界条件可视化，利于参建各方沟通协作；通过对施工进度的精细化模拟，提高项目进度保证率；对关键工序进行模拟，利于优化项目组织，提高施工质量；对关键工法、工艺进行可视化模拟，加深参建人员理解，发现潜在的安全、进度和质量风险，从而在安全和标准化作业方面为项目提供保障。

关键词：数字孪生；工程信息模型；BIM；GIS；模拟仿真

1　工程及项目概况

大藤峡水利枢纽工程位于广西最大最长的峡谷——大藤峡出口处，被喻为珠江上的"三峡工程"。该工程是国务院批准的《珠江流域综合规划》《珠江流域防洪规划》确定的流域关键控制性枢纽，是《保障澳门珠海供水安全专项规划》确定的流域水资源配置骨干枢纽，也是国家 172 项节水供水重大水利工程的标志性工程，总投资 357.36 亿元，计划于 2023 年 12 月完工。工程集防洪、航运、发电、水资源配置、灌溉等综合效益于一体，建成后将为粤港澳大湾区水安全提供坚实屏障。

本项目应用 BIM 技术对既有的施工截流方案进行建模，搭建模拟演示系统，实现在虚拟真实环境下的多种边界条件可视化，有利于参建各方的沟通协作。通过对施工进度的精细化模拟，可以使项目进度保证率提高。对关键工序进行模拟，有利于优化项目组织，提高项目施工的质量保证。对关键工艺、工法进行可视化模拟，有利于提高项目现场参建人员对施工工艺、工法的理解，发现潜在的安全、进度和质量风险，从而在安全和标准化作业方面为项目提供保障。将截流施工过程中的多种不确定因素在可视化环境下统一，为截流施工和决策提供保障。

2　项目特点及关键技术

2.1　项目特点

2.1.1　多种地理坐标系统统一

项目数字化地形从精度上可分为大场景区域数字地形资料和工程区域数字地形资料。工程区域数字地形资料亦可根据开工节点分为左岸和右岸地形资料。基于工程区域数字地形资料形成的放样和布置数据如轴线布置、道路布置、主要建筑物布置、渣料从提供方可以分为设计布置和施工方提供的施工临时布置。大场景地形资料、区域数字地形资料、设计布置资料和施工临时布置资料多采用非不同第地理坐标系统，且精度差异较大。因此多种地理坐标系统的统一与融合，包含未知自定义工程坐标系统的标准化映射是建立大场景 BIM+GIS 模型应用的基础。同时还要兼顾多种精度地理信息模型的分区域组合，从应用的角度出发，降低模型的体量，降低硬件负担，提升运行流畅度，并保证项目应用的准确性。

2.1.2　高精度围堰实体模型创建

围堰模型是典型的标准模型和非标准模型的结合体。围堰上部结构较为简单，但水下部分枯期围堰和戗堤部分与水下地形和进占进度规划有关。常见的建模软件对于标准模型和与地形结合较多的非标准模型都有成熟的解决方案。但是对于竖向剪切地形，横向根据时间轴精细化实体分割，分割实体信息独立存储，并具有光滑表面和较高进度的模型尚没有成熟的解决方案。因此枯期围堰部分的模型结构划分和模型创建都具有较大的难度。

2.1.3　工程建设过程动态仿真

数字孪生模型与常规 BIM 模型的区别是，数字孪生模型不仅进行模型体型建模，还需要对模型的动作、规则进行建模。截流 BIM 应用是从现场应用需求出发的建设过程包含构筑物、施工机具、人员行为的动态仿真的过程。截流过程中的数字孪生模型可以分为截流戗堤的进度仿真模型和现场施工车辆和施工过程的交通模拟和施工模拟。戗堤模型的动态仿真需要从影响截流的主要控制点进行模型创建，模型 WBS 分解和基于 Web 的工作协同和动态模型调整，并在模型得到的数据模型上进行系统辨识和数据洞察。施工车辆的模拟主要通过对施工车辆模型的运动规则进行定制和运动轨迹模型进行绑定。施工过程模拟通过对施工车辆和机具运动规则进行组合，形成数字化可进行寻优分析的数字化过程模拟。因此，截流 BIM 建模初期必须先完成基于 WBS 的模型结构分解，规划模型应用重点场景，创建基于模型的网络协同环境，并做好截流过程中的多元异构大数据的采集和融合。

2.2　关键技术应用

2.2.1　大场景模型创建

根据施工总布置图、施工详图，创建统一坐标关系的大场景 BIM+GIS 模型。在真实可视化场景中综合表达枢纽布置，有利于统筹考虑项目整体施工方案，并为后续工程数字化应用留下接口。将与截流相关的工程要素，如左右岸主要交通、岸边施工临时路、主要渣石料场、主要边坡和场地布置，以及左岸一期模型整合到场景中，形成 GIS 宏观区域与 BIM 精细模型为一体的大场景模型，综合展示工程总体规划及设计方案。图 1 和图 2 为 BIM+GIS 大场景模型。

图 1　BIM+GIS 大场景模型 1

图 2 BIM+GIS 大场景模型 2

图 3 为俯视视角 BIM+GIS 大场景模型，通过构建工程外围三维场景，可以大幅提升项目整体可视化效果，客观反映项目周边的建设、环境等情况。通过模型平移、点对校正等方式，实现 BIM 模型自由坐标系到地理空间真实坐标系的转换，确保 BIM 模型与三维 GIS 场景精确融合。

图 3 俯视视角 BIM+GIS 大场景模型

图 4 为一期左岸 BIM+GIS 大场景模型，包括左岸泄流底孔和纵向围堰等，一期围堰拆除后，二期导流围右岸，江水由一期建成的泄流底孔过流。

254

图 4　一期左岸 BIM+GIS 大场景模型

　　图 5 为料场左岸总体布置 BIM+GIS 大场景模型，主要包括左岸块石料暂存场、厂坝标备料暂存场、左岸明渠石料场备料暂存场等模型，通过三维可视化方式表达，使现场的布置一目了然，同时可为截流工程石料的运输模拟提供基础支撑，规划从料场到截流戗堤的交通路线。

图 5　料场左岸总体布置 BIM+GIS 大场景模型

2.2.2　截流建筑物模型创建

　　根据国家标准 GB/T 51212—2016《建筑信息模型应用统一标准》，从 BIM 应用策划的角度，结合施工阶段的模型深度划分，对模型的几何和非几何精度进行分解。以施工截流建筑物为核心，构建满足施工"五位一体"几何模型,即工序、进度、工序、工法模拟的几何模型,并添加与施工管理软件 P6 挂接的属性信息。同时,从几何表达、大场景漫游和方案复核角度构建场地、场景和建筑物模型。

依据施工详图,建立上游围堰戗堤可参数化分割 BIM 模型,并结合截流 BIM 应用的需求,对上游围堰戗堤 BIM 模型的颗粒度进行划分,共分为 5 个基本单位,以满足施工进度、施工工序、施工工艺、施工工法的模拟需要。上游围堰戗堤 BIM 模型如图 6 所示。

图 6   上游围堰戗堤 BIM 模型

依据施工详图,建立预进占分区 BIM 模型,并结合截流 BIM 应用的需求,对预进占分区 BIM 模型的颗粒度进行划分,共划分为 3 段,预进占分区 BIM 模型如图 7 所示。

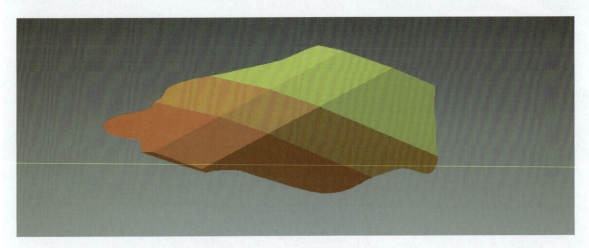

图 7   戗堤预进占分区 BIM 模型

图 8 为戗堤预进占分区 1 BIM 模型,预进占区截流戗堤抛投材料主要为石渣料,考虑抛填强度均衡要求以及截流戗堤各时段预进占长度及相应工程量,截流戗堤预进占分为 3 段,其中戗堤预进占分区 1 段长度为 55.4m。

图 9 为戗堤预进占分区 2 BIM 模型,其为戗堤预进占分区的第 2 段,长度为 70m,抛投工程量在 3 段中最大。

256

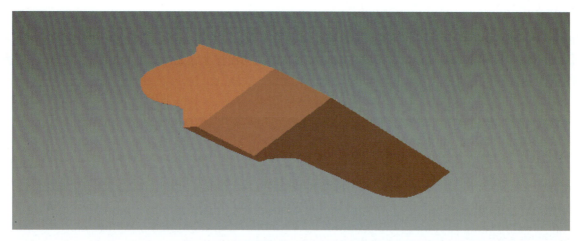

图 8　戗堤预进占分区 1 BIM 模型

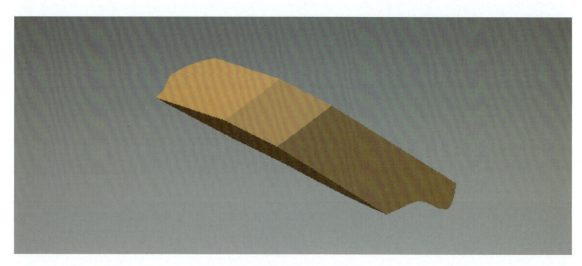

图 9　预进占分区 2 BIM 模型

图 10 为戗堤预进占分区 3 BIM 模型，其为戗堤预进占分区的第 3 段，长度为 60m，也是戗堤预进占分区的最后一段。

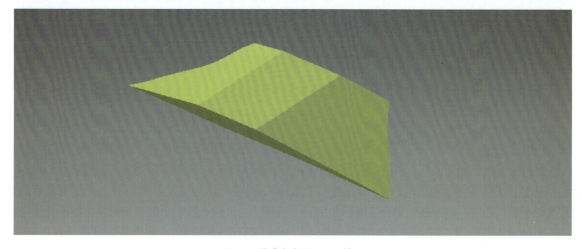

图 10　预进占分区 3 BIM 模型

依据施工详图，建立龙口分区 BIM 模型，并结合截流 BIM 应用的需求，对龙口分区 BIM 模型分解为龙口Ⅰ区和龙口Ⅱ区，对不同的龙口分区赋予不同的材质，龙口合龙需要 48h 内一次性完成合龙。根据设计蓝图及设计技术要求，龙口布置在纵向围堰右侧的河漫滩上，龙口宽度为 100m，龙口段按抛填料粒径分为 2 区，龙口分区 BIM 模型如图 11 所示。

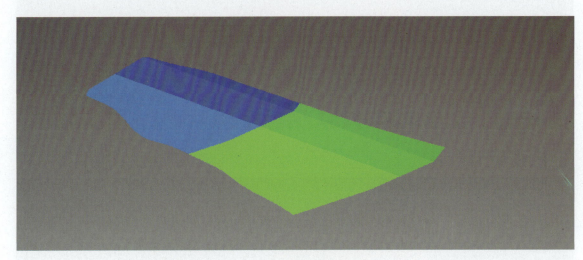

图 11　龙口分区 BIM 模型

图 12 为龙口Ⅰ区 BIM 模型，龙口宽 100～60m，抛投材料主要采用 0.3～0.7m 的块石混合料及人工料，并辅以一部分石渣料。

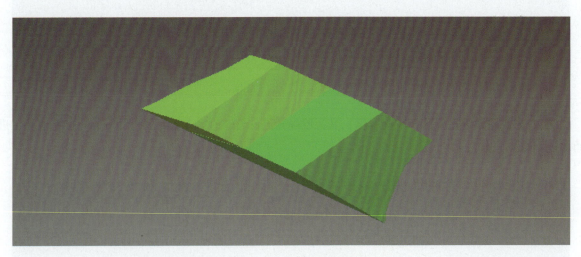

图 12　龙口Ⅰ区 BIM 模型

图 13 为龙口Ⅱ区 BIM 模型，龙口宽 60～0m，抛投料主要采用粒径 0.7m 以上的块石混合料及人工料，并辅以一部分石渣料。

依据施工详图，建立高程 29.87m 下围堰 BIM 模型，并结合截流 BIM 应用的需求，对高程 29.87m 下围堰 BIM 模型分别建模，包括水下砂砾石抛填（筛分）、混凝土防渗墙及盖帽混凝土、水下堆石抛填、上游围堰上部、心墙、防渗施工平台、纵向围堰、土工膜、土工膜连接墙、刺墙、右岸边坡混凝土盖板、固结、帷幕灌浆等模型，对高程 29.87m 下围堰不同分区赋予不同的颜色，便于后续应用，高程 29.87m 下围堰 BIM 模型如图 14 所示。

258

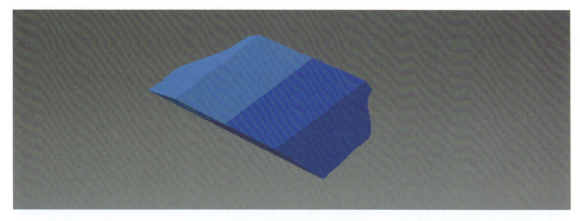

图 13　龙口 Ⅱ 区 BIM 模型

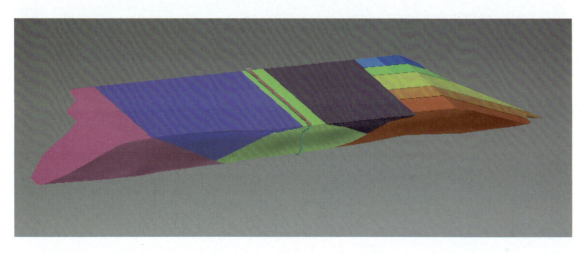

图 14　高程 29.87m 下围堰 BIM 模型

图 15 水下砂砾石抛填（筛分）BIM 模型，为便于防渗墙槽孔建造施工，防渗墙两侧各 5m 范围内，要求砂砾石料粒径小于 150mm，该部分砂砾石料需要进行筛分处理。

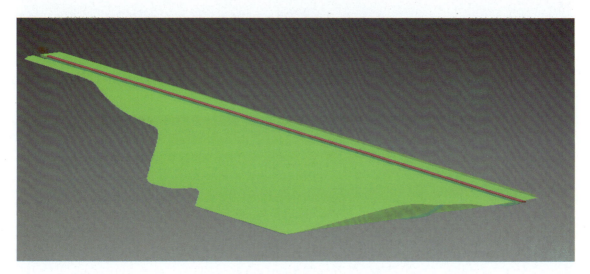

图 15　水下砂砾石抛填（筛分）BIM 模型

图 16 为混凝土防渗墙及盖帽混凝土 BIM 模型，挡枯水期围堰防渗结构采用塑性混凝土防渗墙型式，墙厚 1.0m。

图 16　混凝土防渗墙及盖帽混凝土 BIM 模型

图 17 为水下堆石抛填 BIM 模型，挡枯水期围堰填筑断面分 3 区，其中上、下游侧为堆石体。

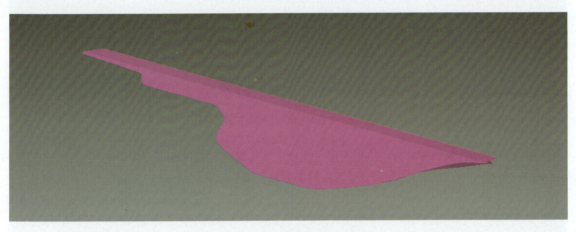

图 17　水下堆石抛填 BIM 模型

图 18 为水下砂砾石抛填 1（天然）BIM 模型，该部分砂砾石填筑料在料场开采后可直接填筑利用。

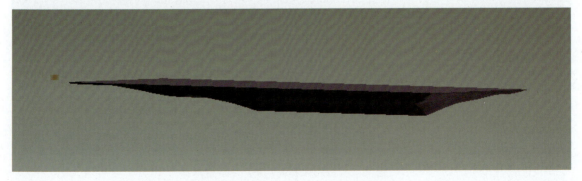

图 18　水下砂砾石抛填 1（天然）BIM 模型

260

图 19 为水下砂砾石抛填 2（天然）BIM 模型，挡枯水期围堰填筑断面分 3 区，中部为砂砾石填筑体。

图 19　水下砂砾石抛填 2（天然）BIM 模型

图 20 为上游围堰上部 BIM 模型，包括堆石体、土工膜等结构，挡枯水期围堰闭气后进行基坑排水，之后即可进行大汛堰体填筑，大汛堰体石渣填筑采用振动碾分层压实。

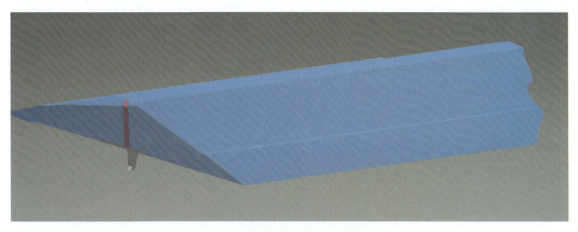

图 20　上游围堰上部 BIM 模型

图 21 为心墙、防渗施工平台 BIM 模型，挡枯水期围堰防渗结构采用塑性混凝土防渗墙型式，墙厚 1.0m。

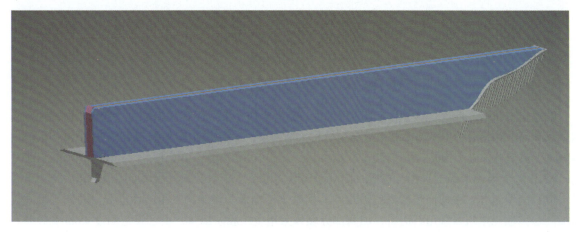

图 21　心墙、防渗施工平台 BIM 模型

图 22 为纵向围堰、土工膜、土工膜连接墙、刺墙 BIM 模型，土工膜采用"之"字形施工，褶皱高度应与两侧填反滤料厚度相同。土工膜施工时，尽量减少接头，单幅宽度大于 4m。复核土工膜按布、膜分别对应连接。土工膜接头采用焊接连接方式，双焊缝搭焊，搭接长度 20cm。

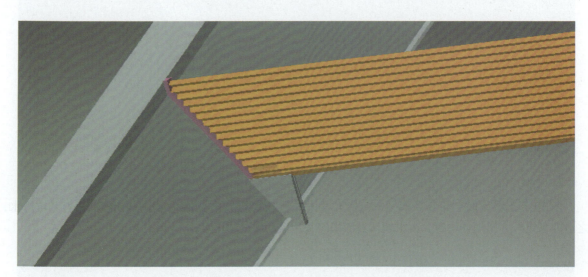

图 22　纵向围堰、土工膜、土工膜连接墙、刺墙 BIM 模型

图 23 为右岸边坡混凝土盖板，固结、帷幕灌浆 BIM 模型，用于右边边坡的防渗。

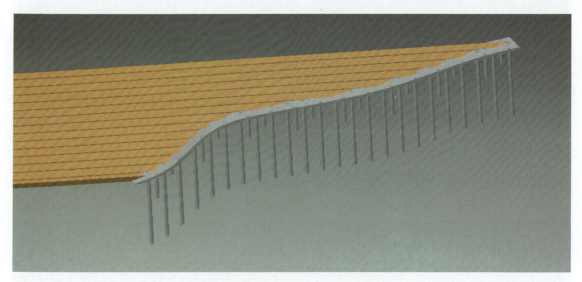

图 23　右岸边坡混凝土盖板，固结、帷幕灌浆 BIM 模型

依据施工详图，将建立的上游围堰不同部位模型整合成上游围堰 BIM 模型，二期上下游横向土石围堰整体断面结构均分为上下两部分，下部为挡枯水期围堰，对枯水期围堰进行加高形成上部挡大汛洪水围堰（上部蓝色部分），如图 24 所示。

图 25 为上游围堰纵剖视图，包括二期围堰与纵向围堰。二期上游挡枯水期围堰堰体，上、下游各设 1 道石渣填筑体，中间回填砂砾石填筑料。挡枯水期围堰防渗结构采用塑性混凝土防渗墙型式，上部加高堰体堰壳填筑料采用石渣料，加高部分堰体采用土工膜防渗体，土工膜两侧设 4.0m 宽砂砾石反滤料。

图 24　上游围堰横剖视图

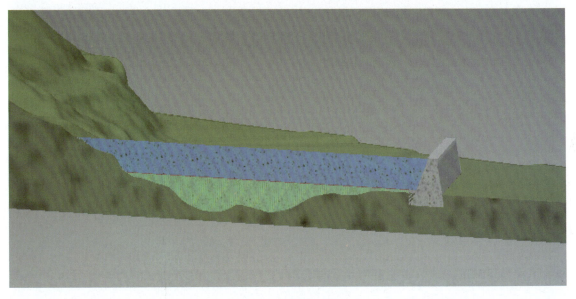

图 25　上游围堰纵剖视图

依据施工详图,建立下游围堰 BIM 模型,并结合截流 BIM 应用的需求,对下游围堰 BIM 模型分别建模,与上游围堰结构类似,包括下游围堰戗堤、水下砂砾石抛填（筛分）、混凝土防渗墙、混凝土盖帽、刺墙、下游灰岩区帷幕灌浆、水下砂砾石抛填 1（天然）、水下砂砾石抛填 2（天然）、水下堆石抛填、心墙、防渗施工平台、土工膜、土工膜连接墙、右岸刺墙、帷幕灌浆等 BIM 模型,对下游围堰不同分区赋予不同的颜色,便于后续应用,下游围堰 BIM 模型如图 26 所示。

图 27 为高程 28.85m 下围堰 BIM 模型,即挡枯水期围堰。挡枯水期围堰填筑断面分 3 区,其中上、下游侧为堆石体,中部为砂砾石填筑体。最先进行上游侧堆石体抛投进占施工,然后进行中部砂砾石填筑体抛投施工,最后进行贴坡堆石体抛投施工。

图 26　下游围堰 BIM 模型

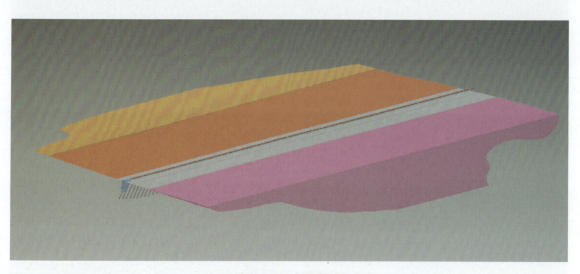

图 27　高程 28.85m 下围堰 BIM 模型

　　图 28 为下游围堰戗堤 BIM 模型，属于挡枯水期围堰的一部分，在下游侧施工时，最先进行上游侧堆石体抛投进占施工。

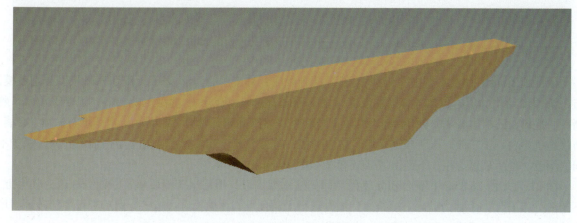

图 28　下游围堰戗堤 BIM 模型

图 29 为下游围堰水下砂砾石抛填（筛分）BIM 模型，水下抛填砂砾石分为两部分，为便于防渗墙槽孔建造施工，防渗墙两侧各 5m 范围内，要求砂砾石料粒径小于 150mm，该部分砂砾石料需要进行筛分处理，剔除 150mm 以上部分。

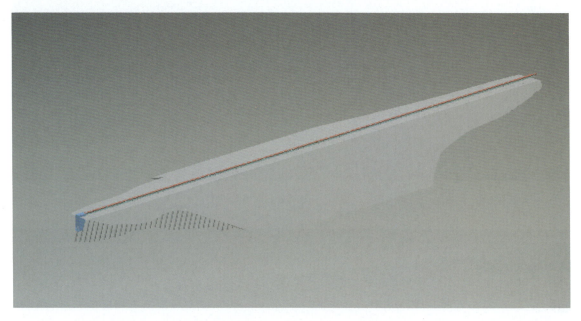

图 29　水下砂砾石抛填（筛分）BIM 模型

图 30 为下游围堰混凝土防渗墙、混凝土盖帽 BIM 模型，挡枯水期围堰防渗结构采用塑性混凝土防渗墙型式。

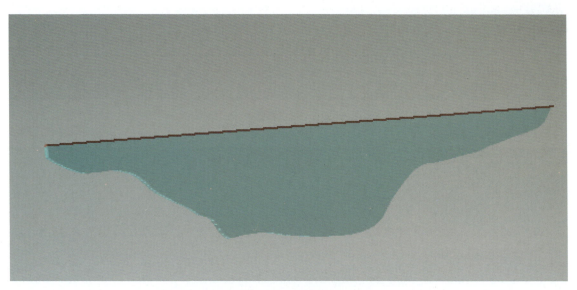

图 30　混凝土防渗墙、混凝土盖帽 BIM 模型

图 31 为下游刺墙 BIM 模型，用于阻滞水的绕渗，延长渗径。

图 32 为下游灰岩区帷幕灌浆 BIM 模型，用于右岸边坡的防渗。

图 33 为水下砂砾石抛填 1（天然），挡枯水期围堰填筑断面分 3 区，中部为砂砾石填筑体。

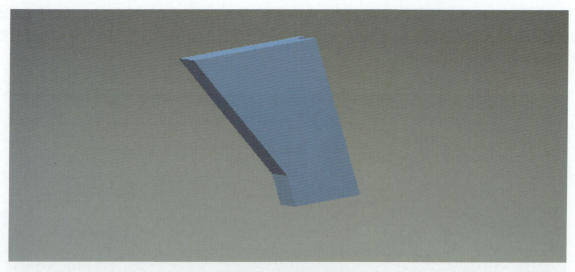

图 31　下游刺墙 BIM 模型

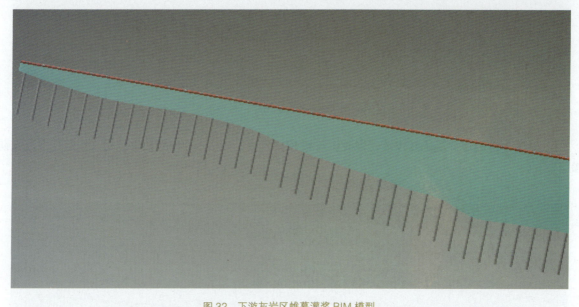

图 32　下游灰岩区帷幕灌浆 BIM 模型

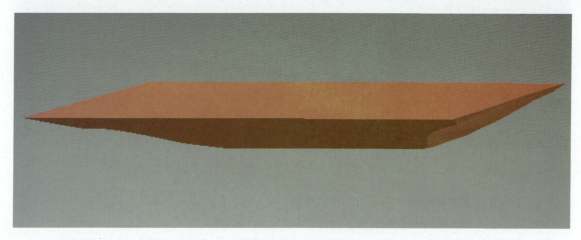

图 33　水下砂砾石抛填 1（天然）BIM 模型

图 34 为水下砂砾石抛填 2（天然）BIM 模型，该部分砂砾石填筑料在料场开采后可直接填筑利用。

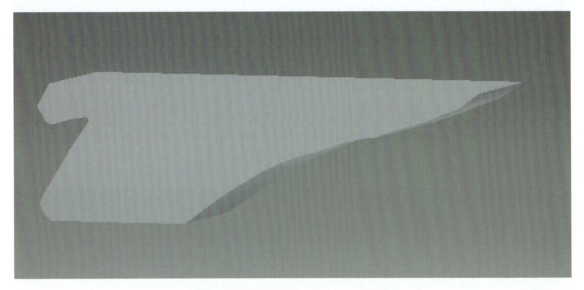

图 34　水下砂砾石抛填 2（天然）BIM 模型

图 35 为水下堆石抛填 BIM 模型，下游围堰最先进行上游侧堆石体抛投进占施工，然后进行中部砂砾石填筑体抛投施工，最后进行贴坡堆石体抛投施工。

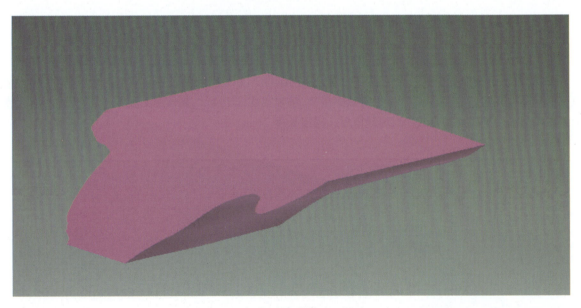

图 35　水下堆石抛填 BIM 模型

图 36 为下游围堰上部 BIM 模型，包括堆石体、土工膜等结构，挡枯水期围堰闭气后进行基坑排水，之后即可进行大汛堰体填筑，大汛堰体石渣填筑采用振动碾分层压实。在枯水期围堰顶部进行上部加高堰体填筑，形成挡大汛围堰。随着堰体升高填筑，完成土工膜铺设，最终达到围堰设计顶高程。

图 37 为下游围堰心墙、防渗施工平台 BIM 模型，挡枯水期围堰防渗结构采用塑性混凝土防渗墙型式，墙厚 1.0m。

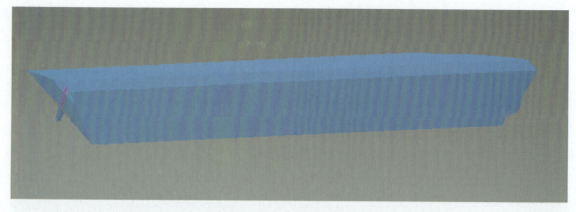

图 36 下游围堰 BIM 模型

图 37 心墙、防渗施工平台 BIM 模型

图 38 为下游围堰土工膜、土工膜连接墙、纵向围堰，土工膜采用之字形施工，褶皱高度应与两侧填反滤料厚度相同。土工膜施工时，尽量减少接头，单幅宽度大于 4m。复核土工膜按布、膜分别对应连接。土工膜接头采用焊接连接方式，双焊缝搭焊，搭接长度 20cm。

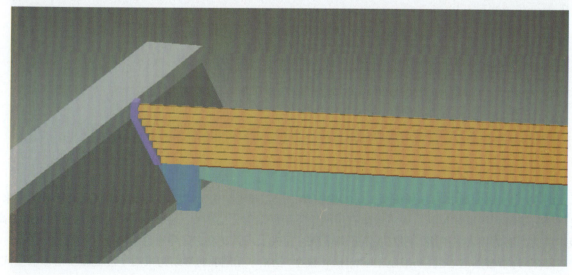

图 38 土工膜、土工膜连接墙、纵向围堰 BIM 模型

268

图 39 为右岸刺墙、帷幕灌浆 BIM 模型，用于右边边坡的防渗。

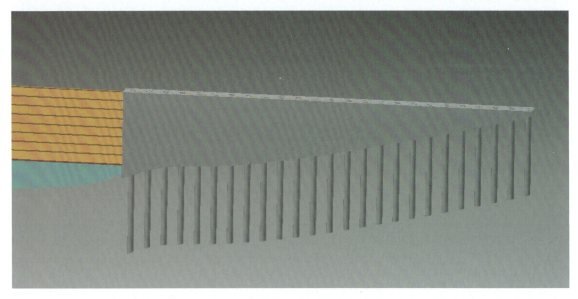

图 39　右岸刺墙、帷幕灌浆 BIM 模型

图 40 为下游围堰横剖视图，挡枯水期围堰填筑断面分 3 区，其中上、下游侧为堆石体，中部为砂砾石填筑体。最先进行上游侧堆石体抛投进占施工，然后进行中部砂砾石填筑体抛投施工，最后进行贴坡堆石体抛投施工。

图 40　下游围堰横剖视图

图 41 为下游围堰纵剖视图，包括二期下游围堰与纵向围堰。二期上游挡枯水期围堰堰体，上、下游各设 1 道石渣填筑体，中间回填砂砾石填筑料。挡枯水期围堰防渗结构采用塑性混凝土防渗墙型式，上部加高堰体堰壳填筑料采用石渣料，加高部分堰体采用土工膜防渗体，土工膜两侧设 4.0m 宽砂砾石反滤料。

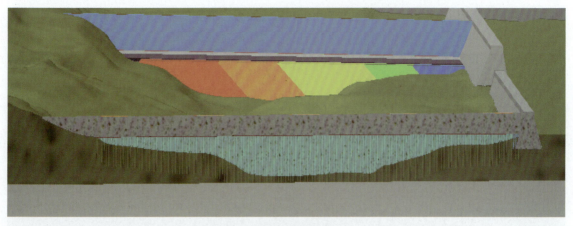

图 41　下游围堰纵剖视图

图 42　戗堤合龙综合模拟模型 1

图 43　戗堤合龙综合模拟模型 2

270

图44　场景施工机械综合模型

2.2.3　施工模拟

2.2.3.1　施工工序模拟

　　基于BIM+GIS技术,对二期围堰截流施工工序进行三维可视化模拟(图45、图46),主要包含以下工作:

　　在已有的施工组织设计和施工方案的基础上,发挥BIM的可视化、集成化优点,从空间分布、专业接口等方面入手,使复杂边界可视化,并对施工方案进行模拟复核,查找容易产生专业碰撞和潜在的安全、质量风险点,并为参建各方开展基于模型的施工管理和方案优化提供基础。

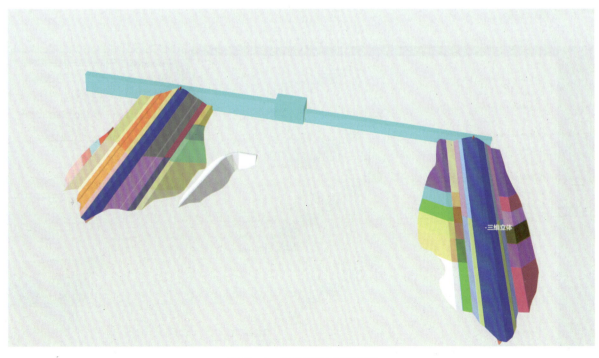

图45　上、下游及纵向围堰模型

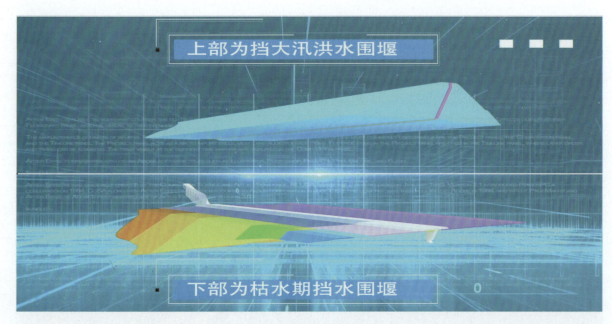

图 46　围堰施工工序模拟

2.2.3.2　施工进度模拟

　　用于施工进度模拟的模型需要对模型进行细化分割，并根据施工组织计划和施工截流方案，把进度计划表、P6 成果或横道图与模型进行关联，即将施工进度计划整合进施工图 BIM 模型，形成 4D 施工模型，模拟项目整体施工进度安排，对工程实际施工进度情况与虚拟进度情况进行对比分析，如图 47 所示，检查与分析施工工序衔接及进度计划合理性，并借助管理平台进行项目施工进度管理，切实提供施工管理质量与水平。根据时间轴创建一一对应的施工步，并对每一个施工分步的计划开始、计划结束时间进行配置，最后形成施工进度模拟成果。

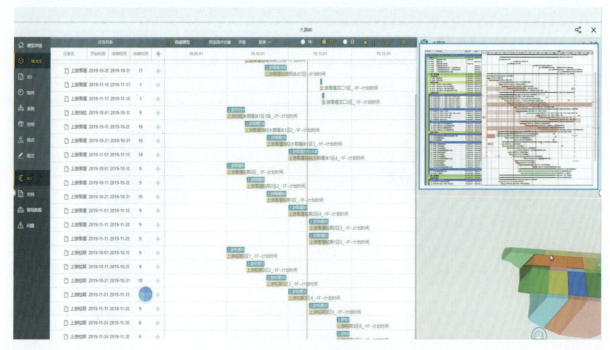

图 47　施工进度模拟

272

　　施工工艺模拟是对具体施工步骤的可视化表达，有助于参建各方理解施工工艺，提高现场人员对工艺的理解，实现从过程控制，提高施工质量，从而提高工程质量提高项目施工的标准化程度、降低质量和安全事故风险，见图48。

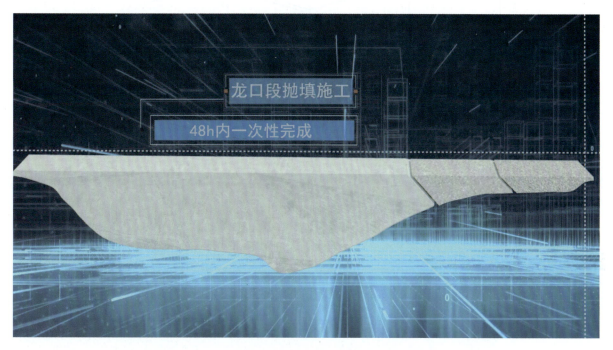

图48　施工工艺模拟

　　围堰戗堤预进占经过河床深槽段时，根据实际情况，择机抛投钢筋石笼。龙口Ⅱ区下游坡脚处设置两道60m长、4m宽的钢筋石笼拦砂坎，拦砂坎钢筋石笼单个尺寸为2m×2m×2m（宽×高×长），拦石坎大吨位钢筋石笼施工是难点。

　　钢筋石笼采吊装、陆地运输、存储以及吊车卸装至水上船舶，船舶运输至指定位置后采用浮吊吊装入水，进行水下安装施工的工法较为复杂，设计多部门多种施工机械，有必要进行BIM细化模拟。并对钢筋石笼的安装顺序，按照先护底钢筋石笼、后拦砂坎钢筋石笼，先上游、后下游，先左侧、后右侧进行模拟。

　　根据设计文件要求：钢筋石笼使用φ14mm钢丝绳连接成串，每个钢筋石笼边角处使用钢丝绳缠绕一圈，在钢筋石笼中部缠绕一圈。钢丝绳与钢筋石笼之间使用卡扣进行连接紧固，每个钢筋石笼约需使用4个卡扣进行紧固，保证串联后整体结构稳定（图49、图50）。

　　根据《大藤峡水利枢纽工程二期导流工程施工规划专题修编报告》及《大藤峡水利枢纽工程二期截流施工组织设计》，本方案梳理了可以作为施工工法模拟的工法对象如下：

　　（1）预进占施工工艺模拟。预进占方式采用全断面推进法，当戗堤龙口口门宽286～130m时，口门最大流速1.59～3.44m/s，采用堤头全断面推进法。当戗堤龙口口门宽130～100m时，口门流速3.44～3.76m/s，随着口门的束窄，流速逐渐增大，抛投的石渣料开始流失，为了减少石渣料流失，堤头需增加一部分大块石料（图51）。

　　当堤头稳定时，自卸汽车在堤头直接向龙口抛投，控制自卸汽车后轮距堤端1.5～2.0m。

　　当堤头已抛投材料呈架空或堤头稳定较差时，自卸汽车距堤头5～8m卸料，每集料3～5车后用大马力推土机赶料推入龙口。

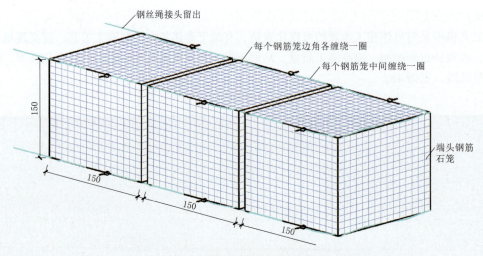

图 49 钢筋石笼施工工艺模拟 1

图 50 钢筋石笼施工工艺模拟 2

当堤头顶面或坡面出现裂缝或局部失稳迹象时，自卸汽车装大块石距提头 4～5m 直接抛投冲砸不稳定的坡面，使坡面变缓而稳定。

当堤头稳定时，自卸汽车在堤头直接向龙口抛投，控制自卸汽车后轮距堤端 1.5～2.0m。

（2）龙口施工工艺模拟。截流困难区段和高水力学指标下，可采用"上游挑脚、下游压脚、交叉挑压、中间跟进"的进占方法和"钢筋石笼群连续串联推进"技术。

视龙口水力学指标情况，确定堤头采用单排或者双排钢筋石笼群连续串联推进工艺。

采用钢丝绳将连续直线布置的钢筋块石笼首尾相连，连接成连续直线串联的钢筋块石笼群。采用大功率推土机进行钢筋石笼群连续串联推进。在龙口堤头上游侧，采用钢筋石笼串，连续直线推进形成稳定上挑角。在下游侧采用连续串联的钢筋石笼群直线推进压脚。单向交叉挑压，可以在戗堤上、下游底部可以形成可靠串联钢筋块石笼拦石埂，使戗堤中部形成滞流区，中部可采用中石混合料快速进占（图 52）。

（3）拦砂坎与护底钢筋石笼施工工艺模拟。龙口处河床为平整光滑的岩面，为减少龙口处抛投料流失量，考虑在龙口下游侧河床设置钢筋石笼拦石坎，对河床进行加糙。对纵向混凝土围堰基础采用钢筋石笼进行防冲刷保护（图 53）。

图 51　预进占施工工艺模拟

图 52　龙口施工工艺模拟

图 53　拦砂坎与护底钢筋石笼施工工艺模拟

275

2.2.3.4 施工工法模拟

施工工法模拟是针对施工机具的可视化表达，用以指导和优化施工机具的使用。提高施工人员对于施工机具使用的理解，规范操作，预防由误操作和理解不到位造成的损失和安全风险。

根据《大藤峡水利枢纽工程二期导流工程施工规划专题修编报告》及《大藤峡水利枢纽工程二期截流施工组织设计》，梳理可以作为施工工法模拟的工法对象如下：

（1）预进占施工设备运行模拟。进行预进占施工设备运行模拟，在软件中导入包含截流施工设备运行路线及截流施工相关设备信息的图纸，设置与实际预进占施工设备相同外形尺寸、相同转弯半径的模拟施工设备，按照预先的截流方案，对施工设备的运行轨迹，出发时间间隔等情况进行模拟（图54）。

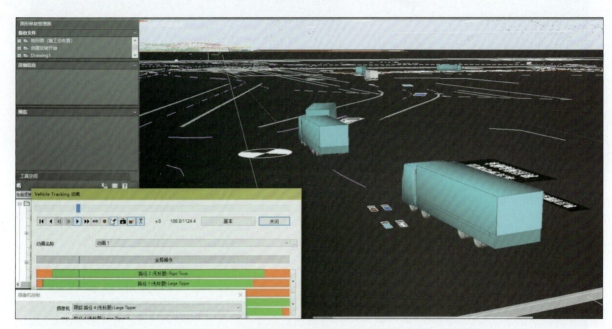

图54 预进占施工设备运行模拟

（2）龙口施工设备运行模拟。

图55 龙口施工设备运行可视化模拟

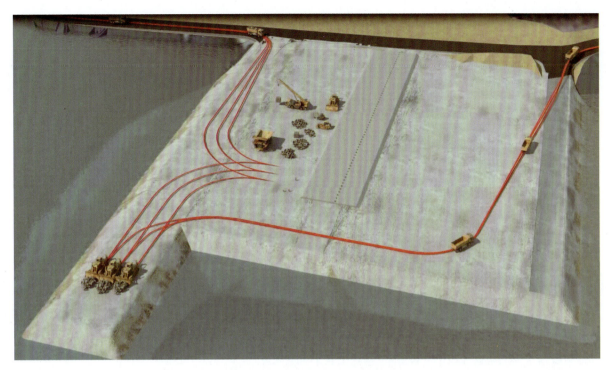

图56　龙口施工设备运行三维模拟

施工机械是施工过程进度控制边界、场地控制边界、人员、设备、材料和仿真时钟的关联表现因素。因此，通过准确的施工场地及施工道路建模，将施工工程车辆，在本项目中以自卸汽车为主，录入准确的车辆轴距、宽度、转弯半径，并在施工限制时速下，模拟了施工进占阶段、龙口施工阶段车量运行轨迹。得出以下结论：

1）三点卸料时，每三车为一个编组，组内车辆在等候区的前后车发车时间应滞后至少50s，并且遵循"先进场车辆在远位置倒车"的原则。

2）前后两个车辆编组应滞后3min发车。

3）三点卸料时，每个卸料点的保证抛投车次为20车。

3　应用成效及推广价值

本项目的实施提高了工程施工效率，有效促进了大藤峡工程大江截流重大节点目标提前完成。项目采用基于BIM技术的"五位一体"施工截流方案模拟。即建立一套模型、进行5个方面模拟，包含施工场地综合布置、施工进度模拟、施工工序模拟、施工工艺模拟、施工工法模拟。将截流施工过程中的各种不确定因素在可视化环境下统一，结合BIM+GIS平台化建设管理，可为类似工程截流施工和决策提供保障。

李鞞　刘涵　朱晓斌　执笔

GIS+BIM 技术在汉江新集水电站智慧工程建设管理中的应用

（长江勘测规划设计研究有限责任公司　湖北武汉）

摘　要： 本信息化成果旨在构建一套基于 GIS+BIM 的三维可视化智慧工程建设管理系统，形成从企业到项目，再到标段的多层级可视化建设管理系统。通过构建数据中心、综合数字信息平台和 GIS+BIM 模型，实现各种工程信息的整合与数据的共享，并在工程整个建设期内，实现综合信息的动态更新与维护，为工程决策与管理提供信息应用和支撑平台。该系统适用于水利水电工程全过程信息化建设管理，已产生显著的社会经济效益。

关键词： 水利水电工程；GIS+BIM；智慧工程；信息系统

1　项目概况

新集水电站位于汉江中游河段，湖北省襄阳市境内，Ⅱ等大（2）型，装机 120MW，总工期 40 个月，工程于 2020 年 12 月开工。新集水电站三维 GIS+BIM 智慧工程建管服务项目于 2020 年 7 月签订合同，2021 年 4 月建管功能模块全部上线，现场部署了一个 5 人实施小组，服务对象涵盖业主、施工、监理、设计、第三方检测共计约 100 人。建管系统基于三维 GIS+BIM 平台，分为 Web 端和 App 端，涵盖建设管理的安全、质量、进度等 9 大建管领域。本项目施工期 BIM 应用的核心思想是围绕工程建设管理的最小单元——单元工程，通过与 BIM 模型挂钩，继承从设计阶段提供的基础信息，结合 GIS 信息技术，服务于进度、质量、安全、计量到最后电子归档的全过程，在这个过程中，始终以 GIS+BIM 模型作为枢纽，继承工程建设各项环节的信息，最终满足工程竣工后数字交付的需求。

2　项目成果主要功能及创新概述

首先，在应用标准方面，制定了《施工期 BIM 建模标准》，规定了初步设计、施工图设计和竣工移交三个阶段的建模深度要求，为工程 BIM 模型提供了统一的模型命名和编码要求。在这个标准中，着重规定了单元工程 BIM 模型在施工阶段进度、质量、安全、计量多个领域的属性信息。对应到数据库层面，构建了《数据库标准》，规定了单元工程挂接 BIM 模型关系数据库和 BIM 模型数据库的范式要求。进一步的，针对工程建设过程中单元工程划分后发生变化的问题，开发了 BIM 模型的快速自定义剖分工具，以快速响应 BIM 模型的变化协调问题。

第二步，构建了 BIM 模型的管理平台，服务于 BIM 模型的不同版本存储，以及 BIM 模型与工程结构的挂接，通过工程结构目录树可实现双向访问。同时，在所构建的三维 GIS+BIM 工程建管平台上，可以实现同专业的 BIM 模型整合、跨专业的 BIM 模型整合、GIS 三维地形与 BIM 枢纽建筑物，以及地貌影像倾斜摄影模型的信息整合，并通过 AR 增强现实技术，利用空间定位技术和 BIM 模型，实现现场实地预览完工后的工程面貌。

在具体的施工 BIM 应用方面，对于质量领域，提前完成单元工程的评定表配置，可以在移动端依托 BIM 模型实现单元工程的质量验评信息流转和查看。在安全管理方面，移动端利用定位技术，结合 BIM 模型 VR 应用，对接近危大工程、临边工程的作业人员进行提醒和安全作业指导。在进度管理方面，通过单元工程模型挂接，进度分级编排，依托 App 端的现场实际进度填报反馈，最终实现施工面貌的 BIM 三维可视化展示，并对滞后的相关作业进行高亮展示。在工程计量方面，通过施工合同登记，依托单元工程 BIM 模型的量项挂接，基于单元工程的计量签证，最终实现结算月报的自动生成。在大体积混凝土测温方面，以电站泄水闸为例，依托 BIM 模型进行三维可视化的测点标定。在安全监测方面，依托 BIM 模型，展示三维环境下的测点位置和相关监测数据，并提供预警提醒。

3　与当前国内外同类项目的综合对比

水利水电工程作为国家重大基础设施建设领域，既是我国国民经济的支柱产业之一，同时由于投资规模巨大、建设工期较长、技术较为复杂，也是一个质量、安全事故多发的高危行业。传统工程建设行业存在人工依赖度高、数据采集分析难、利用率低等一系列痛点。为了解决工程建设管理中的诸多难题，利用信息化技术在工程管理与控制中逐步达到统一、高效、及时、便捷的目标，最终实现工程智慧化；将工程建设管理中的安全、质量、进度、合同等信息统一集成，实现可视化的管理与分析决策，建立有效的质量、安全预警及整改处理机制，结合当前物联网、大数据、云计算等先进信息化技术，构建以数据驱动的自动感知、自动预判、自主决策的"智慧工程"管理平台，是工程建设管理的发展趋势。

在水利水电领域，大规模采用专业信息化管理系统始于三峡集团为三峡工程所构建的 TGPMS 系统，主要功能包括进度、质量、合同、投资、采购等管理模块。在溪洛渡水电站建设的过程中，在此基础上新增三维展示、模型仿真等功能，创建了特高拱坝全生命周期的大坝全景信息模型 DIM（Dam Information Modeling），并基于该模型建立了参建各方信息共享、协同、交互的智能高拱坝建设信息化平台 iDam（Intelligent Dam Analysis Management），并在随后的乌东德、白鹤滩水电站的建设过程中进一步丰富完善，从而形成了集混凝土施工、混凝土温控、智能灌浆、安全监测等为一体的"智能大坝"建设管理系统。国家能源集团大渡河流域开发公司在双江口水电工程的建设过程中大力推进工程建设信息化，通过运用全生命周期等项目管理最新理论和技术，建立自动感知、自动分析、自动预警、自主决策的管理体系，以三维可视化单元工程为载体，实现水电工程基建项目进度、质量、造价、安全、环保水保的"五控制"目标管控，以及通过对单元工程计量签证的严格把控，实现质量、成本、进度"三统一"管理，为业主、设计、监理、施工、供应商、科研单位等项目各参与方提供高效的信息协同共享平台。华东勘测设计研究院为满足 EPC 模式下杨房沟水电站建设管理需求，研发了一套基于多维 BIM 的工程数字化设计和施工管理一体化系统，杨房沟水电站设计施工 BIM 管理系统是在 BIM 技术理念的指导下，为杨房沟水电站设计施工总承包建设期内的（设计、进度、质量、投资等）项目信息进行数字化的收集、整理，形成信息共享的平台，打通项目管理信息流通的数字化渠道，降低信息分享的成本，为工程项目的建设管理水平的提高提供创新驱动力。

本信息化成果旨在构建一套基于 GIS+BIM 的三维可视化智慧工程建设管理系统，形成从企业到项目，再到标段的多层级可视化建设管理系统。通过构建数据中心、综合数字信息平台和 GIS+BIM 模型，实现各种工程信息的整合与数据的共享，并在工程整个建设期内，实现综合信息的动态更新与维护，为工程决策与管理提供信息应用和支撑平台。

4　已获工程项目的科技成果、专利、奖项等

《GIS+BIM 三维可视化智慧工程建设管理系统》获得全国优秀水利水电工程勘测设计奖；在类似的信息化技术创新方面，申请多项专利，涵盖了信息化实用新型专利、发明专利、软件著作权等；并多次获得建筑信息模型 (BIM) 大赛一等奖。

5　已获社会和经济效益等

利用信息化技术，建设服务于新集水电站智慧工程建设的 GIS+BIM 信息化综合管理系统，在工程建设期获取准确全面的信息并进行直观展示，对项目的进度、质量、安全、投资以及施工现场进行实时掌控，促进工程规范化、精细化管理，提高工程建设管理的智慧化水平，同时，为公司自有项目提供信息化服务，降低项目管理成本和风险。

6　附图及工程照片

图 1

图 2

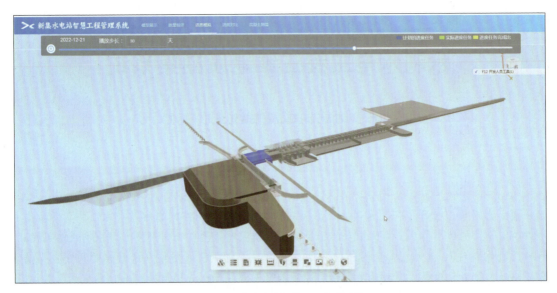

图 3 新集水电站智慧工程管理系统

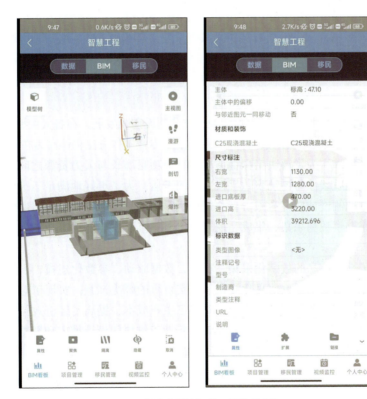

图 4 新集水电站智慧工程管理系统

董菲 执笔

水利水电工程三维地质勘察系统

（中水北方勘测设计研究有限责任公司　天津）

摘　要：面对崇山峻岭和广袤复杂的地形地貌和地质构造，相应的勘察及技术工作费时费力，难以获取全面的地质信息。为此中水北方勘测设计研究有限责任公司开发了"水利水电工程三维地质勘察系统"，形成了"1+3+5+N"的技术体系，实现了地质信息的数字化采集、存储、数据驱动、参数化建模、模型动态更新的地质勘察三维设计，为地质勘察全过程信息化提供了切实可行的解决方案。系统的研发及应用，减轻了外业劳动强度、提高了勘察工作的效率、质量以及数字化服务水平，取得了显著的社会和经济效益。

关键词：勘察全过程信息化；数字化地质测绘；三维地质建模；GIM

1　项目概况

近年来，我国水利水电工程数字化、信息化及智能化建设蓬勃发展，在各大中型工程项目取得了很多突破性进展。对于水利水电工程地质勘察而言，工作流程、专业工作方法仍停滞为在几十年前的生产模式，已经不能完全满足生产需求。为了解决工程地质勘察行业项目增长与人力资源之间的矛盾、工作量与进度之间的矛盾、复杂的地质条件与传统表达手段之间的矛盾，为了更好地满足三维协同设计和智慧水利建设的需求，中水北方勘测设计研究有限责任公司历经多年的攻关，在全国工程勘察设计大师高玉生的指导下，开发了一套集勘察数据采集、集成、挖掘分析、三维建模与出图等功能为一体的三维地质勘察系统。

系统的研发实现了地质信息的数字化采集、存储、数据驱动、参数化建模、模型动态更新的地质勘察正向三维设计，为地质勘察全过程信息化提供了切实可行的解决方案，实现了对传统勘察工法的重大变革，极大提升了勘察的生产效率与产品质量，降低了生产成本，提高了经济效益；促进了GIM（地质信息模型）与GIS+BIM的深度融合，为工程勘察设计行业三维协同设计推广和智慧水利建设奠定了坚实的基础，促进了工程勘察设计行业的数字化转型。

2　项目特点及关键技术

2.1　项目内容

水利水电工程三维地质勘察系统，集成："3S"、无人机倾斜摄影、移动通信、工程数据库、三维地质建模、人工智能等现代信息技术，形成了"1+3+5+N"的技术体系，即"1个系统"：水利水电工程三维地质勘察系统；"3大模块"：三维数字化采集模块、数据中心模块、三维地质建模及出图模块；"5个软件"：水利水电工程三维地质数字化采集、水利水电工程数字化地质测绘、水利水电工程三维地质信息数据库、水利水电工程三维地质建模、水利水电工程三维地质出图；"N个应用"：以服务水利水电工程为主，并可拓展到市政、交通、水运、新能源等行业的工程地质勘察工作中。

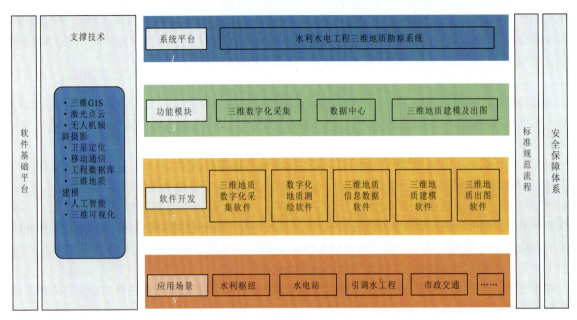

图1　"1+3+5+N"的技术体系

2.1.1　三维数字化采集模块

模块包括三维地质数字化采集、数字化地质测绘2个软件，通过倾斜摄影地质扫描图的高精度校正、高陡边坡贴地标绘、边坡产状三维高精度测量与分析等关键技术，实现了三维数字化采集，开发了文件管理、通信设备连接、底图管理、坐标系统管理、坐标校正、高精度定位、测绘数据采集、勘探数据采集、三维编辑、辅助分析、系统管理等功能，通过项目实践总结提炼出"数字化地质测绘技术"，推动了工程地质测绘技术发展，并被纳入行业标准SL/T 299—2020《水利水电工程地质测绘规程》。

2.1.2　数据中心模块

研发了三维地质信息数据库1个软件，开发了项目管理、工程环境、勘测数据、查询统计、数据接口工具、试验与分析工具、工程地质资料管理等功能，涵盖地质测绘、勘探、物探、实验等勘察各专业数据，原始资料、实验成果、地质属性、校审记录等全过程信息可一键查询。本模块构建了多源异构的地质数据管理体系，创建了可拓展的地质字典，通过制定分类和编码规则，建立了地质数据传输、存储、管理、分析与挖掘的标准化工作流程。

2.1.3　三维地质建模及出图模块

模块包括三维地质建模、三维地质出图2个软件，开发了三维图形编辑、三维地质建模、模型空间分析等三维地质建模及分析工具。本模块提出了基于数据驱动的三维地质建模方法，采用优化的克里金网格曲面生成算法、快速覆盖层建模、数模联动、二三维联动等技术，实现了GIM（地质信息模型）的快速构建。

2.2　创新性及先进性

水利水电工程三维地质勘察系统实现了外业工程地质数据动态采集、实时传输、实时处理，实现地质数据的标准化处理与综合利用，实现三维地质模型的动态建立及可视化分析，为三维协同设计和智慧水利应用提供了基础，变革勘察的生产方式，切实极大提高勘察的生产效率与生产质量，为工程的全生命周期保驾护航。

该系统经中国水利学会组织科技成果评价，由中国科学院院士陈祖煜任组长的专家组一致认为：本成果实现了三维数字化地质勘察，在理论研究、技术研究、示范应用等方面创新程度高，研究难度大，应用效果好，推广前景较好，大幅提升了工程勘察设计服务水平，推动了整个行业与信息化技术深度融合，促进了工程勘察设计行业的数字化转型，给出了"优秀"的评价等级。

2.2.1 三维数字化采集模块

系统的研发与应用，实现了基于三维实景场景的地质测绘，总结提炼出"数字化地质测绘技术"，推动了工程地质测绘技术发展，并被纳入行业标准 SL/T 299—2020《水利水电工程地质测绘规程》。其中，关于倾斜摄影地质扫描图的高精度校正具有原创意义。

提出了基于遥感（RS）、地理信息系统（GIS）和全球导航卫星系统（GNSS），利用野外数据采集电子设备，对地质现象进行定位、量测、描绘、记录及存储等的数字化地质测绘技术；基于无人机技术、倾斜摄影技术、三维实景建模技术建立工程区三维地形，通过倾斜摄影地质扫描图的高精度校正，提出了在三维地形上配准、融合多源多态地质图的方法；集成研发了野外数据采集电子设备高精度定位模块；研发了高陡边坡贴地标绘、边坡产状三维高精度测量与分析、点线推求地质界面、实时剖切地质剖面功能；基于上述基础，研发了水利水电工程数字化地质测绘系统。

科技查新：上述国内外公开发表的中外文文献报道的"3S"技术进行工程勘察的研究的应用领域与查新委托项目不同，国内外未见其他与该查新项目技术特点相同的文献报道。

2.2.2 数据中心模块

构建了多源异构的地质数据管理体系，创建了可拓展的地质字典，通过制定分类和编码规则，建立了地质数据传输、存储、管理、分析与挖掘的标准化工作流程。相应的研究成果可为建立工程地质领域三维数字化工作的标准化体系参考。

通过总结五百余张工作表格、四百余个词条、三千余个选项信息，创建了可定制可拓展的地质字典，建立了"多源异构地质数据管理体系"，将庞杂的数据整合起来，并将地质信息模型中的对象实体和所承载信息的分类方法和编码规则写入了团体标准 T/CWHIDA0007—2020《水利水电工程信息模型分类和编码标准》。

科技查新成果："国内外未见其他与该查新项目技术特点相同的文献报道"。

2.2.3 三维地质建模与出图模块

提出了基于数据驱动的三维地质建模方法，采用优化的网格曲面生成算法、数模联动、二三维联动等技术，实现了地质信息模型（GIM）的快速构建。采用优化的克里金算法提高覆盖层测绘精度的技术富有特色，可以在工程地质勘察工作中推广。

提出了基于数据驱动的正向三维地质建模方法，通过对地质点、地形界线、钻孔、平洞等原始勘察数据的分析利用，借助优化的克里金算法、快速建立覆盖层、数模联动技术、二三维联动技术等直接拟合得到地质信息模型；首次将 GIM(geotechnical engineering information model) 写入地方标准 DB/T 29-292—2021《天津市岩土工程信息模型技术标准》；提出了 GIM+GIS+BIM 融合技术路线，搭建了智慧水利应用的全要素场景。

科技查新：上述国内外公开发表的中外文文献报道的基于 BIM 及 GIS 进行三维建模的研究方法与查新委托项目不同，国内外未见其他与该查新项目技术特点完全相同的文献报道。

3 项目主要成果

系统的研发及应用，共取得如下知识产权成果：行业标准 1 项、地方标准 1 项、团体标准 1 项、企业标准2项；申请专利6项；软件著作权7项；论文20余篇、著作1部；荣获各级奖项5项。其中主编及参编5项标准如下：行业标准SL/T 229—2020《水利水电工程地质测绘规程》、地方标准DB/T 29-292—2021《天津市岩土工程信息模型技术标准》、团体标准T/CWHIDA0007—2020《水利水电工程信息模型分类和编码标准》、企业标准Q/BIDR-G-DS01-101-001—2019《三维地质建模规定》、企业标准Q/BIDR-J-KZ01-910-005—2018《地质图编制基本要求》。

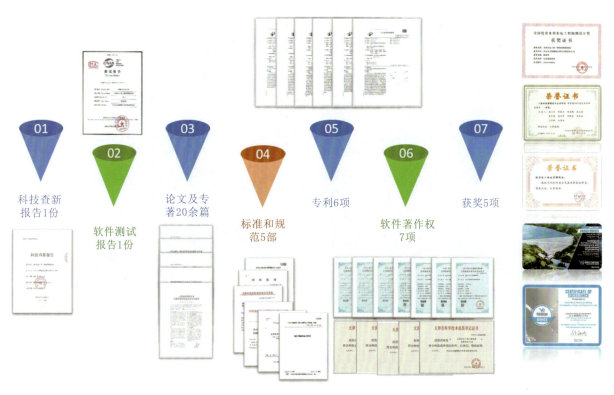

图2 系列知识产权成果

4 工程运行情况

"水利水电工程三维地质勘察系统"被中水北方勘测设计研究有限责任公司、中国水电基础局有限公司、新疆伊犁河流域开发建设管理局等10余个设计、施工、业主单位所采用，并成功应用于凤山水库工程、ABH工程、KLST工程、西藏PZ水库等几十项大中型水利水电工程中，节省项目投入5000余万元，发挥出了显著的经济效益。

系统的研发实现了地质信息的数字化采集、存储、数据驱动、参数化建模、模型动态更新的地质勘察三维设计，为地质勘察全过程信息化提供了切实可行的解决方案，使得勘察总体设计效率比目前的状态提升至少50%，极大提升了勘察的生产效率与产品质量，降低了生产成本。该系统以服务水利水电工程为主，并可拓展到市政、交通、水运等行业的工程地质勘察工作中，社会效益显著。

相较于传统勘察模式，利用信息化技术，实现了勘察的无纸化、数字化，减少了大量物资（设备、车辆、纸质资料等）投入；在三维实景上进行数字化测绘，优化坑槽布置、优化开挖设计与施工，减少了对植被的破坏，生态效益显著。

5 附图及项目照片

5.1 三维数字化采集模块

图 3 现场工作场景

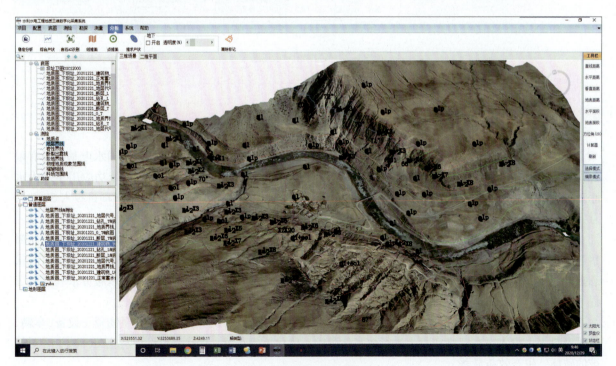

图 4 三维数字化地质测绘

图 5　移动端登录界面、操作界面及辅助功能

5.2　数据中心模块

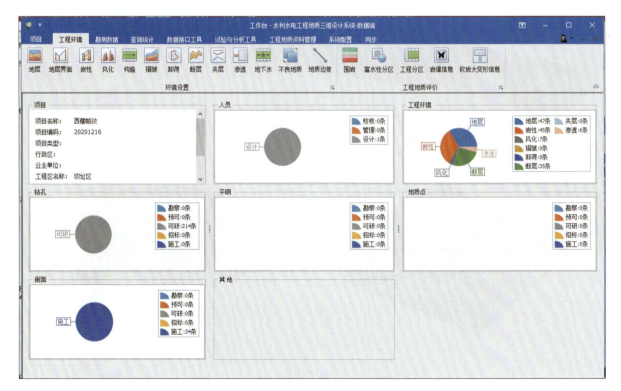

图 6　三维地质信息数据库系统操作界面

5.3　三维地质建模与出图模块

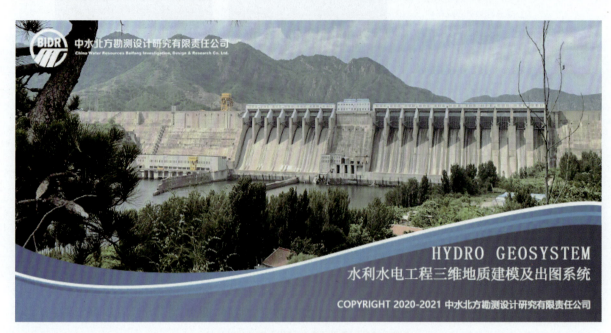

图 7　三维地质建模与出图模块登录界面

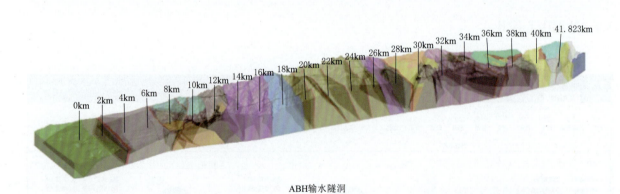

ABH输水隧洞

贵州凤山水库

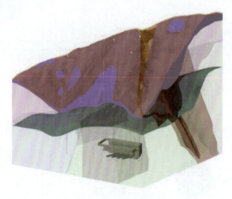

巴基斯坦SK水电站

图 8　模型图

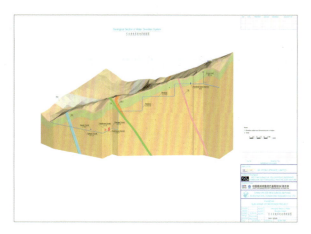 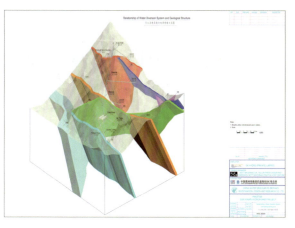

图 8　模型图（续）

朱维娜　陈亚鹏　赵文超　执笔

SOUAPITI 水电站基于 BIM 的全生命期工程数字化应用

（黄河勘测规划设计研究院有限公司　河南郑州；

中国水利电力对外有限公司　北京）

摘　要：SOUAPITI 水电站是西非第一高坝和最大的水电站。针对合同工期紧张、地质条件复杂、环境恶劣、语言文化差异大、当地雇员水平相对落后的特点，本项目充分利用 BIM 技术，实现了项目的提前投产发电，成为"一带一路"上新的明珠。设计阶段充分利用企业资源库、企业标准，自主研发系列智能设计产品，助力项目实施阶段的频繁设计调整。以设计 BIM 模型为基础，从工序工艺仿真到技术方案模拟，从施工总布置数字化到全过程虚拟建造，构建全场景施工 5D BIM 模型，为技术方案拟定、资源精细调控打下基础。将工程勘察设计作为工程数据全生命期的起点，不断丰富 BIM 内涵，形成"一个核心，N 维描述"的数据基座，结合自主开发的管理平台，实现了全生命期数字化、智慧化管理。

关键词：全生命期；智能设计；虚拟建筑；全场景 BIM 模型；工程数据基座；数字管理平台

1　工程（项目）概况

苏阿皮蒂（SOUAPITI）水电站工程坐落于孔库雷河干流上，第三级电站——凯乐塔水电站上游 6km 处。工程开发任务以发电为单一目标，工程规模为大（Ⅰ）型，项目总投资 13.9 亿美元，总库容为 74.89 亿 m³，总工期 58 个月。

主坝采用碾压混凝土重力坝，最大坝高 120m，坝轴线长 1164m，混凝土量 360 万 m³，开挖量约 460 万 m³，为西非第一高坝和西非最大的水电站。

采用坝后式厂房，配置 4 台立轴混流式水轮发电机组，总装机 45 万 kW，年发电量约 20 亿 kW·h。

苏阿皮蒂水电站以 PPP 的模式进行开发建设，工程于 2016 年 4 月 1 日开始启动，于 2021 年 6 月交付使用。

2　工程特点及关键技术

2.1　总体应用线路图

以 BIM 数据为核心，GIS 数据为基础，通过一系列二次开发程序，实现几何信息与属性信息、业务信息的分离，同时建立以几何体为编码核心的 GUID 体系，借助信息技术，实现对物理实体的"一个核心，N 维描述"，同时实现了针对同一物理实体相关信息的数据"生产—应用—存档—废弃"的全过程无损管理，形成了真正的数字孪生的数据基座。

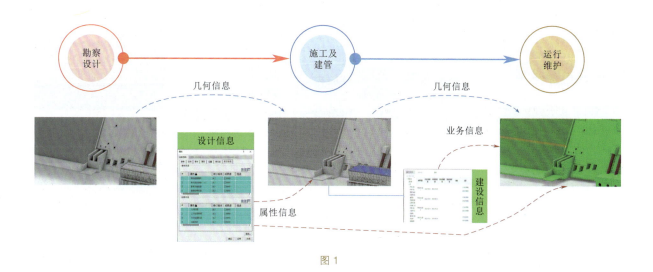

图1

2.2 设计阶段应用情况

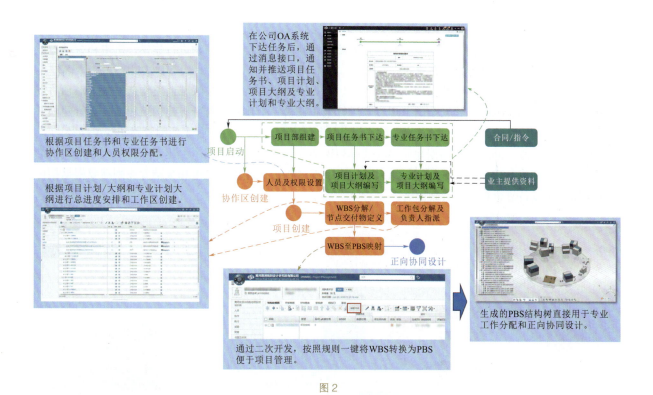

图2

以3DEXPERIENCE平台为项目数字化设计的核心,通过二次开发,建立数据接口。以管理体系为根基,实现设计管理便捷化向管理无感化的转变。

以3DEXPERIENCE平台为数据集成与生产中心,集数字化采集、正向协同设计及全过程数字化管理为一体的创新设计方法,真正实现了工程设计的数字化转型。

本项目BIM模型随着设计深入,也在不断地迭代。各专业根据各个设计阶段需要,创建满足各阶段深度和应用需求的BIM模型。

在可研阶段,勘测专业采用1:10000～1:2000的测绘成果,仅对区域地质构造进行地质建模,土

图3

建专业对主要建构筑物结构进行建模并对部分涉及技术验证的重要细部结构进行建模，机电和金结专业仅采用空间占位的方式进行设备布置。

在初步设计阶段，勘测专业采用1：500～1：2000的测绘成果，并在区域地质构造基础上对项目场址主要地质构造和影响建筑物安全的节理裂隙进行地质建模，土建专业对所有建构筑物结构进行建模并对进行细部结构的完善，机电和金结专业除对设备进行定位外，还需要布置主要的管路和线缆路径。

在施工图阶段，勘测专业根据地质揭露情况和现场复测进行成果调整，土建专业对主要建构筑物结构以及临时设施进行建模，并根据招标结果对所有细部结构进行复核，机电和金结专业则需要根据招标结果采用真实设备进行布置及管路部署。

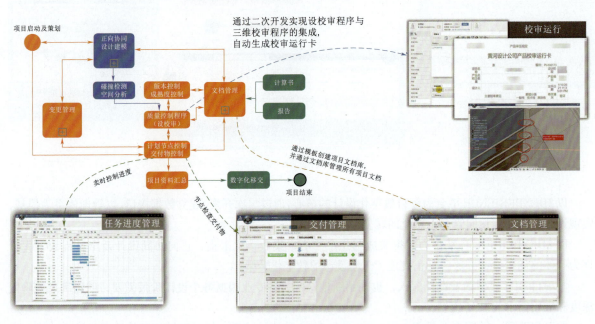

图4

在公司质量体系管理规定的基础上，结合 3DEXPERIENCE 平台特点，通过利用其原有功能，并结合二次开发，实现质量管理和控制的数字化，结合自动触发器的开发，实现质量管理过程的自动化，减少表格填报，为设计人员减负。

图 5

为满足项目各阶段的需要，结合 BIM 模型，可实现相较于传统设计方法更为丰富的设计成果交付。

2.3 施工阶段应用情况

基于 3DEXPERIENCE 平台，通过二次开发工具，实现水利水电工程中设计模型到施工模型的快速转换，及相应的信息转换。在此基础上，针对施工深化和建设管理，可分别进行进一步的深度应用。

利用 3DEXPERIENCE 平台以及 CATIA Composer，基于转换后的施工模型继续进行相关深化设计，满足施工需要。

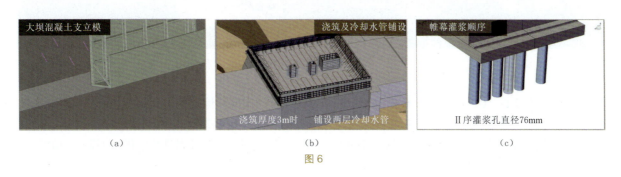

(a) (b) (c)

图 6

将传统工艺流程书的文字和二维图，对关键工艺、复杂工艺进行模拟，并转换为更便于表达的三维动态形式，从而为技术方案的审批、现场施工班组的教育等提供更为直观生动的资源。

在工艺仿真基础上，基于 3DEXPERIENCE 进行二次开发，构建了三维模型-施工仿真-可视化耦合关联的 5D BIM 混凝土坝虚拟建造系统结构，对混凝土坝的施工过程各个系统进行独立仿真和联合仿真，以便合理安排工期和资源，实现精益建造。整体方案采用模块化设计，调整便捷，为施工组织设计及计划的及时调整提供有力的技术支撑。充分利用高性能计算机，在施工仿真基础上，结合实际资源配置，对施工现场情况进行定期验证，找出施工中的潜在问题，防患于未然。

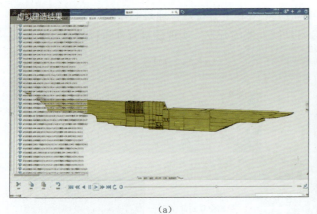

(a)

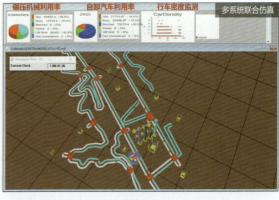

(b)

图 7

图 8

以 BIM 为核心，GIS 为基础，轻量化模型为锚点，结合动态属性信息、实时业务信息及 VR/AR、物联网（IoT）等新技术，并充分发挥 BIM 的可视化，在 aPaaS 开发平台框架的基础上，通过模块化快速开发，实现设计管理、进度管理、安全管理、质量管理等功能，为建设期工程管理提供数字化、可视化、精细化、智能化的应用平台。

2.4　运维阶段应用情况

基于 aPaaS 开发平台，通过模块的快速开发和模块的生命周期管理，实现统一技术构架下的全生命期管理应用和基础数据的平滑过渡，有效支撑了竣工资料的即时交付归档。本项目利用统一构架，在 1号机组发电之初就启用工程运行管理功能，并与安全管理、智能视频监控系统等功能共同承担起试运行阶段的运维管理任务。

294

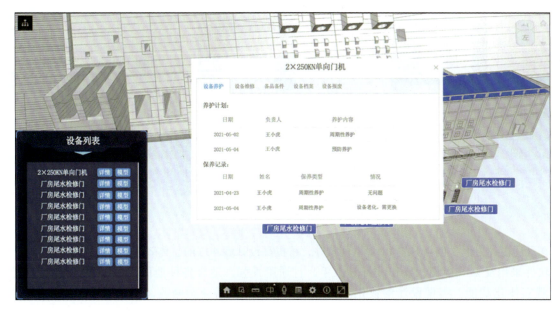

图 9

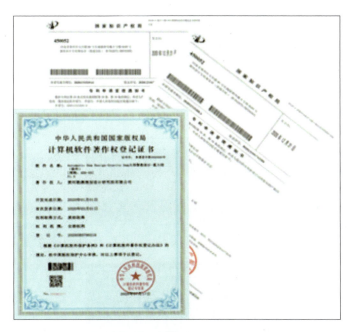

图 10

3 已获工程项目的科技成果、专利、奖项等

在挡水建筑物设计方面，创新开发 ADD-GD 软件，项目实测可提高设计者 50% 的总体效率。
首创灵活的枢纽布置方法——自主研发重力坝智能设计软件 ADD-GD，并申请专利。
研发动态三维全流程设计——形成完整的参数化链条，深入挖掘数据价值，用最精简的输入参数
实现全流程三维设计上的调整、计算、出图。
创新智能设计解决方案——打破固有参数化模板与骨架装配法对水工三维模型动态修改的限制；
创新建基面智能设计以及平马道开挖智能设计手段。

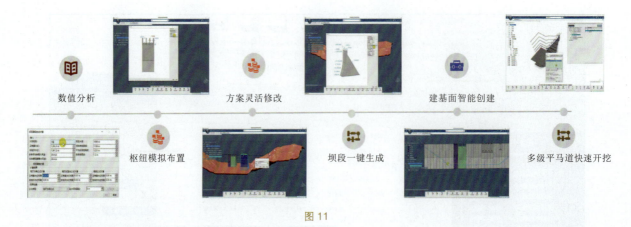

数值分析　　　　　　方案灵活修改　　　　　　建基面智能创建

枢纽模拟布置　　　　　坝段一键生成　　　　　多级平马道快速开挖

图 11

在厂房设计方面，创新开发 PHD 系列软件，可提高设计者 40% 的总体效率。

软件采用交互式界面，操作友好易上手。且通用性强，适合各种地面厂房；并结合二次开发附加荷载实体化功能，实现设计参数化，利于设计方案的灵活动态修改，真正实现厂房智能化快速设计。

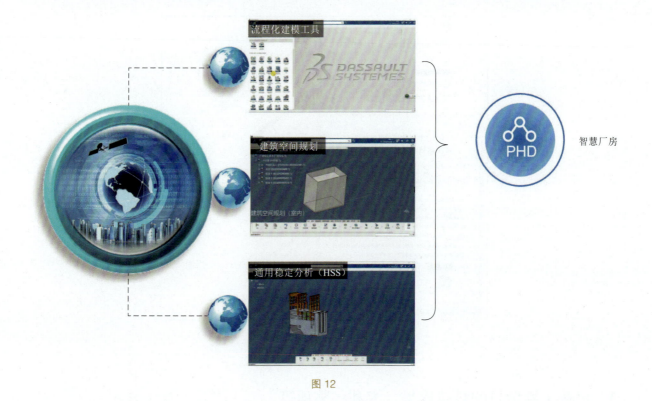

流程化建模工具

建筑空间规划

通用稳定分析（HSS）

PHD　智慧厂房

图 12

在电气设计方面，陆续开发出 CIL、SED、LPA 等软件，服务于生产、解决设计重难点的智能化设计产品，推进电气设计走向全面数字化、智能化。

CIL（智能电缆敷设）软件实现了原理图与物理模型的实时关联，电缆布置与接线图的相互映射，电缆信息的实时追溯等；

SED（电气二次接线智能设计）可实现信息自动生成、格式化输出，电气二次电缆表自动生成等，实现了电气二次设计"一张图"；

LPA（智能防雷设计）实现了防雷可视化，形象直观并可以自动进行防雷有效性分析，成果输出支持多种格式。

图 13

在水机及动力专业设计方面，通过自主开发 PIMOC 水锤计算程序，BIM 模型建立后一键导入管线数据并直接进行水力过渡过程计算，省去数据整理的大量工作。便于不懂代码编写的设计人员应用。

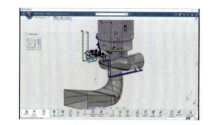

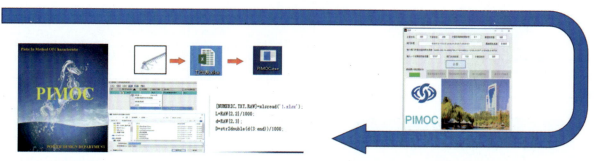

图 14

在金属结构设计及加工制造方面，通过不断磨合，打造出全流程数字化生产路线。通过 EXCEL 与 3DE 接口关联，实现计算书参数驱动模型，减少理解模型的时间，提高修改模型的效率；通过自主研发的专业制图标准与工程量自动统计模板，实现施工图纸的快速交付。并对 EBOM 和 MBOM 的转换、数字化加工制造与厂家进行了深入的合作。

图 15

在工程信息化方面，基于 aPaaS 平台，在 J2EE 标准基础上，实现前后端分离的开发模式，以 BIM 构件为编码基础，融合 BIM、GIS、报表、表单、流程、门户等引擎和中间件，实现面向水利水电工程的应用快速敏捷开发，为不同工程阶段的数据流复用、基于工程进展的功能模块的快速上线与下线、物联网及视频系统的接入与智能分析提供了统一接口与可视化平台。

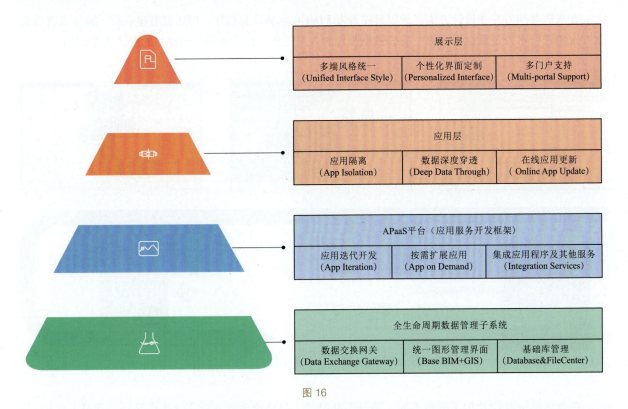

图 16

通过将系统的主要数据形象化、直观化、具体化，实现质量、进度、安全和设备四大要素中关键信息指标的集中管理，宏观上实时把控工程建管过程所有关键信息，同时可无缝切入各个管理模块，方便系统使用人员进行精细化管理。

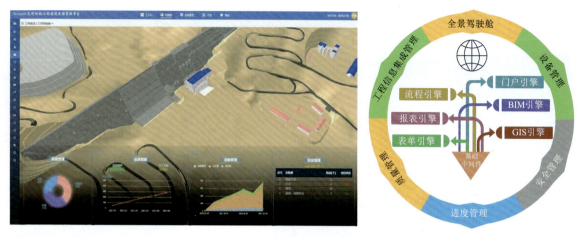

图 17

4 工程运行情况

在整个 SOUAPITI 水电站项目建设过程中，综合节省投资逾 2500 万美元，工期节省逾 4 个月，为项目提前移交打下坚实基础。

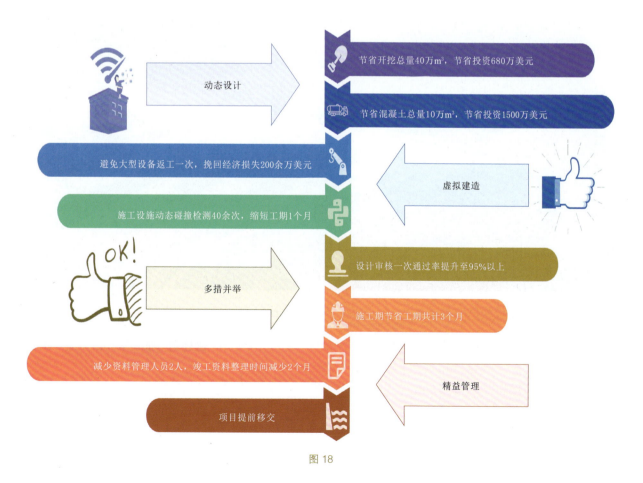

图 18

图 19

图 20

谢遵党　张如军　王　陆　执笔

水利水电勘测设计标准奖

《水下岩塞爆破设计导则》（T/CWHIDA 0008—2020）

（中水东北勘测设计研究有限责任公司　吉林长春）

摘　要：标准为国内外首部岩塞爆破设计标准。在总结国内外岩塞爆破工程技术及研究成果，特别是大直径、高水头、厚淤质、大密度覆盖等复杂条件下的水下岩塞爆破创新技术及成果的基础上，纳入了先进、成熟、可靠的设计理论和经验，结合岩塞爆破勘察、设计、试验、实施、监测全过程，提出了一整套岩塞爆破设计准则，反映了当前水下岩塞爆破设计水平，具有先进性和可操作性。标准核心技术为主编单位自主研发的"深水厚覆盖大型岩塞爆破关键技术"，达国际领先水平；形成了 16 项系列知识产权；入选《2020 年度水利先进实用技术重点推广指导目录》，标准适用于各个阶段的水下岩塞爆破工程专项设计，是岩塞爆破施工、科研教学的指导性文件。

关键词：水下岩塞、爆破方案设计、岩渣处理、爆破监测

1　项目概况

1.1　标准编制目的

随着当前城市引（供）水要求的日益提高、病险水库泄洪规模的扩建、多泥沙河流上水库的泄洪和排沙工程建设、在已有水库内修建发电取水口等工程项目，都需要在已建成的电站水库或天然湖泊中修建引水或泄洪洞，这些隧洞的进水口，常位于水面以下数十米深处，放空或降低水库水位将带来巨大的经济损失和对社会、环境和生态极大影响。在深水下往往采用施工期预留岩塞进行临时挡水，保证后续主体工程施工，最终对预留岩塞体采用水下岩塞爆破的方式爆通，发挥工程效益。在不具备修建深水围堰、降低水位及不允许影响生态、环、养殖、旅游和已有工程功能的情况下，采用本专利技术修建水下进水口是唯一选择。在 GB 6722—2014《爆破安全规程》中仅有简要的原则规定，很难满足水下岩塞爆破设计的需要。且目前国内外尚未有成体系、系统的关于水下岩塞爆破设计的规程规范，因此通过本标准的编制，填补有关水下岩塞爆破设计标准的空白，为水下岩塞爆破设计提供设计依据和技术指导，有利于保证水下岩塞爆破安全、成功实施，同时可以促进水下岩塞技术的推广和应用。

我国水下岩塞爆破技术经过几十年的发展，已经积累了较丰富的岩塞爆破技术和经验，也取得了一定的科学技术研究成果。可靠、合理的岩塞爆破设计能够确保岩塞爆破安全实施，有利于减少工程施工风险，有利于工程施工质量和效益的发挥，但目前国家、行业尚未有关于水下岩塞爆破设计的标准。

1.2　标准编制必要性

随着爆破技术、火工材料的不断更新和发展，为了使岩塞爆破设计有章可循、安全可靠，规避工程施工风险，新编制《水下岩塞爆破设计导则》有重要的现实意义和深远的历史意义，可以填补有关水下

303

岩塞爆破设计标准的空白，为水下岩塞爆破设计提供设计依据和技术指导，同时有利于对水下岩塞爆破技术的推广和应用。

水下岩塞爆破技术复杂且涉及面广泛，必须一次爆破成型，存在较大的工程技术难度及安全风险。近年来我国水下岩塞爆破技术有了长足的进步，已达到国际领先水平。随着社会经济不断向前发展，水电行业对取水、引水、调水的需求也不断增加，水下岩塞爆破技术可以为类似工程提供最优的解决方案，但目前水利水电行业尚无相关规范系统地指导水下岩塞爆破设计。鉴于此，依托国内已实施的水下岩塞爆破工程，总结爆破设计理念、爆破设计理论、计算分析和试验方法，制定一套完整的水下岩塞爆破设计标准，使之达到安全可靠、技术可行、经济合理，有效地指导水下岩塞爆破设计显得十分必要。

1.3　编制过程

（1）2018年1月，中国水利水电勘测设计协会以"中水协秘〔2018〕1号"确定中水东北勘测设计研究有限责任公司为《水下岩塞爆破设计导则》的主编单位。

（2）2019年6月，中水东北公司编制完成《水下岩塞爆破设计导则》（征求意见稿），中国水利水电勘测设计协会以"中水协秘〔2019〕39号"进行广泛征求意见。

（3）2019年12月，编制完成《水下岩塞爆破设计导则》（送审稿），并通过了中国水利水电勘测设计协会组织的审查会审查。

（4）2020年3月18日，中国水利水电勘测设计协会以"中水协秘〔2020〕16号"批准发布T/CWHIDA 0008—2020《水下岩塞爆破设计导则》，2020年6月27日实施。

1.4　标准内容及适用范围

标准共12章和1个附录，主要技术内容有：地质勘察、水下岩塞结构布置及稳定分析、岩渣处理、爆破方案设计、进口段结构、安全防护设计、爆破器材、爆破器材检测及爆破参数试验、模型试验和监测设计等。

适用于水下岩塞爆破工程的专项设计，同时适用于涉及岩塞爆破项目的各个设计阶段的岩塞爆破设计，并可作为岩塞爆破工程的施工指导性文件。

2　项目特点及关键技术

2.1　项目的先进性

本标准为国内外首部岩塞爆破设计标准，在总结国内外岩塞爆破工程技术及研究成果，特别是大直径、高水头、厚淤质、大密度覆盖等复杂条件下的水下岩塞爆破创新技术及成果的基础上，纳入了先进、成熟、可靠的设计理论和经验，结合岩塞爆破勘察、设计、试验、实施、监测全过程，提出了一整套岩塞爆破设计准则，反映了当前水下岩塞爆破设计水平，具有先进性和可操作性。标准核心技术为主编单位自主研发的"深水厚覆盖大型岩塞爆破关键技术"，经水利部科技推广中心组织由林皋、郑守仁院士为组长、业内7名知名专家成员组成的评价组评价，成果总体达国际领先水平。入选《2020年度水利先进实用技术重点推广指导目录》；其依托工程"黄河刘家峡洮河口排沙洞及扩机工程"荣获2021年度水电行业优秀工程设计一等奖。

形成由6项发明专利、7项实用新型专利组成的水下岩塞爆破专利群，3项软著组成的水下岩塞爆破系列软著群。

有以下四点。

2.1.1 应用了两项理论：岩塞爆破与冲水排沙相结合理论、深水高密度厚覆盖下创造岩塞爆破自由面的爆破空腔理论，解决了深水、高密度、厚淤积覆盖等复杂条件下的大口径岩塞一次安全爆通的难题

（1）为了确保岩塞爆破达到一次爆通、满足排沙、安全稳定、成型优良的高标准技术要求。首次提出了：首先爆破扰动覆盖形成岩塞顶面空腔，后经岩塞周圈超深预裂孔爆破成型，再通过"陀螺型分布式药室"爆除岩塞，再次爆破扰动覆盖后、结合冲水下泄理论。解决了处在深水、高密度、厚淤积覆盖的大口径岩塞一次安全爆通的难题。最终实现了爆通岩塞、精准成型、集渣稳定、振动可控、下泄顺畅的效果。

（2）基于深水高密度厚淤积覆盖下岩塞爆破，由于高密度覆盖物对岩塞药室爆破的应力波透射作用，大部分能量将消耗在覆盖物中，能量的损耗对岩塞药室爆破产生不利影响。首次提出了具有高密度厚淤积覆盖介质的岩塞爆破作用机理，即：岩塞爆破前，在岩塞上口的淤泥与岩石界面放置药包将淤泥爆破成空腔，空腔使"淤泥—岩石"界面转变成"气体—岩石"界面，为爆炸应力波的反射创造了有利条件，也为岩石的鼓胀或抛掷提供了空间。在岩塞药室爆破中，界面淤泥先行起爆所形成的爆破气体取代了淤泥，创造了自由表面反射岩石鼓胀空间条件。

图 1　深水厚淤积覆盖岩塞爆破程序图

2.1.2 规定了深水厚淤积覆盖下岩塞爆破药室布置型式：解决了复杂条件下准确确定岩塞"阻抗平衡"的难题，确保爆破成功

传统的大洞径水下岩塞爆破多采用分散型药室方案，逐层起爆方法，如单层"王"字形和多层分散型药室分布形式。传统的分散型药室方案存在爆破震动大、夹制作用明显、岩塞体残留、开口形状和尺寸不易保证等问题。鉴于目前药室布置和起爆方法方案对于水下岩塞爆破的重要性，研究探讨更有利于减少爆破震动、削弱夹制作用、保证开口形状和尺寸、克服淤泥和水的影响，有利于岩塞安全爆通以及有利于爆破岩碴的集碴和下泄的新型药室布置和起爆方法已成为设计和科研人员迫切关注的问题。

水下岩塞陀螺分布式药室的布置方式，是在岩塞轴线上布置两个主药室 $Z_上$、$Z_下$，而在两个主药室之间且垂直岩塞轴线平面圆内布置多个辅助药室 Y_1、Y_2、…、Y_m。轴线上的两个主药室 $Z_上$、$Z_下$和平面圆内的多个辅助药室 Y_1、Y_2、…、Y_m 就构成了陀螺分布式药室。

在爆破过程中，先爆破岩塞周边预裂孔，使岩塞与周边原岩脱离，形成孤立的岩塞体；接着同时起爆上药室 $Z_上$和下药室 $Z_下$，形成向库区和隧洞两个相反方向的爆破漏斗，使岩塞初步形成沙漏状爆破通道，也为周边辅助药室爆破提供了临空面；接着分段爆破各辅助药室 Y_1～Y_m，各辅助药室的爆破起到爆除岩塞腔体内的岩石作用。

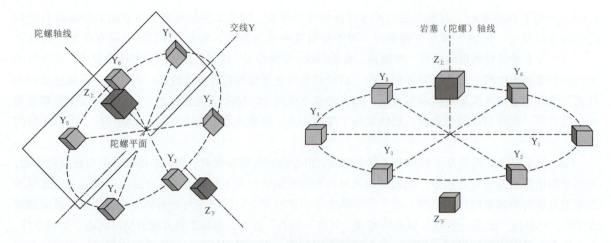

图2 陀螺分布式药室布置形式

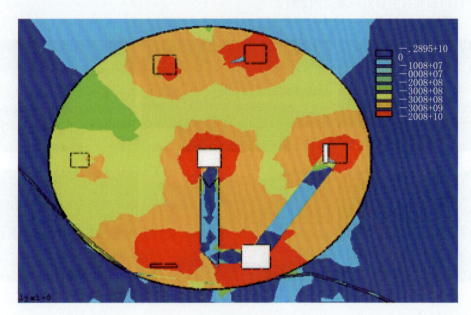

图3 岩塞爆破主应力典型云图

2.1.3 规定了8种计算方法

（1）岩塞稳定计算方法。基于水工隧洞封堵体的稳定计算，明确了水下岩塞爆破的正常挡水工况、岩塞钻孔装药施工期工况，创新提出水下岩塞稳定分析计算方法：岩塞的潜在滑动面面积需考虑周边钻孔的影响，且需考虑岩塞研究对象与水工隧洞封堵体的本质区别，岩塞研究对象与周围围岩可按全接触考虑，解决了水下岩塞稳定计算问题。

（2）深水厚覆盖岩塞药室爆破计算方法和排孔爆破药量计算方法。建立了水深大于20m的岩塞爆破药量计算公式，填补了此项空白，完善了水下岩塞爆破药量计算体系。深水厚淤积覆盖下的岩塞药室药量计算到目前为止还是一个全新的课题，药室药量的确定既没有成熟的经验可借鉴，也没有适宜的计算公式可采用，如何较准确地计算水下岩塞爆破主药室药量一直是本领域的技术空白。

为解决现有深水厚淤积覆盖条件的水下岩塞爆破药室药量计算无公式和方法的问题，本发明以鲍列斯可夫集中药包药量计算公式为基础，考虑处在深水厚淤积覆盖下的岩塞爆破条件，从修正爆破作用指数入手，对爆破药量进行修正。

通过专项科研课题，基于科学、系统统计归纳分析，结合生产、试验和科研实践，采用数值模拟计算方法，得到适用于大于20m水深情况的具有厚淤积覆盖的水下集中药包爆破计算药量的爆破作用指数修正公式：

$$Q = K W^3 f(n_水)$$

$$f(n_水) = 0.4 + 0.6 n_水^3$$

$$n_水 = 1.028 \left(\frac{H_水}{10} + \frac{2H_淤}{10} \right)^{0.108} n_陆$$

式中：Q 为炸药用量，kg；K 为标准抛掷爆破单位耗药量，kg/m³；W 为最小抵抗线，m；$f(n_水)$ 为爆破作用指数函数；$n_水$ 为水下爆破作用指数；$n_陆$ 为陆地上爆破作用指数；$H_水$ 为爆破时覆盖层表面以上水深，m；$H_淤$ 为爆破时最小抵抗线处岩石面上淤积（或覆盖层）厚度，m。

建立的深水厚覆盖岩塞药室爆破和排孔爆破药量计算方法，填补了水深大于20m、有覆盖等复杂条件下的爆破药量计算空白，完善了水下岩塞爆破计算体系，促进了水下岩塞爆破设计水平的提升。

（3）药室阻抗平衡计算方法。保护层厚度和爆破漏斗破裂半径计算方法。提出的水下岩塞爆破的岩塞药室阻抗平衡计算及药室与岩塞预裂面间应留有保护层最小厚度计算方法，解决了水下岩塞药室爆破方案的精确空间定位，药室间避免爆破产生的相互影响和制约，确保了水下岩塞爆破药室方案设计合理，且安全可靠的成功实施。

专门提出了药室爆破漏斗破裂半径计算方法，准确的计算出水下岩塞药室爆破的设计开口尺寸，确保设计方案满足水下岩塞进水口爆通后的尺寸要求。

（4）爆破振动计算方法和冲击波计算方法。基于计算爆破振动速度或加速度的萨道夫斯基经验公式，以及 K、α（与爆破点至保护对象间的地形、地质条件有关的系数和衰减指数）的变化，同时根据工程实践经验，细化了周边保护对象的爆破振动安全允许标准，使得爆破爆破振动计算更符合工程实际。

根据丰满、水丰、镜泊湖、刘家峡等岩塞爆破工程的实测结果，岩塞地质条件及爆破抵抗线大小对炸药溢出到水中的能量影响，适当修正水中裸露药包爆炸的冲击波超压峰值计算经验公式（P·库尔计算公式），为岩塞爆破水中冲击波估算的合理性和准确度，以及水中冲击波的测试提供了计算依据。

2.1.4　规定了7种技术要求及准则

（1）岩塞的建筑物等级确定准则，明确了岩塞建筑物级别和稳定安全系数。水下岩塞是一种特殊围堰，作为临时的挡水建筑物，其建筑物级别按照 SL 252《水利水电工程等级划分及洪水标准》和 SL 303《水利水电工程施工组织设计规范》中的相关规定确定选择。特别强调了岩塞的防洪标准按照岩塞挡水期间的最大水头确定，岩塞的使用年限要采用表中上限值，导流建筑物规模中的围堰高度要采用岩塞承受的最大水头，库容要采用岩塞底部高程以上对应的库容。

为了保证施工期岩塞安全稳定，明确了在考虑岩塞承受最高水头、周边预裂孔及药室等均已施工完成等最不利工况时，安全系数要求不小于3.0。

（2）岩塞爆破设计及施工的水下测量及地质勘察要求，明确岩塞爆破特殊的测量精度和勘察要求。地形图的精度是关系到岩塞爆破成败的主要因素之一，高精度地形图可以为设计人员确定岩塞体的厚度、倾角、预裂孔深度、药室位置、药量、爆渣抛出的方向及各种爆破参数的选择提供可靠的依据。同时岩塞表部地形的起伏与基岩面的平整情况对岩塞爆破影响很大。因此，本标准首次提出了对岩塞口的地形测量工作较高的精度要求，要求测图比例尺不低于1：100。

要保证水下岩塞爆破安全、爆通成型、爆后运行稳定，必须结合岩塞爆破技术的特点，选择地形地貌、地质条件有利的位置。岩性单一，无较大的断层破碎带，岩体完整性好；风化轻微；岩体透水性小，地下水活动轻微；无地质灾害影响的地段更有利于岩塞爆破，同时应尽量避开沟谷和断层破碎带。因此，本标准明确了勘察范围；工程地质测绘精度不宜低于1∶100；有覆盖层的岩塞口应取得基岩面地形图，且其精度不宜低于1∶200；必要时在洞内布置由内向外辐射的超前勘探钻孔复核岩面线，进一步查明岩塞部位地层结构、地质构造发育特征、岩体风化程度、透水性，检测岩塞体灌浆效果，为岩塞爆破提供技术支撑。

图4 现场工程勘察

（3）集渣坑容积设计准则，明确集渣坑容积不小于岩塞体积3倍的要求。标准提出了集渣坑可以选用开敞型、靴型及隔板型等结构型式；根据水下岩塞爆破岩渣的松实系数、水下堆积特性、岩塞进口水流流态和既往工程实例经验，首次明确提出了集渣坑的有效容积不宜小于岩塞体积的3倍要求，同时给出集渣坑的体型及容积应该通过集渣效果模型试验进行验证来确定，从而有效指导集渣坑体型选择和结构设计。

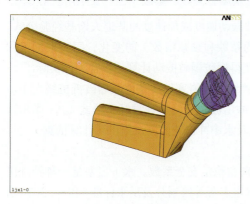

图5 岩塞进口段三维立体图

（4）岩塞爆破网络设计要求，明确起爆网路不少于2套，并应进行1∶1起爆网路试验。基于近年来岩塞爆破的实践，以及岩塞爆破要求起爆网路必须具备高可靠性，要确保药包全部安全准爆的高要求，所以本标准明确提出了岩塞爆破起爆网路推荐采用数码电子雷管为主的重复的双套或多套混合网路进行起爆。

为增强岩塞爆破的准爆性，明确了同一起爆网路内，应使用同厂、同批、同型号的雷管和导爆索；对于不同起爆网路之间需留有足够的安全距离或采取必要的保护措施，同时应进行1∶1起爆网路试验。

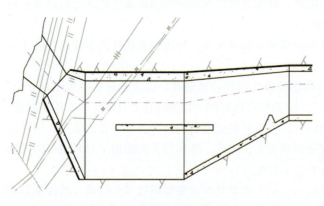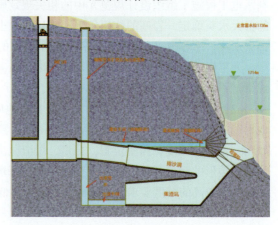

图6 进口集渣坑剖面图 　　　　图7 水下岩塞进口段剖面图

308

为了减轻爆破震动不利影响，提出了网路起爆延时应考虑的因素，通过爆破合理分段和时间间隔，既可以解决起减震作用，又可以提高炸药的能量利用率有效地破碎岩石。

（a）　　　　　　　　　　　　　　　　　　　　（b）

图8　1∶1爆破网路试验

（5）岩塞爆破器材、检测及爆破参数试验要求。根据水下岩塞爆破器材特有的长时间耐水抗压要求，以及其存储的有效期等因素，明确了爆破器材耐水抗压的设计水压力值和耐水抗压时长的选择标准，通过爆破器材的性能检测，最终确保爆破器材在设计水压力和耐水时长条件下应能正常起爆和传爆。

标准明确了爆破器材的基本性能检测、耐水抗压试验，以及爆破参数、爆破工艺、安全防护等专项试验等具体规定，能够有效的指导水下岩塞爆破器材检测和试验工作，并为水下岩塞爆破爆破器材和爆破参数的合理选择提供试验数据支撑。

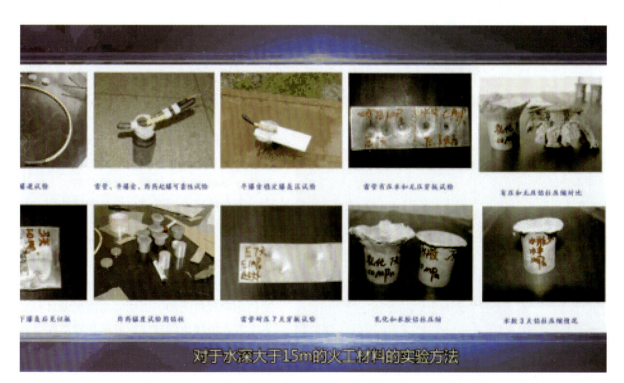

图9　爆破器材性能检测及耐水试验照片

309

图 9 爆破器材性能检测及耐水试验照片（续）

（6）爆破安全防护设计要求。明确了安全防护对象包括爆破影响区内的建（构）筑物、金属结构及机电设施、水生物等，对于重要的防护对象[省级以上（含省级）重点保护古建筑与古迹以及有结构缺陷或受损后果较严重的1级、2级建（构）筑物等]应进行专题论证。

提出安全防护要根据爆破振动、空气冲击波、水中冲击波及动水压力、涌浪、携渣冲击等是岩塞爆破过程中常见的有害效应影响，要分别分析这些有害效应对周围保护对象的影响，并通过技术经济比选，确定适合的减震、减压、加固等防护措施和安全防护设计方案。

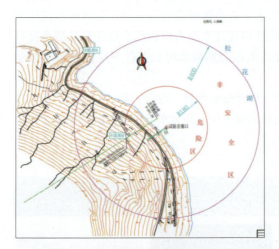

图 10 岩塞爆破安全警戒范围示意图

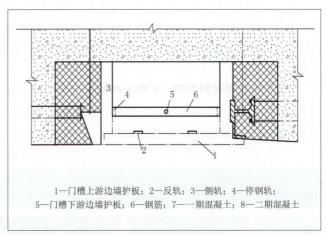

1—门槽上游边墙护板；2—反轨；3—侧轨；4—停钢轨；
5—门槽下游边墙护板；6—钢筋；7——一期混凝土；8—二期混凝土

图 11 门槽防护图

图 12 现场爆破监测仪器设置照片

（7）岩塞爆破监测设计要求，明确爆破动态监测项目及要求。根据工程性质、地质条件、爆破方案及规模、保护对象、工程状态、生态环境等因素进行策划爆破动态、静态监测项目。基于岩塞爆破时产生的有害效应对建（构）筑物、机电设施等影响程度来明确爆破动态监测设计的目的、范围及项目；根据施工期、运行期时空效应对建（构）筑物的影响程度明确了工程静态监测项目和要求；为评估爆前爆后保护对象和岩塞爆破效果，应进行宏观调查。通过爆破动态、静态监测及宏观调查，为评估和总结岩塞爆破效果提供技术支持。

图 12　现场爆破监测仪器设置照片（续）

3　科技成果及推广应用情况

3.1　科技成果

标准核心技术为主编单位自主研发的"深水厚覆盖大型岩塞爆破关键技术"，成果总体达国际领先水平。入选《2020 年度水利先进实用技术重点推广指导目录》；其依托工程"黄河刘家峡洮河口排沙洞及扩机工程"荣获 2021 年度水电行业优秀工程设计一等奖、2021 年度电力科技创新一等奖。

形成由 6 项发明专利、7 项实用新型专利组成的水下岩塞爆破专利群，3 项软著组成的水下岩塞爆破系列软著群。

表 1　　　　　　　　　　　　　　水下岩塞爆破系列自主专利群

序号	类别	名　　称	专利号
1	发明专利	水下岩塞爆破陀螺分布式药室法	2017103108666
2	发明专利	基于修正爆破作用指数的深水厚淤积覆盖下岩塞爆破方法	2017103106707
3	发明专利	一种创造高密度深覆盖下岩塞爆破自由面的爆破空腔方法	2019105838446
4	发明专利	爆破网路可靠性检验示踪的方法	200910066716.0
5	发明专利	控制爆破中毫秒延期时间的检验方法	200910066715.6
6	发明专利	深水下岩塞截锥壳体防渗闭气灌浆法	201110097307.4
7	实用新型专利	算式内河水上勘探平台	201020620162.2
8	实用新型专利	孔内放水式水压灌浆塞	201020622592.8
9	实用新型专利	岩塞爆破洞内高精度辐射钻孔测斜仪	201320393081.7
10	实用新型专利	岩塞爆破洞内高精度辐射钻孔封堵器	201320393079.X
11	实用新型专利	岩塞爆破洞内上仰勘察孔施工孔口封闭器	201621001964.9
12	实用新型专利	爆破空腔电极阵列测试系统	201720403742.8
13	实用新型专利	高压孔内排水卸压水压式灌浆栓塞	201721667934.6

311

表 2

序号	名　　　称	登记号
1	水下岩塞爆破陀螺分布式药室法计算软件	2021SR2007530
2	基于修正爆破作用指数深水厚淤积覆盖下岩塞爆破方法计算软件	2021SR2007541
3	创造高密度深覆盖下岩塞爆破自由面的爆破空腔技术计算软件	2021SR2007542

3.2　推广应用情况

标准实施后，成功应用于吉林中部城市引松供水工程取水口原位水下岩塞爆破及其水下岩塞 1 ∶ 1 模型试验及相关生产试验中。近年来，越来越多的工程需在已建水库或水下修建进水口，通过水下岩塞爆破实施最为经济有效，尤其在不具备修建深水围堰、降低水位及不允许影响生态、环境、养殖、旅游和已有工程功能的情况下，采用本标准修建水下进水口是唯一选择。目前正应用于三亚西水中调工程、引黄济宁工程、临夏州供水保障生态保护水源置换工程、吉林省 DSW 工程、南非莱索托高地水利工程、部分抽水蓄能电站等工程的进水口建设方案。因此，岩塞爆破技术在引水、发电、灌溉、生态、泄水、放空水库、防洪及排沙等技术领域均有较好的应用。

2020 年，本标准核心技术"深水厚覆盖大型岩塞爆破关键技术"列入《2020 年度水利先进实用技术重点推广指导目录》，被认定为水利先进实用技术。

4　项目效益

4.1　社会效益

标准颁布实施后，成功应用于吉林中部城市引松供水工程取水口原位水下岩塞爆破，为岩塞爆破勘测设计、科研试验、施工、检测、等提供了科学的设计依据。岩塞爆破成功实施后，可满足年供水量 8.98 亿 m³ 的供水需要，每年供水效益达 15.176 亿元，每年提供 8.98 亿 m³ 优质水源，改善长春、四平、辽源 3 个地级市及所属的 8 个县（市、区）、26 个乡镇的生产生活用水需求，受益人口 1060 万人。兼有改善农业灌溉和生态环境方面的综合效益。

同时还应用于吉林中部城市引松供水工程水下岩塞 1 ∶ 1 模型试验及相关生产试验中，为岩塞爆破勘测设计、科研试验、施工、检测、等提供了科学的设计依据，也为施工提供了指导，确保了岩塞爆破及各项生产试验的成功实施。在工程中的实际应用，避免了岩塞爆破勘察、设计、施工过程中诸多问题，使项目推进少走甚至不走"弯路"，节约工程项目投资 550 万元。

4.2　生态、环境效益

应用本标准可保证成功实施岩塞爆破，既可避免修建深水围堰带来的施工难度和投资增加，又可避免放空水库对供水、发电和生态环境等带来的不利影响。

本标准将极大推动水下岩塞爆破技术的应用，在提高岩塞爆破设计质量、水安全保障、保护人身和财产安全、保护生态环境、提高人民生活质量等方面发挥积极作用。本标准可确保岩塞爆破项目的成功实施，规避因修建深水围堰带来的施工工期和投资规模增加的问题，避免因水库降低水位带来的对水库功能和周边生态环境影响等问题。

4.3　推动技术进步和经济社会发展

本标准规范了岩塞爆破设计，适用于引水、发电、灌溉、泄水、放空水库、防洪及排沙等技术领域的水下岩塞爆破工程的专项设计，同时适用于涉及岩塞爆破项目的各个设计阶段的岩塞爆破设计，可作为岩塞爆破工程的施工指导性文件，亦可作为科研院校科研教学的参考性文件。形成水下岩塞爆破系列专利群和计算机软件著作权，极大地助力了水下岩塞爆破技术的推广应用和技术进步，从而促进了经济社会发展。

金正浩　苏加林　王福运　执笔